“十三五”职业教育规划教材

高职高专土建专业“互联网+”创新规划教材

第二版

建筑工程施工组织实训

主　编◎鄢维峰　印宝权

副主编◎龚　武　李　霞

主　审◎邹泽忠

北京大学出版社
PEKING UNIVERSITY PRESS

内容简介

本书依据 GB/T 50502—2009《建筑施工组织设计规范》、JGJ/T 121—2015《工程网络计划技术规程》和 JGJ/T 188—2009《施工现场临时建筑物技术规范》等规范编写而成，该书系《建筑工程施工组织设计》的配套实训教材。

全书内容主要包括：建筑工程施工准备、施工方案的选择、建筑工程流水施工、网络计划技术、单位工程施工进度计划的编制、施工平面图设计、单位工程施工组织设计等内容。全书内容通俗易懂，深入浅出，并附有典型案例解析和大量的实训习题。读者通过理论学习和实训后，能快速掌握建筑施工组织的基本理论——流水施工组织和网络计划技术。同时，书中配有职工宿舍和住宅楼施工图纸，便于教师采用“能力迁移训练模式”讲授，学生同步进行实操训练。通过实训，使学生（读者）熟练掌握单位工程施工组织设计的编制方法和编写技巧。

本书适合作为高职高专建筑工程技术专业、工程监理专业、工程管理专业、工程造价专业等土建类专业和应用型本科土建类专业的教学用书，也可作为相关专业及岗位培训教材或供土建工程有关技术、管理人员学习参考。

图书在版编目(CIP)数据

建筑工程施工组织实训/鄢维峰，印宝权主编．—2版．—北京：北京大学出版社，2019．3
高职高专土建专业“互联网+”创新规划教材
ISBN 978-7-301-30176-0

Ⅰ．①建…　Ⅱ．①鄢…②印…　Ⅲ．①建筑施工—施工组织—高等职业教育—教材
Ⅳ．①TU721

中国版本图书馆 CIP 数据核字(2018)第 293848 号

书　　名　建筑工程施工组织实训(第二版)
JIANZHU GONGCHENG SHIGONG ZUZHI SHIXUN (DI-ER BAN)
著作责任者　鄢维峰　印宝权　主编
策划编辑　杨星璐
责任编辑　王向珍　杨星璐
数字编辑　贾新越
标准书号　ISBN 978-7-301-30176-0
出版发行　北京大学出版社
地　　址　北京市海淀区成府路 205 号　100871
网　　址　http://www.pup.cn　新浪微博：@北京大学出版社
电子信箱　pup_6@163.com
电　　话　邮购部 010-62752015　发行部 010-62750672　编辑部 010-62750667
印 刷 者　三河市北燕印装有限公司
经 销 者　新华书店
787 毫米×1092 毫米　16 开本　17 印张　408 千字
2011 年 6 月第 1 版
2019 年 3 月第 2 版　2019 年 3 月第 1 次印刷
定　　价　41.00 元

第二版

前言

“建筑工程施工组织实训”课程是高等职业教育土建施工类和建设工程管理类专业的一门专业实践核心课程，可与鄢维峰、印宝权主编的《建筑工程施工组织设计》教材配套使用。

本书依据中华人民共和国住房和城乡建设部发布的GB/T 50502—2009《建筑施工组织设计规范》、JGJ/T 188—2009《施工现场临时建筑物技术规范》和JGJ/T 121—2015《工程网络计划技术规程》等规范编写而成，并参考了许多国有大型建筑施工企业先进的施工组织和管理方法。

本书内容主要包括：建筑工程施工准备、施工方案的选择、建筑工程流水施工、网络计划技术、单位工程施工进度计划的编制、施工平面图设计、单位工程施工组织设计等内容。全书内容通俗易懂，深入浅出，并附有典型案例解析和大量的实训习题。读者通过理论学习和实训后，能快速掌握建筑工程施工组织的基本理论——流水施工组织和网络计划技术。实训习题具有较强的可操作性，且内容遵循由简到繁、由浅入深的原则，任务选取符合学生对实际工程施工组织与管理的认知规律。同时，书中配有职工宿舍和住宅楼施工图纸，便于教师采用“能力迁移训练模式”讲授，学生同步进行实操训练。通过实训，学生（读者）能熟练掌握单位工程施工组织设计的编制方法和编写技巧。

本书由校企合作共同编写，广州城建职业学院鄢维峰、印宝权任主编，广东中辰钢结构有限公司龚武、广州城建职业学院李霞任副主编。全书由广州城建职业学院邹泽忠主审，鄢维峰负责统稿和校订。

本书在编写过程中，参考了国内高职教育同类教材和有关专业论著以及相关单位施工组织设计资料，引用与此相关的规范、专业文献等资料，在此一并向相关参考资料的作者表示诚挚的谢意！

由于时间仓促及编者水平有限，书中不妥之处在所难免，恳请同行和读者批评指正！

编　者

2019年1月

【资源索引】

目录

项目1 建筑工程施工准备

项目实训目标

学生通过对建筑工程施工前的施工调查、施工技术准备、施工物资准备、劳动组织准备、施工现场准备等各项准备工作的学习和实训，在老师和本教材的指导下，借助在建或竣工工程资料，能够独立完成某特定工程图纸会审、编制施工准备工作计划与开工报告等施工管理的前期工作。

实训项目设计

实训项目编号	能力训练项目名称	学时		拟实现的能力目标	相关支撑知识	训练方式及步骤	成果
		理论	实践				
1.1	图纸会审	2	2	1. 具备建筑施工图的初步阅读能力； 2. 具有参与图纸会审、编写会审纪要的能力	1. 熟悉参建各单位对图纸工作的组织和会审图纸的要求； 2. 掌握图纸会审的组织和程序； 3. 掌握图纸会审会议纪要的编写	模拟图纸会审程序	图纸会审会议纪要
1.2	编制施工准备工作计划与开工报告	1	1	能编制施工准备工作计划，填写开工报审表和开工报告	1. 编制施工准备工作计划； 2. 填写开工报审表； 3. 填写开工报告	教师给定表式并进行讲解演示，学生根据任务要求填写相关材料	编制施工准备工作计划与开工报告

训练 1.1　图纸会审

【实训背景】

作为拟建工程的一方主体（建设方、设计方、施工方、监理方）模拟进行图纸会审的过程，编写图纸会审会议纪要。

【实训任务】

5～8 人组成一小组，以组为单位分别扮演建设方、设计方、施工方、监理方，对教师选定的某套工程图纸（或本教材后附工程图纸），可人为设置图纸部分错误后进行图纸会审过程模拟；并以组为单位协作编写完成图纸会审会议纪要。

【实训目标】

【图纸会审重点内容】

1. 能力目标

① 具备建筑施工图的初步阅读能力。

② 具有参与图纸会审、编写会审纪要的能力。

2. 知识目标

① 熟悉参建各单位对图纸工作的组织和会审图纸的要求。

② 掌握图纸会审的组织和程序。

③ 掌握图纸会审会议纪要的编写。

【实训成果】

图纸会审会议纪要。

【实训内容】

以附录 4 某住宅楼工程为背景，项目参建各方开展一次模拟图纸会审活动，并完成图纸会审会议纪要。《广州地区建筑工程施工技术资料目录》对图纸会审会议纪要的编写格式如图 1.1 所示。

【实训小结】

图纸会审是指工程各参建单位（建设单位、监理单位、施工单位）在收到设计院施工图设计文件后，对图纸进行全面细致的熟悉，审查出施工图中存在的问题及不合理情况并提交设计院进行处理的一项重要活动。通过图纸会审可以使各参建单位特别是施工单位熟悉设计图纸、领会设计意图、掌握工程特点及难点，找出需要解决的技术难题并拟定解决方案，从而将因设计缺陷而存在的问题消灭在施工之前。

设计图纸会审记要(一)

GD2201004 □□

<table>
<tr><td>工程名称</td><td colspan="2"></td><td>建设单位</td><td></td></tr>
<tr><td>施工单位</td><td colspan="2"></td><td>监理单位</td><td></td></tr>
<tr><td>设计单位</td><td colspan="2"></td><td>勘察单位</td><td></td></tr>
<tr><td>建筑面积</td><td colspan="2">m²</td><td>工程造价</td><td>万元</td></tr>
<tr><td>结构类型、层数</td><td colspan="2"></td><td>会审地点</td><td></td></tr>
<tr><td>承包范围</td><td colspan="2"></td><td>会审时间</td><td></td></tr>
<tr><td>图纸编号</td><td colspan="4"></td></tr>
<tr><td rowspan="6">参加会审</td><td colspan="2">单位名称</td><td colspan="2">参加人姓名(签名)</td></tr>
<tr><td colspan="2"></td><td colspan="2"></td></tr>
<tr><td colspan="2"></td><td colspan="2"></td></tr>
<tr><td colspan="2"></td><td colspan="2"></td></tr>
<tr><td colspan="2"></td><td colspan="2"></td></tr>
<tr><td colspan="2"></td><td colspan="2"></td></tr>
</table>

图 1.1　图纸会审纪要格式示例

本训练主要让学生掌握：图纸会审工作的一般组织程序、对熟悉图纸的基本要求、自审图纸阶段的组织工作、图纸会审阶段、编写图纸会审会议纪要等主要工作过程，并力求通过真实的图纸会审程序模拟，让学生掌握这一环节。

【实训考核】

图纸会审考核评定见表 1.1。

表 1.1　图纸会审考核评定

<table>
<tr><th>考核评定方式</th><th>评定内容</th><th>分　值</th><th>得　分</th></tr>
<tr><td rowspan="2">自评</td><td>熟悉图纸会审的组织和程序</td><td>20</td><td></td></tr>
<tr><td>编制图纸会审会议纪要的能力</td><td>20</td><td></td></tr>
<tr><td rowspan="3">课堂交流
（互评）</td><td>积极参与讨论</td><td>5</td><td></td></tr>
<tr><td>观点鲜明正确性、表达流畅度</td><td>5</td><td></td></tr>
<tr><td>资料收集的符合度</td><td>5</td><td></td></tr>
<tr><td rowspan="3">教师评定</td><td>成果质量</td><td>30</td><td></td></tr>
<tr><td>考勤及表现</td><td>5</td><td></td></tr>
<tr><td>编制图纸会审会议纪要的能力</td><td>10</td><td></td></tr>
</table>

训练 1.2　编制施工准备工作计划与开工报告

【实训背景】

施工单位开工前应编制施工准备工作计划，编写开工报告，并提交监理单位审查。

【实训任务】

根据建筑工程施工准备工作的要求，按规定的表式编制施工准备工作计划和开工报告。

【实训目标】

【施工准备工作计划】

1. 能力目标

能编制施工准备工作计划，填写开工报审表和开工报告。

2. 知识目标

① 编制施工准备工作计划。

② 填写开工报审表。

③ 填写开工报告。

【实训成果】

某工程的施工准备工作计划和开工报告。

【实训内容】

以附录 4 某住宅楼工程为背景，根据图纸和工程概况，编制工程开工报告。开工报告可采用 GB 50319—2013《建设工程监理规范》中规定的施工阶段工作表格的基本格式（图 1.2）。

【实训小结】

建设项目或单项（位）工程开工的依据，包括建设项目开工报告和单项（位）工程开工报告。

① 总体开工报告。承包人开工前应按合同规定向监理工程师提交开工报告，主要内容应包括：施工机构的建立，质检体系、安全体系的建立和劳力安排，材料、机械及检测仪器设备进场情况，水电供应，临时设施的修建，施工方案的准备情况等。虽有以上规定，但并不妨碍监理工程师根据实际情况及时下达开工令。

② 分部工程开工报告。承包人在分部工程开工前 14d 向监理工程师提交开工报告单，其内容包括：施工地段与工程名称；现场负责人名单；施工组织和劳动安排；材料供应、机械进场等情况；材料试验及质量检查手段；水电供应；临时工程的修建；施工方案进度计划以及其他需说明的事项等，经监理工程师审批后，方可开工。

③ 中间开工报告。长时间因故停工或休假（7d 以上）重新施工前，或重大安全、质量事故处理完后，承包人应向监理工程师提交中间开工报告。

<table>
<tr><td colspan="8">开工报告
表号：
编号：</td></tr>
<tr><td>工程名称</td><td></td><td>建设单位</td><td></td><td>设计单位</td><td></td><td>施工单位</td><td></td></tr>
<tr><td>工程地点</td><td></td><td>结构类型</td><td></td><td>建筑面积</td><td></td><td>层数</td><td></td></tr>
<tr><td>工程批准文号</td><td colspan="3"></td><td rowspan="8">施工准备工作情况</td><td colspan="2">施工许可证办理情况</td><td></td></tr>
<tr><td>预算造价</td><td colspan="3"></td><td colspan="2">施工图纸会审情况</td><td></td></tr>
<tr><td>计划开工日期</td><td colspan="3">年 月 日</td><td colspan="2">主要物质准备情况</td><td></td></tr>
<tr><td>计划竣工日期</td><td colspan="3">年 月 日</td><td colspan="2">施工组织设计编审情况</td><td></td></tr>
<tr><td>实际开工日期</td><td colspan="3">年 月 日</td><td colspan="2">七通一平情况</td><td></td></tr>
<tr><td>合同工期</td><td colspan="3"></td><td colspan="2">工程预算编审情况</td><td></td></tr>
<tr><td>合同编号</td><td colspan="3"></td><td colspan="2">施工队伍进场情况</td><td></td></tr>
<tr><td rowspan="2">审核意见</td><td colspan="2">建设单位</td><td colspan="2">监理单位</td><td colspan="2">施工企业</td><td>施工单位</td></tr>
<tr><td colspan="2">负责人 (公章)
年 月 日</td><td colspan="2">负责人 (公章)
年 月 日</td><td colspan="2">负责人 (公章)
年 月 日</td><td>负责人 (公章)
年 月 日</td></tr>
<tr><td colspan="8">本表由施工单位填报，建设单位、监理单位、施工单位各存一份。</td></tr>
</table>

图 1.2　开工报告格式示例

【开工报告】

【实训考核】

施工准备工作计划和开工报告考核评定见表 1.2。

表 1.2　施工准备工作计划和开工报告考核评定

考核评定方式	评定内容	分值	得分
自评	熟悉开工准备工作的主要内容	20	
	编制开工准备工作计划和开工报告的能力	20	
课堂交流（互评）	积极参与讨论	5	
	观点鲜明正确性、表达流畅度	5	
	资料收集的符合度（某工程的开工准备和开工报告）	5	
教师评定	成果质量	30	
	考勤及表现	5	
	编制开工准备工作计划和开工报告的能力	10	

项目2 施工方案的选择

项目实训目标

通过本项目内容的学习和实训，学生应能独立编写单位工程施工方案。

实训项目设计

实训项目编号	能力训练项目名称	学时		拟实现的能力目标	相关支撑知识	训练方式及步骤	成果
		理论	实践				
2.1	基础工程施工方案	1	1	根据施工图纸和工程实际条件，能够独立完成基础工程施工方案的编制	掌握有关建筑工程浅基础和桩基础的相关知识	能力迁移训练；教师以某职工宿舍（JB型）工程施工图为案例进行讲解，学生同步以某住宅楼施工图为任务进行训练	某住宅楼基础工程施工方案
2.2	主体工程施工方案	2	2	根据施工图纸和工程实际条件，能够独立完成主体工程施工方案的编制	掌握有关砌筑工程、钢筋混凝土工程、结构安装工程等主体工程的相关知识	能力迁移训练；教师以某职工宿舍（JB型）工程施工图为案例进行讲解，学生同步以某住宅楼施工图为任务进行训练	某住宅楼主体工程施工方案
2.3	屋面防水工程施工方案	0.5	0.5	根据施工图纸和工程实际条件，能够独立完成屋面防水工程施工方案的编制	掌握有关屋面防水工程的相关知识	能力迁移训练；教师以某职工宿舍（JB型）工程施工图为案例进行讲解，学生同步以某住宅楼施工图为任务进行训练	某住宅楼屋面防水工程施工方案
2.4	装饰工程施工方案	1	1	根据施工图纸和工程实际条件，能够独立完成装饰工程施工方案的编制	掌握有关装饰工程的相关知识	能力迁移训练；教师以某职工宿舍（JB型）工程施工图为案例进行讲解，学生同步以某住宅楼施工图为任务进行训练	某住宅楼装饰工程施工方案

训练 2.1 基础工程施工方案

【实训背景】

作为施工方接受业主方的委托，对某住宅楼工程编制基础工程施工方案。

【实训任务】

编制某住宅楼基础工程施工方案。

【实训目标】

1. 能力目标

根据施工图纸和工程实际条件，能独立完成基础工程施工方案的编制。

2. 知识目标

掌握有关基础工程浅基础和桩基础的相关知识。

【施工组织设计与施工方案的区别】

【实训成果】

某住宅楼基础工程施工方案。

【实训内容】

以附录 4 某住宅楼工程为背景，确定基础工程施工顺序，合理选择施工方法及施工机械，组织基础工程流水施工。

注：基础工程流水施工组织如下。

1. 基础工程流水施工组织的步骤

第一步：划分施工过程。按照划分施工过程的原则，把起主导作用的、影响工期的施工过程单独列项。

第二步：划分施工段。为了组织流水施工，按照划分施工段的原则，并结合实际工程情况划分施工段，施工段的数目一定要合理，不能过多或过少。

第三步：组织专业班组。按工种组织单一或混合专业班组，连续施工。

第四步：组织流水施工，绘制进度计划图。按流水施工组织方式，组织搭接施工。进度计划图一般有横道图和网络图两种。

2. 砖基础工程的流水施工组织

砖基础工程一般划分为土方开挖、垫层施工、砌筑基础、回填 4 个施工过程，分 3 段组织流水施工，各施工段上的流水节拍均为 3d，绘制横道图和网络图，如图 2.1、图 2.2 所示。

图 2.1　砖基础工程 3 段施工横道图

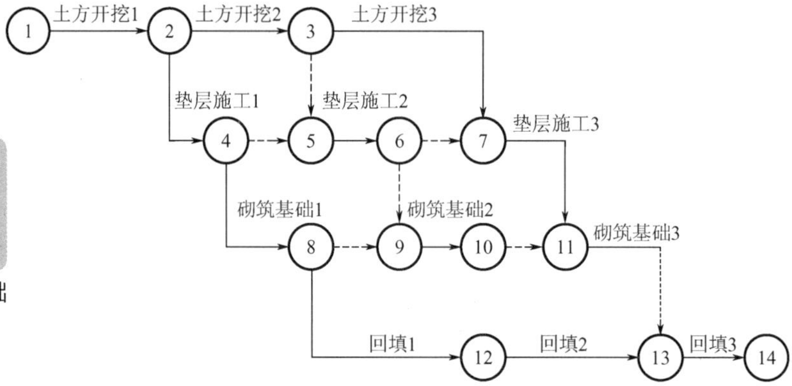

【混凝土基础施工方法】

图 2.2　砖基础工程 3 段施工网络图

3. 钢筋混凝土基础工程的流水施工组织

按照划分施工过程的原则，钢筋混凝土基础工程可划分为土方开挖、垫层施工、支模板、绑扎钢筋、混凝土浇筑及养护、拆模及回填 6 个施工过程；也可将支模板、绑扎钢筋、混凝土浇筑及养护合并为一个施工过程——钢筋混凝土条形基础施工，即将钢筋混凝土基础工程划分为土方开挖、垫层施工、做基础、回填 4 个施工过程。

① 若划分为土方开挖、垫层施工、做基础、回填 4 个施工过程，其组织流水施工同砖基础工程。

② 若划分为土方开挖、垫层施工、支模板、绑扎钢筋、混凝土浇筑及养护、拆模及回填等 6 个施工过程，分 2 段施工，绘制横道图和网络图，如图 2.3、图 2.4 所示。

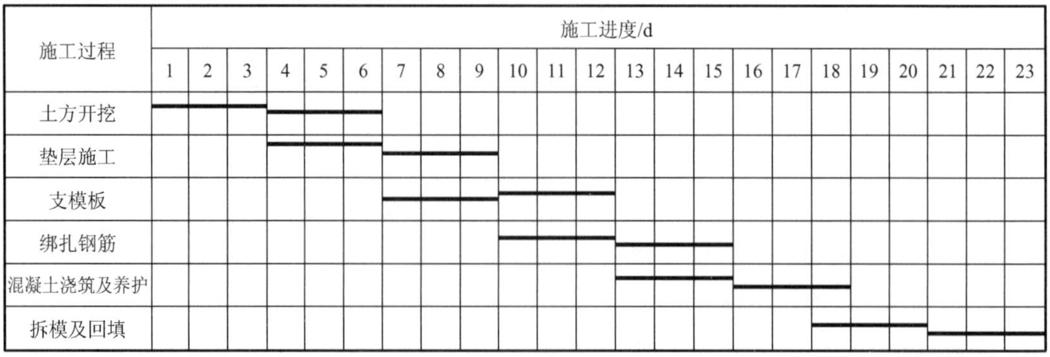

图 2.3　钢筋混凝土基础工程 2 段施工横道图

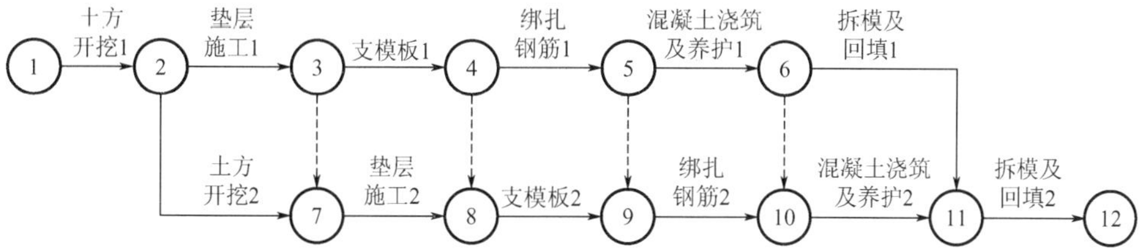

图 2.4　钢筋混凝土基础工程 2 段施工网络图

【实训小结】

通过本任务的训练，要求学生掌握各类基础工程的施工顺序、施工方法、施工机械及流水施工的组织相关要点，应能独立编制基础工程施工方案。

【实训考核】

基础工程施工方案考核评定见表 2.1。

表 2.1　基础工程施工方案考核评定

考核评定方式	评定内容	分值	得分
自评	知识掌握熟悉情况	5	
	基础工程施工方案选择	15	
学生互评	学习态度及表现	5	
	基础施工方案知识的掌握情况	10	
	成果编写情况	15	
教师评定	学习态度及表现	10	
	基础施工方案知识的掌握情况	20	
	成果编写情况	20	

训练 2.2　主体工程施工方案

【实训背景】

作为施工方接受业主方委托，对某住宅楼编制主体工程施工方案。

【实训任务】

编制某住宅楼主体工程施工方案。

【实训目标】

1. 能力目标

根据施工图纸和工程实际条件，能够独立完成主体工程施工方案的编制。

2. 知识目标

掌握有关砌筑工程、钢筋混凝土工程、结构安装工程等主体工程的相关知识。

【实训成果】

某住宅楼主体工程施工方案。

【主体工程施工】

【实训内容】

以附录 4 某住宅楼工程为背景，确定主体工程的施工顺序，合理选择施工方法及施工机械，组织主体工程流水施工。

注：主体工程流水施工组织如下。

1. 主体工程流水施工组织的施工步骤

第一步：划分施工过程。按照划分施工过程的原则，把起主导作用的、影响工期的施工过程单独列项。

第二步：划分施工段。为了组织流水施工，按照划分施工段的原则，并结合实际工程情况划分施工段，施工段的数目一定要合理，不能过多或过少。

第三步：组织专业班组。按工种组织单一或混合专业班组，连续施工。

第四步：组织流水施工，绘制进度计划图。按流水施工组织方式，组织搭接施工。进度计划图常有横道图和网络图 2 种。

2. 砖混结构主体工程的流水施工组织

砖混结构主体工程可以采用 2 种划分方法。第一种，划分为砌砖墙、楼板施工 2 个施工过程；第二种，划分为砌砖墙、浇筑混凝土、楼板施工 3 个施工过程。

① 砖混主体工程标准层划分砌砖墙、楼板施工 2 个施工过程，分 3 段组织流水施工，每个施工段上的流水节拍均为 3d，绘制横道图和网络图，如图 2.5、图 2.6 所示。

② 砖混主体工程标准层划分砌砖墙、浇筑混凝土、楼板施工 3 个施工过程，分 3 段组织流水施工，绘制横道图和网络图，如图 2.7、图 2.8 所示。

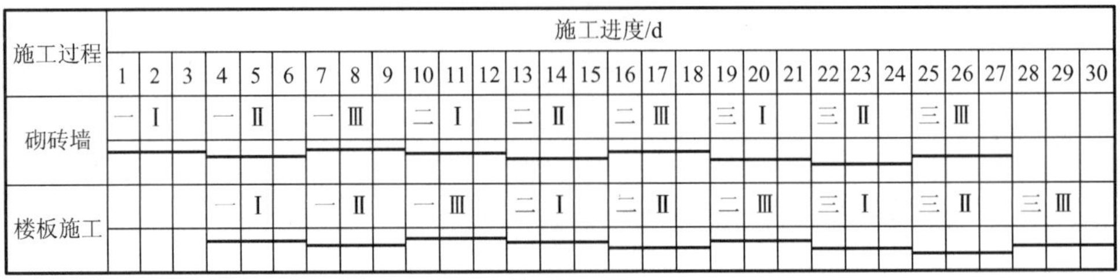
施工过程
施工进度/d
1 2 3 4 5 6 7 8 9 10 11 12 13 14 15 16 17 18 19 20 21 22 23 24 25 26 27 28 29 30
砌砖墙
一 Ⅰ 一 Ⅱ 一 Ⅲ 二 Ⅰ 二 Ⅱ 二 Ⅲ 三 Ⅰ 三 Ⅱ 三 Ⅲ
楼板施工
一 Ⅰ 一 Ⅱ 一 Ⅲ 二 Ⅰ 二 Ⅱ 二 Ⅲ 三 Ⅰ 三 Ⅱ 三 Ⅲ

图 2.5　3 层砖混主体 2 个施工过程 3 段施工横道图

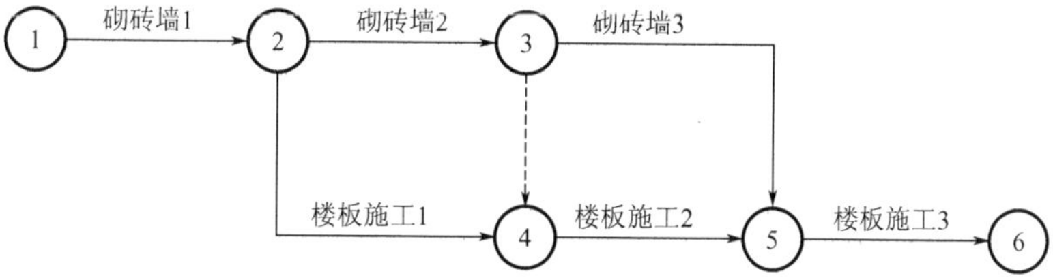

图 2.6　砖混主体工程标准层 2 个施工过程 3 段施工网络图

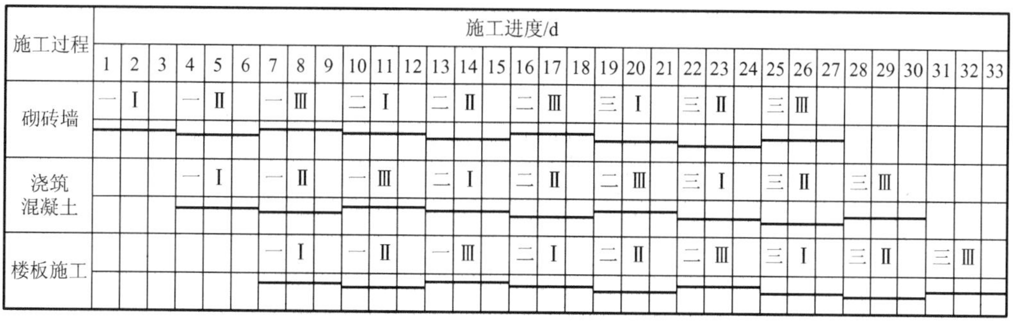

施工过程
施工进度/d
1 2 3 4 5 6 7 8 9 10 11 12 13 14 15 16 17 18 19 20 21 22 23 24 25 26 27 28 29 30 31 32 33
砌砖墙
一 Ⅰ 一 Ⅱ 一 Ⅲ 二 Ⅰ 二 Ⅱ 二 Ⅲ 三 Ⅰ 三 Ⅱ 三 Ⅲ
浇筑混凝土
一 Ⅰ 一 Ⅱ 一 Ⅲ 二 Ⅰ 二 Ⅱ 二 Ⅲ 三 Ⅰ 三 Ⅱ 三 Ⅲ
楼板施工
一 Ⅰ 一 Ⅱ 一 Ⅲ 二 Ⅰ 二 Ⅱ 二 Ⅲ 三 Ⅰ 三 Ⅱ 三 Ⅲ

图 2.7　3 层砖混主体工程 3 个施工过程 3 段施工横道图

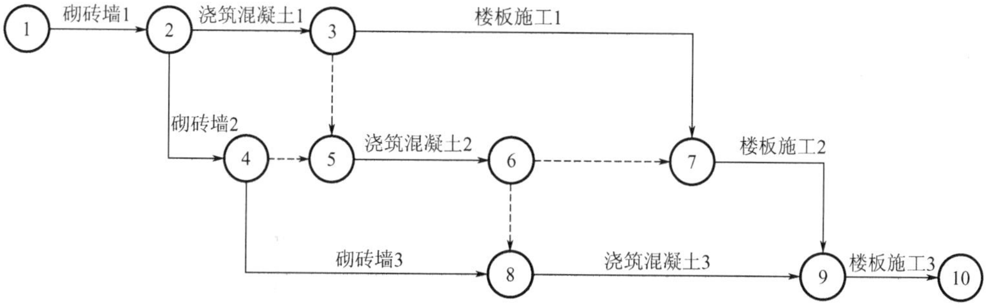

图 2.8　砖混主体工程标准层 3 个施工过程 3 段施工网络图

3. 框架结构主体工程的流水施工组织

【绿色施工】

按照划分施工过程的原则，把有些施工过程合并，框架结构主体工程梁板柱一起浇筑时，可划分为 4 个施工过程：绑扎柱钢筋、支梁板柱模板、绑扎梁板钢筋、浇筑混凝土。各施工过程均包含楼梯间部分的施工。

框架结构主体工程标准层划分为绑扎柱钢筋、支梁板柱模板、绑扎梁板钢筋、浇筑混凝土 4 个过程，分 3 段组织流水施工，绘制网络图，如图 2.9 所示。

【实训小结】

通过本任务的训练，要求学生掌握各类主体工程的施工顺序、施工方法、施工机械及流水施工的组织相关要点，应能独立编制主体工程施工方案。

【实训考核】

主体工程施工方案考核评定见表 2.2。

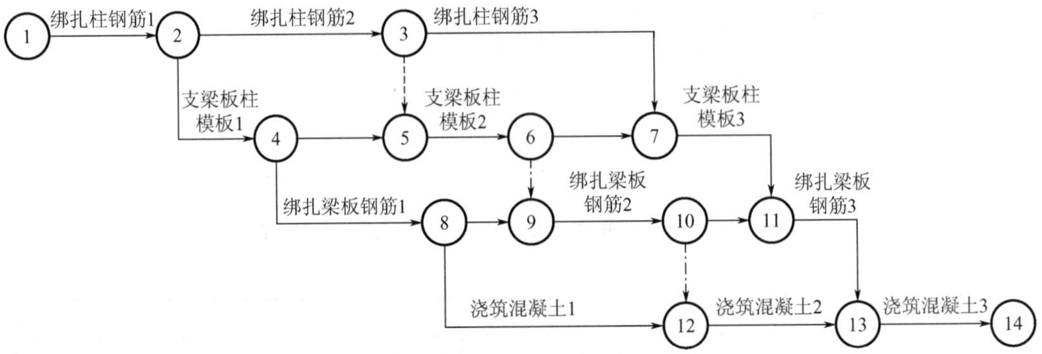

图 2.9　框架结构主体工程标准层 3 段施工网络图

表 2.2　主体工程施工方案考核评定

考核评定方式	评 定 内 容	分　值	得　分
自评	知识掌握熟悉情况	10	
	主体工程施工方案选择	15	
学生互评	学习态度及表现	5	
	主体工程施工方案知识的掌握情况	10	
	成果编写情况	10	
教师评定	学习态度及表现	10	
	主体工程施工方案知识的掌握情况	20	
	成果编写情况	20	

训练 2.3　屋面防水工程施工方案

【实训背景】

作为施工方接受业主方的委托，对某住宅楼编制屋面防水工程施工方案。

【实训任务】

编制某住宅楼屋面防水工程施工方案。

【实训目标】

1. 能力目标

根据施工图纸和工程实际条件，能独立完成屋面防水工程施工方案的编制。

2. 知识目标

掌握有关屋面防水工程的相关知识。

【实训成果】

某住宅楼屋面防水工程施工方案。

【屋面防水工程】

【实训内容】

以附录4某住宅楼工程为背景，确定屋面防水工程施工顺序，合理选择施工方法及施工机械，组织屋面防水工程流水施工。

注：屋面防水工程流水施工组织如下，现分别组织柔性防水和刚性防水流水施工。

1. 屋面防水工程流水施工组织的步骤

第一步：划分施工过程。按照划分施工过程的原则，把起主导作用的、影响工期的施工过程单独列项。

第二步：划分施工段。为了组织流水施工，按照划分施工段的原则，并结合实际工程情况划分施工段。施工段的数目一定要合理，不能过多或过少。屋面工程组织施工时若没有高低层，或没有设置变形缝，一般不分段施工，而是采用依次施工的方式组织施工。

第三步：组织专业班组。按工种组织单一或混合专业班组，连续施工。

第四步：组织流水施工，绘制进度计划。按流水施工组织方式，组织搭接施工。进度计划常有横道图和网络图2种表达方式。

2. 防水屋面的施工组织

① 无保温层、架空层的柔性防水屋面一般划分为找平找坡、铺卷材、做保护层3个施工过程。无保温层的柔性防水屋面施工网络计划如图2.10所示。

图2.10 无保温层的柔性防水屋面施工网络图

② 有保温层的柔性防水屋面一般划分为找平层、铺保温层、找平找坡、铺卷材、做保护层5个施工过程。有保温层的柔性防水屋面施工网络计划如图2.11所示。

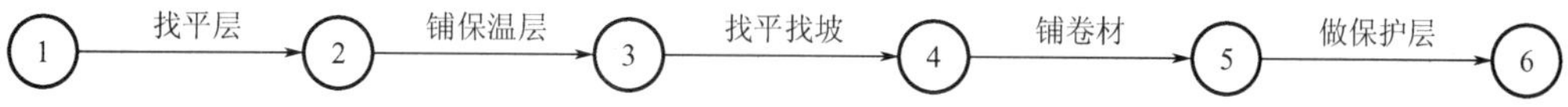

图2.11 有保温层的柔性防水屋面施工网络图

③ 刚性防水屋面划分为细石混凝土防水层（含隔离层）、养护、嵌缝3个施工过程。刚性防水屋面施工网络计划如图2.12所示。

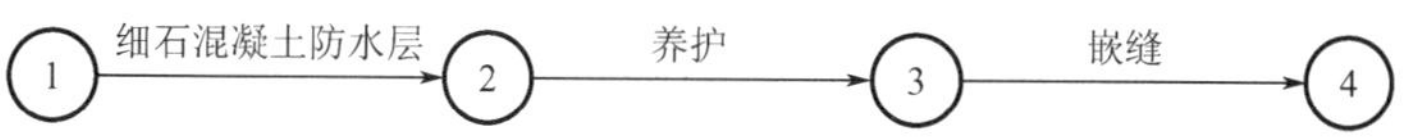

图2.12 刚性防水屋面施工网络图

对于工程量小的屋面也可以把屋面防水工程作为一个施工过程对待。

【实训小结】

通过本任务的训练，要求学生掌握各类屋面防水工程的施工顺序、施工方法、施工机械及流水施工的组织相关要点，应能独立编制屋面防水工程施工方案。

【实训考核】

屋面防水工程施工方案考核评定见表 2.3。

表 2.3 屋面防水工程施工方案考核评定

考核评定方式	评定内容	分值	得分
自评	知识掌握熟悉情况	10	
	屋面防水工程施工方案选择	15	
学生互评	学习态度及表现	5	
	屋面防水施工方案知识掌握情况	10	
	成果编写情况	10	
教师评定	学习态度及表现	10	
	屋面防水施工方案知识掌握情况	20	
	成果编写情况	20	

训练 2.4 装饰工程施工方案

【实训背景】

作为施工方接受业主方委托，对某住宅楼编制装饰工程施工方案。

【实训任务】

编制某住宅楼装饰工程施工方案。

【实训目标】

1. 能力目标

根据施工图纸和工程实际条件，能够独立完成装饰工程施工方案的编制。

2. 知识目标

掌握装饰工程的相关知识并融会贯通。

【实训成果】

某住宅楼装饰工程施工方案。

【实训内容】

以附录4某住宅楼工程为背景，确定装饰工程施工顺序，合理选择施工方法及施工机械，组织装饰工程流水施工。

注：装饰工程流水施工组织步骤如下。

第一步：划分施工过程。按照划分施工过程的原则，把起主导作用的、影响工期的施工过程单独列项。

第二步：划分施工段。为了组织流水施工，按照划分施工段的原则，并结合实际工程情况划分施工段。施工段的数目一定要合理，不能过多或过少。

第三步：组织专业班组。按工种组织单一或混合专业班组，连续施工。

第四步：组织流水施工，绘制进度计划。按流水施工组织方式，组织搭接施工。进度计划常有横道图和网络图2种表达方式。

装饰工程平面上一般不分段，立面上分段，通常把一个结构楼层作为一个施工段。室外装饰只划分为一个施工过程，采用自上而下的流向组织施工。室内装饰一般划分为楼地面施工、顶棚及内墙抹灰（内抹灰）、门窗扇的安装、涂料工程4个施工过程。

【抹灰工程】

例如某5层建筑物，采用自上而下的流向组织施工，绘制时按楼层排列，其网络计划如图2.13所示。

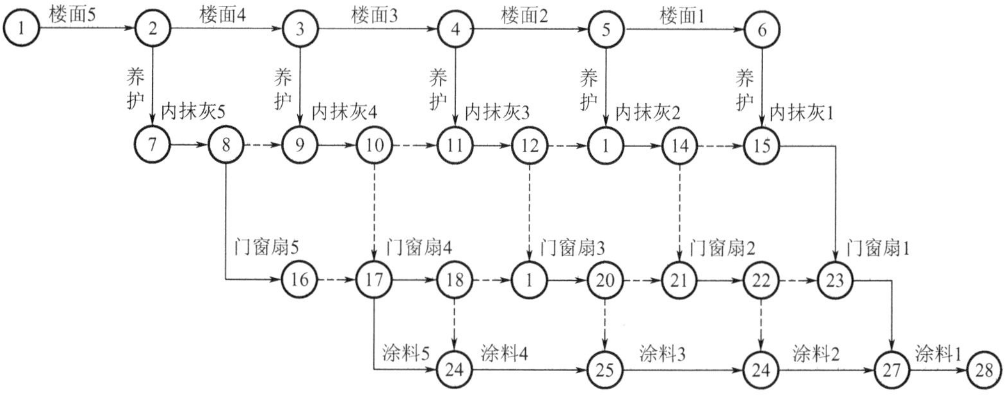

图2.13 某装饰工程流水施工网络图

【实训小结】

通过本任务的训练，要求学生掌握装饰工程的施工顺序、施工方法、施工机械及流水施工的组织相关要点，应能独立编制装饰工程施工方案。

【实训考核】

装饰工程施工方案考核评定见表2.4。

表 2.4 装饰工程施工方案考核评定

考核评定方式	评定内容	分值	得分
自评	知识掌握熟悉情况	10	
	装饰工程施工方案选择	15	
学生互评	学习态度及表现	5	
	装饰施工方案知识的掌握情况	10	
	成果编写情况	15	
教师评定	学习态度及表现	10	
	装饰施工方案知识的掌握情况	10	
	成果编写情况	25	

项目3 建筑工程流水施工

项目实训目标

通过本项目内容的学习，学生应理解并掌握流水施工的原理及实质，理解流水施工有关参数的概念及流水施工参数的确定方法，重点掌握流水施工的组织方式，通过实例的学习掌握流水施工原理及组织方式。

实训项目设计

实训项目编号	能力训练项目名称	学时		拟实现的能力目标	相关支撑知识	训练方式及步骤	成果
		理论	实践				
	建筑工程流水施工	2	2	1. 根据施工图纸和施工现场实际条件，能正确划分施工过程，计算流水施工各项参数，能独立组织流水施工； 2. 根据选定的流水施工方式，能独立绘制单位工程横道图和施工进度计划	1. 了解建筑工程3种施工组织方式； 2. 掌握流水施工的概念、特点及流水施工的基本参数及其计算方法； 3. 掌握流水施工的组织方法	能力迁移训练；教师以某职工宿舍(JB型)工程施工图为案例进行讲解，学生同步以某住宅楼施工图为任务进行训练	编制某住宅楼主体工程流水施工组织设计及绘制横道图进度计划

【实训背景】

作为施工方接受业主方的委托，按合同工期控制对拟建工程进行流水施工的组织设计，并用横道图和网络图予以表示，以利于施工管理。

【实训任务】

以小组为单位，对某住宅楼主体工程进行流水施工组织设计及绘制横道图。

【实训目标】

1. 能力目标

① 根据施工图纸和施工现场实际条件，能正确划分施工过程，计算流水施工各项参数，能独立组织流水施工。

② 根据选定的流水施工方式，能独立绘制单位工程横道图和施工进度计划。

2. 知识目标

① 了解建筑工程 3 种施工组织方式。

② 掌握流水施工的概念、特点及流水施工的基本参数及其计算方法。

③ 掌握流水施工的组织方法。

【流水施工分类】

【实训成果】

编制某住宅楼主体工程流水施工组织设计及绘制横道图进度计划。

【实训内容】

1. 流水施工

流水施工是指所有的施工过程按一定的时间间隔依次投入施工，各个施工过程陆续开工，陆续竣工，使同一施工过程的施工班组保持连续、均衡，不同施工过程尽可能平行搭接施工的组织方式。

1）组织施工的方式

（1）依次施工

各施工段或各施工过程依次开工、依次完成的一种施工组织方式，即按次序一段段或一个个施工过程进行施工。

（2）平行施工

全部工程任务的各施工段同时开工、同时完成的一种施工组织方式。

（3）流水施工

将拟建工程从施工工艺的角度分解成若干个施工过程，并按施工过程成立相应的施工班组，同时将拟建工程从平面或空间角度划分成若干个施工段，让各专业施工班组按照工艺的顺序排列起来，依次在各个施工段上完成各自的施工过程，就像流水一样从一个施工段转移到另一个施工段，连续、均衡地施工。

2）组织流水施工的条件

（1）划分施工过程

划分施工过程就是把拟建工程的整个建造过程分解为若干施工过程。划分施工过程的目的是对施工对象的建造过程进行分解，以便于逐一实现局部对象的施工，从而使施工对象整体得以实现。也只有这种合理的分解，才能组织专业化施工和有效协作。

（2）划分施工段

根据组织流水施工的需要，将拟建工程尽可能地划分为劳动量大致相等的若干个施工段（区），也可称为流水段。

建筑工程组织流水施工的关键是将建筑单件产品变成多件产品，以便成批生产。由于建筑产品体形庞大，通过划分施工段（区）就可将单件产品变成“批量”的多件产品，从而形成流水作业的前提。没有“批量”就不可能也就没有必要组织任何流水作业。每一个段（区），就是一个假定“产品”。

（3）每个施工过程组织独立的施工班组

在一个流水分部中，每个施工过程尽可能组织独立的施工班组，其形式可以是专业班组，也可以是混合班组，这样可使每个施工班组按施工顺序，依次地、连续地、均衡地从一个施工段转移到另一个施工段进行相同的操作。

（4）主要施工过程必须连续、均衡地施工

主要施工过程是指工作量较大、作业时间较长的施工过程。对于主要施工过程，必须连续、均衡进行；对其他次要施工过程，可考虑与相邻的施工过程合并。如不能合并，为缩短工期，可安排间断施工（此时可以采用流水施工与搭接施工相结合的方式）。

（5）不同的施工过程尽可能组织平行搭接施工

不同施工过程之间的关系关键是工作时间上有搭接和工作空间上有搭接。在有工作面的条件下，除必要的技术和组织间歇时间外，应尽可能组织平行搭接施工。

2. 流水施工参数

【流水施工】

1）工艺参数

（1）施工过程数

指一组流水的施工过程个数，以符号 n 表示。施工进度计划的作用不同，施工过程数目也不同；施工方案不同，施工过程数目也不同；劳动量大小不同，施工过程数目也不同。

（2）流水强度

每一个施工过程在单位时间内所完成的工程量。

2）空间参数

（1）工作面

表明施工对象上可能安置多少工人操作或布置施工机械场所的大小。

（2）施工段

组织流水施工时，将施工对象在平面上划分为若干个劳动量大致相等的施工区段，它的数目以 m 表示。

3）时间参数

（1）流水节拍

流水节拍指一个施工过程在一个施工段上的作业时间，用符号 t_i 表示。

（2）流水步距

流水步距指两个相邻的施工过程先后进入同一施工段开始施工的时间间隔，用符号 $k_{i,i+1}$ 表示（i 表示前一个施工过程，$i+1$ 表示后一个施工过程）。在施工段不变的情况下，流水步距越大，工期越长；流水步距越小，则工期越短。

（3）平行搭接时间

在组织流水施工时，有时为了缩短工期，在工作面允许的条件下，如果前一个专业工作队完成部分施工任务后，能够为后一个专业工作队提供工作面，使后者提前进入前一个施工段，两者在同一个施工段上平行搭接施工，这个搭接的时间称为平行搭接时间，通常以 $C_{i,i+1}$ 表示。

（4）技术与组织间歇时间

技术与组织间歇时间指在组织流水施工中，由于施工过程之间的工艺或组织上的需要，必须要留的时间间隔，用符号 t_i 表示。它包括技术间歇时间和组织间歇时间。

① 技术间歇时间是指在同一施工段的相邻两个施工过程之间必须留有的工艺技术间隔时间。如混凝土浇筑施工完成后，后续施工过程不能立即投入作业，必须有足够的时间间歇。

② 组织间歇时间是指由于施工组织上的需要，同一段相邻两个施工过程在规定流水步距之外所增加的必要的时间间隔，如标高抄平、弹线、基坑验槽、浇筑混凝土前检查预埋件等。

（5）工期

3. 流水施工的基本组织形式

【流水施工基本组织讲解】

1）流水施工的分级

根据组织流水施工的工程对象的范围大小，流水施工分为以下几类。

（1）细部流水施工

细部流水施工指一个专业班组使用同一个生产工具依次连续不断地在各施工段中完成同一施工过程的工作。

（2）分部工程流水施工

分部工程流水施工指为完成分部工程而组建起来的全部细部流水施工的总和，即若干个专业班组依次连续不断地在各施工段上重复完成各自的工作，随着前一个专业班组完成前一个施工过程之后，接着后一个专业班组来完成下一个施工过程，依次类推，直至所有专业班组都经过各施工段，完成分部工程为止。

（3）单位工程流水施工

单位工程流水施工指为完成单位工程组织起来的全部专业流水施工的总和，即所有专业班组依次在一个施工对象的各施工段中连续施工，直至完成单位工程为止。

（4）建筑群流水施工

建筑群流水施工指为完成工业或民用建筑群而组织起来的全部单位工程流水施工的总和。

2）流水施工的基本组织方式

（1）等节奏流水施工

等节奏流水施工指同一施工过程在各施工段上的流水节拍均固定的一种流水施工方式。

（2）异节奏流水施工

异节奏流水施工指的是同一个施工过程在各施工段上的流水节拍彼此相等。不同施工过程在同一施工段上的流水节拍彼此不等而互为倍数的流水施工方式，也称为成倍节拍专业流水，主要包括以下两种。

① 等步距异节拍流水施工。

② 异步距异节拍流水施工。

（3）无节奏流水施工

无节奏流水施工指同一施工过程在各施工段上的流水节拍不完全相等的一种流水施工方式。

【流水施工的表达方式】

4. 完成流水施工实训案例

某单层建筑分为 4 个施工段，有 3 个专业队进行流水施工，各作业队在各段上的流水节拍见表 3.1。要求甲队施工后须间歇至少 1d 乙队才能施工。试按分别流水法组织施工并绘制流水施工进度表，要求保证各作业队连续作业。

表 3.1 各作业队在各段上的流水节拍 单位：d

施工段 作业队	第一段	第二段	第三段	第四段
甲队	2	3	3	3
乙队	2	3	2	2
丙队	2	2	3	2

【实训小结】

本章主要讲述了流水施工的基本原理。重点阐述了以下 3 个方面。

① 施工组织方式：依次施工、平行施工、流水施工。

② 组织流水施工的必要条件有 4 个：划分工程量（或劳动量）相等或基本相等的若干个流水段；每个施工过程组织独立的施工队；安排主要施工过程的施工班组进行连续、均衡的流水施工；不同的施工班组按施工工艺要求，尽可能组织平行搭接施工。

③ 流水施工的基本组织方式：等节奏流水施工、异节奏流水施工以及无节奏流水施工。

通过本章内容的实训，学生应熟练掌握等节奏流水、异节奏流水和无节奏流水的组织方法，并且学会在实践中的应用。

【实训考核】

建筑工程流水施工考核评定见表 3.2。

表 3.2 建筑工程流水施工考核评定

考核评定方式	评定内容	分值	得分
自评	学习态度及表现	5	
	对流水施工基本理论、方法的掌握情况	10	
	对横道图绘制方法的掌握情况	10	
学生互评	学习态度及表现	5	
	对流水施工基本理论、方法的掌握情况	10	
	对横道图绘制方法的掌握情况	20	
教师评定	学习态度及表现	10	
	成果设计情况	30	

【实训练习】

根据某住宅楼工程施工图纸（见附录4），编制主体工程流水施工组织设计并绘制横道图施工进度计划。

项目4 网络计划技术

项目实训目标

在老师和本教材的指导下，学生通过网络计划技术学习和实训，能够独立绘制网络图和计算各项时间参数。

实训项目设计

实训项目编号	能力训练项目名称	学时		拟实现的能力目标	相关支撑知识	训练方式及步骤	成果
		理论	实践				
4.1	双代号网络图的绘制	2	2	根据施工图纸和各个工作间的逻辑关系，能够正确绘制网络图	1. 掌握双代号网络图的基本组成要素； 2. 掌握双代号网络图基本要素的表达方法； 3. 掌握双代号网络计划的绘制原则和方法	能力迁移训练；教师以某职工宿舍(JB型)工程施工图为案例进行讲解，学生同步以某住宅楼施工图为任务进行训练	某住宅楼工程标准层主体结构施工网络计划
4.2	双代号网络图时间参数的计算	2	2	能够计算网络计划的各项参数，确定关键工作和关键线路	1. 掌握双代号网络图时间参数的计算； 2. 掌握双代号网络图中关键线路的判定方法	能力迁移训练；教师以某职工宿舍(JB型)工程施工图为案例进行讲解，学生同步以某住宅楼施工图为任务进行训练	确定某住宅楼主体结构工程施工工期，计算网络图各时间参数和确定关键线路
4.3	双代号时标网络图的绘制	1	1	1. 根据相关工程资料，能够绘制双代号网络时标网络图； 2. 根据双代号时标网络图，能够判读时间参数和确定关键线路	1. 掌握双代号时标网络计划的一般规定； 2. 掌握双代号时标网络计划的绘制方法； 3. 掌握双代号时标网络计划时间参数的判读以及关键路线的确定	能力迁移训练；教师以某职工宿舍(JB型)工程施工图为案例进行讲解，学生同步以某住宅楼施工图为任务进行训练	绘制某住宅楼主体工程双代号时标网络图，并确定关键线路和判读各项时间参数

训练 4.1　双代号网络图的绘制

【实训背景】

施工方为了确保合同工期，必须编制工程项目网络图以控制工程进度。

【实训任务】

对某住宅楼工程标准层主体结构绘制施工网络图。

【双代号网络图的组成】

【绘制双代号网络图的技巧】

【实训目标】

1. 能力目标

根据施工图纸和各个工作间的逻辑关系，能够正确绘制网络图。

2. 知识目标

① 掌握双代号网络图的基本组成要素。

② 掌握双代号网络图基本要素的表达方法。

③ 掌握双代号网络计划的绘制原则和方法。

【实训成果】

某住宅楼工程标准层主体结构施工网络计划。

【实训内容】

4.1.1　网络图基本识图知识回顾

1. 工作

(1) 工作的表示方法

一个工作用一条箭线和两个节点表示，如图 4.1 所示。

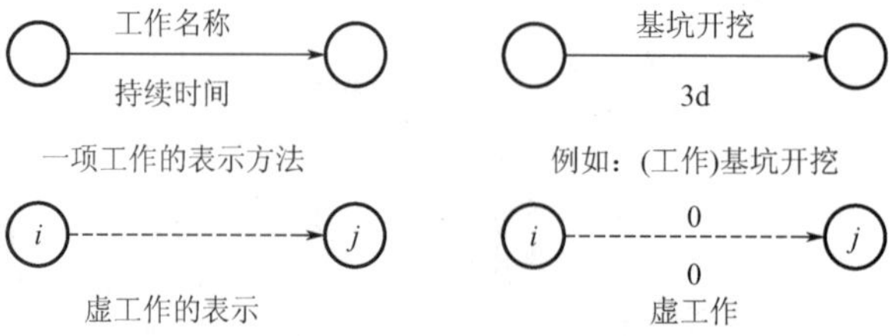

图 4.1　双代号网络图工作的表示方法图例

（2）工作之间的关系（图 4.2）

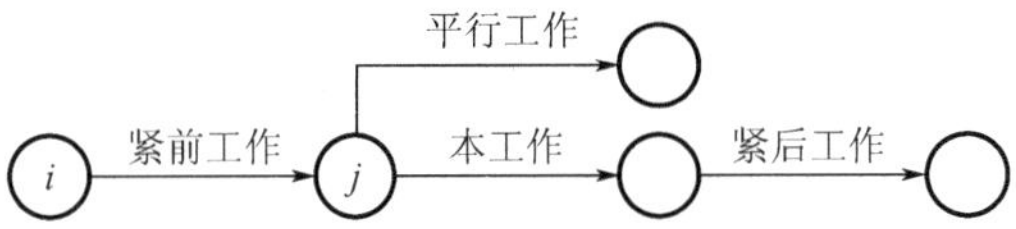

图 4.2　双代号网络图中工作间的 3 种关系

2. 箭线

（1）内向箭线

对节点ⓘ凡是箭头指向ⓘ节点的箭线都叫内向箭线。如图 4.3 所示，③节点的内向箭线是②→③和①→③。

（2）外向箭线

对节点ⓘ凡是箭头指出去的箭线都叫外向箭线。如图 4.3 所示，③节点的外向箭线是③→④和③→⑤。

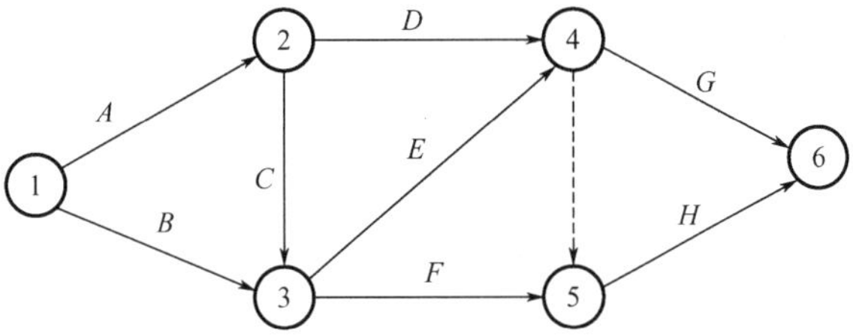

图 4.3　双代号网络图内、外向箭线识别

3. 节点

（1）开始节点

在一个网络图中，只有外向箭线的节点是开始节点，如图 4.3 中的①节点。

（2）结束节点

在一个网络图中，只有内向箭线的节点是结束节点，如图 4.3 中的⑥节点。

（3）中间节点

在一个网络图中，既有内向箭线又有外向箭线的节点是中间节点，如图 4.3 中的②、③、④、⑤节点。

4. 路线

从开始节点到结束节点（沿箭流方向）的通路叫一条线路，如图 4.3 中的①→③→④→⑤→⑥。

4.1.2 双代号网络图的模型

1. 依次开始（图 4.4，逻辑关系见表 4.1）

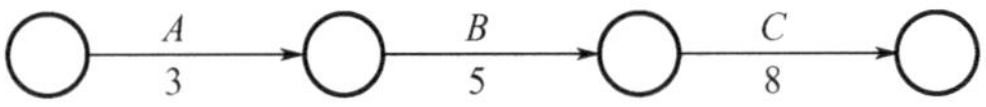

图 4.4　3 个工作依次开始双代号网络图的绘制

表 4.1 3个工作依次开始的逻辑关系

工作	A	B	C	工作	A	B	C
紧后工作	B	C	—	紧前工作	—	A	B

2. 同时开始（图 4.5，逻辑关系见表 4.2）

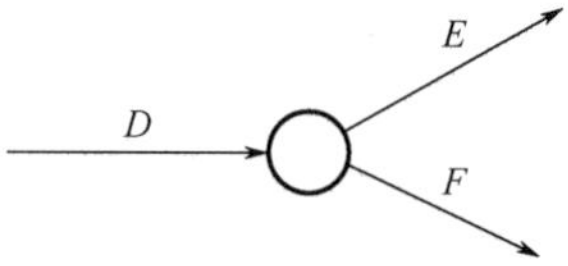

图 4.5 2个工作同时开始双代号网络图的绘制

表 4.2 2个工作同时开始的逻辑关系

工作	D	工作	E	F
紧后工作	E、F	紧前工作	D	D

3. 同时结束（图 4.6，逻辑关系见表 4.3）

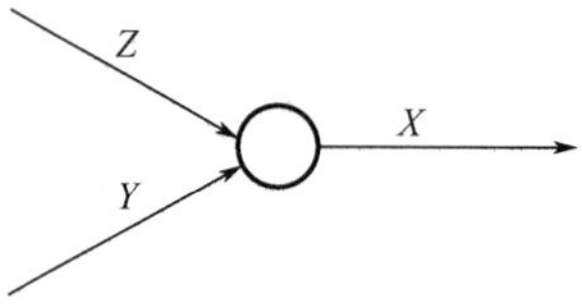

图 4.6 2个工作同时结束双代号网络图的绘制

表 4.3 2个工作同时结束的逻辑关系

工作	X	工作	Z	Y
紧前工作	Z、Y	紧后工作	X	X

4. 约束关系

(1) 全约束（图 4.7，逻辑关系见表 4.4）

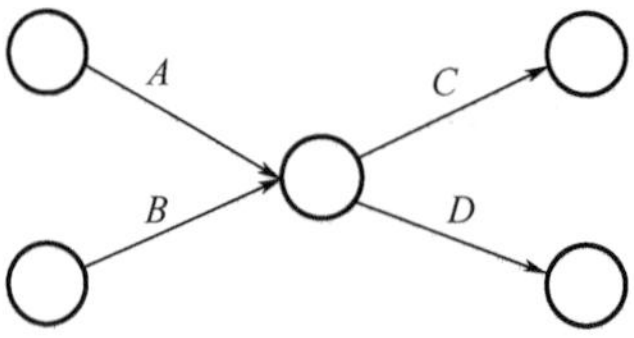

图 4.7 全约束关系双代号网络图的绘制

表 4.4 全约束关系逻辑关系

工作	A	B	工作	C	D
紧后工作	C、D	C、D	紧前工作	A、B	A、B

（2）半约束（图 4.8，逻辑关系见表 4.5）

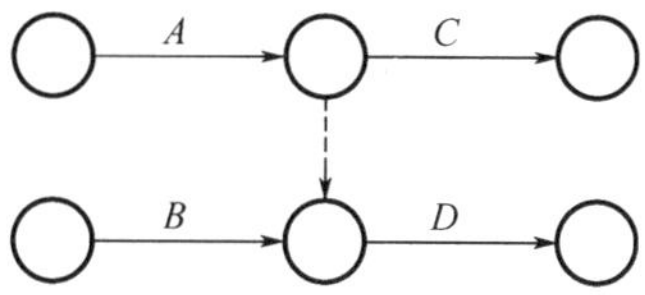

图 4.8　半约束关系双代号网络图的绘制

表 4.5　半约束关系逻辑关系

工作	A	B	工作	C	D
紧后工作	C、D	D	紧前工作	A	A、B

（3）三分之一约束（图 4.9，逻辑关系见表 4.6）

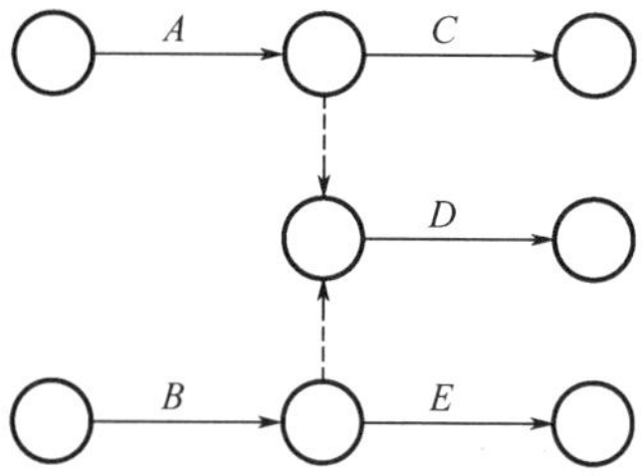

图 4.9　三分之一约束关系双代号网络图的绘制

表 4.6　三分之一约束关系逻辑关系

工作	A	B	工作	C	E	D
紧后工作	C、D	D、E	紧前工作	A	B	A、B

5. 2 个工作同时开始且同时结束（图 4.10）

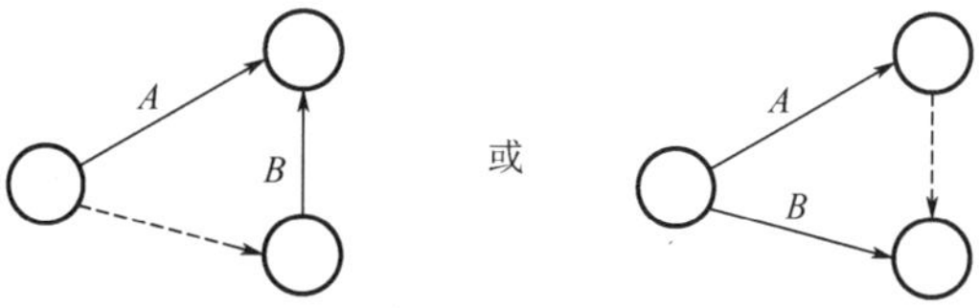

图 4.10　2 个工作同时开始且同时结束双代号网络图的绘制

4.1.3 画双代号网络计划图的基本规则

① 一个网络计划图中只允许有一个开始节点和一个结束节点。

② 一个网络计划图中不允许单代号、双代号混用。

③ 节点大小要适中，编号应由小到大，不重号、不漏编，但可以跳跃。

④ 一对节点之间只能有一条箭线，图 4.11 所示是错误的；一对节点之间不能出现无箭头杆，图 4.12 所示是错误的。

⑤ 网络计划图中不允许有循环线路，图 4.13 所示是错误的。

⑥ 网络计划图中不允许有相同编号的节点或相同代码的工作。

⑦ 网络计划图的布局应合理，要尽量避免箭线的交叉，图 4.14(a) 应调整为图 4.14(b)；当箭线的交叉不可避免时，可采用“过桥法”“断线法”或“指向法”来处理，如图 4.15(a)、图 4.15(b) 所示。

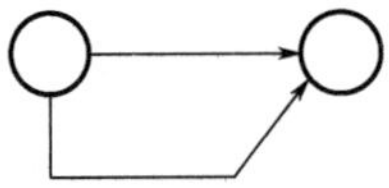

图 4.11　共用两条箭线（错误）

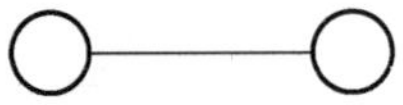

图 4.12　出现无箭头杆（错误）

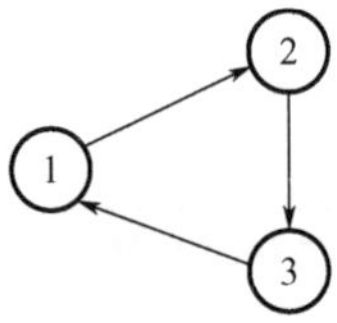

图 4.13　出现循环线路（错误）

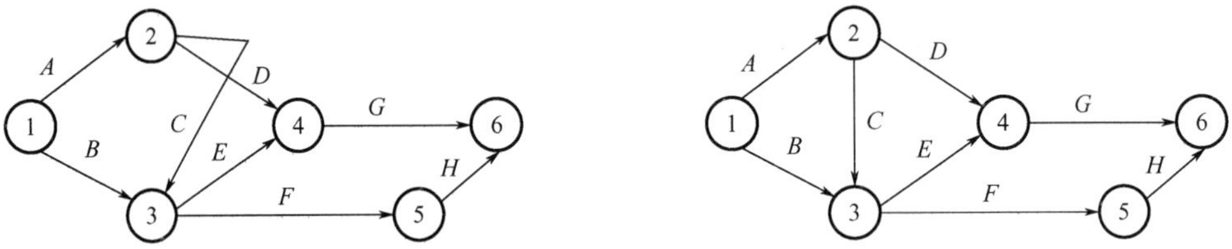

(a)　(b)

图 4.14　网络图的布局

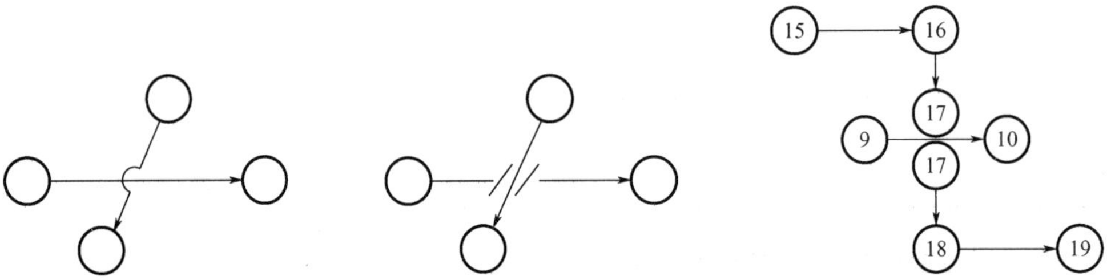

(a) 过桥法　(b) 断线法　(c) 指向法

图 4.15　交叉箭线的处理方法

⑧ 绘图口诀

A. 为方便记忆，将以上①～⑦条绘制规则编成口诀如下。

一杆二圈向前进，起始终接逻辑清；
平行工作加虚杆，消灭同号无节枝；
交叉过点搭桥梁，不准闭合多绕圈；
同名同号不许有，初起终结均归一。

B. 口诀解释。

一杆二圈向前进：一个箭杆两个圆圈代表一项工作，绘制时应由左向右往前画。

起始终接逻辑清：前后工作的连接要符合工艺逻辑关系和组织逻辑关系并应符合绘图规则，不能把两项没有直接关系的工作连接起来。

平行工作加虚杆：两个工作同时开始或同时结束时，应如图 4.8 所示加虚工作。

消灭同号无节枝：两个工作共一个圈号可以，但不能使终点都共号；另外，严禁在箭线上引入或引出箭线，图 4.16 即为错误，正确表示应如图 4.17 所示。

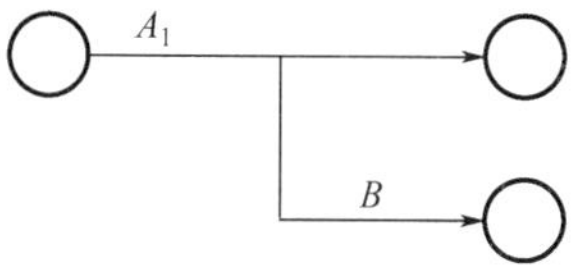

图 4.16　错误表示

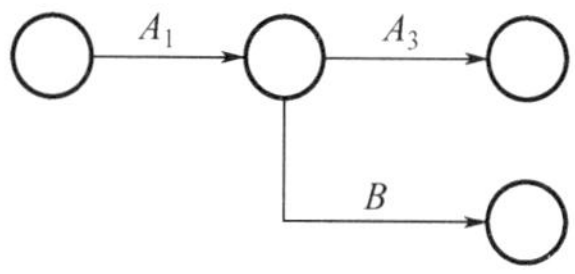

图 4.17　正确表示

交叉过点搭桥梁：当一个工作需要通过另一工作或节点时，不能直接穿堂而过，应“搭桥”绕道而过，如图 4.15 所示。

不准闭合多绕圈：网络图中，不允许有循环回路，如图 4.13 所示。

同名同号不许有：双代号网络图中，一项工作只有唯一的一条箭线和相应的一对节点编号，因此网络图编号时，不允许有同名同号，否则就会造成混乱不清。

初起终结均归一：一个网络图上，只能有一个起点节点和一个终点节点，而不能有两个以上的起点节点和终点节点。

4.1.4 双代号网络计划图的绘制

双代号网络图的正确绘制是网络计划方法应用的关键。正确的网络计划图应包括：正确表达各种逻辑关系，且工作项目齐全，施工过程数目得当；遵守绘图的基本规则；选择适当的绘图排列方法。

1. 双代号网络图的绘制方法（节点位置号法）

(1) 绘制双代号网络图的步骤

绘制网络图可按如下步骤进行。

第一步：由于在一般情况下，先给出紧前工作，故第一步应根据已知的紧前工作确定紧后工作。

第二步：确定各个工作的开始节点的位置号和完成节点的位置号。

第三步：根据节点位置号和逻辑关系绘出初始网络图。

第四步：检查逻辑关系有无错误，如与已知条件不符，则可加竖向虚工作或横向虚工作进行改正。改正后的网络图中的各个节点的位置号不一定与初始网络图中的节点位置号相同。

(2) 节点位置号的确定方法

为使所绘制的网络图中不出现逆向箭线和竖向实箭线，宜在绘制之前，先确定各个节点的位置号，再按节点位置号绘制网络图。节点位置号的确定如下。

① 无紧前工作的开始节点的位置号为零。

② 有紧前工作的开始节点的位置号等于其紧前工作的开始节点的位置号最大值加 1。

③ 有紧后工作的完成节点的位置号等于其紧后工作的开始节点的位置号的最小值。

④ 无紧后工作的完成节点的位置号等于有紧后工作的完成节点的位置号最大值加 1。

【案例解析】

【案例 4-1】 已知各工作的逻辑关系资料如表 4.7 所示，试按要求绘出双代号网络图。

表 4.7　各工作的逻辑关系

工作	A	B	C	D	E	G
紧前工作	—	—	—	B	B	C、D

【解】 ① 列出关系表，确定出紧后工作和节点位置号，如表 4.8 所示。

② 绘出网络图，如图 4.18 所示。

表 4.8　关系表

工作	A	B	C	D	E	G
紧前工作	—	—	—	B	B	C、D
紧后工作	—	D、E	G	G	—	—
开始节点的位置号	0	0	0	1	1	2
完成节点的位置号	3	1	2	2	3	3

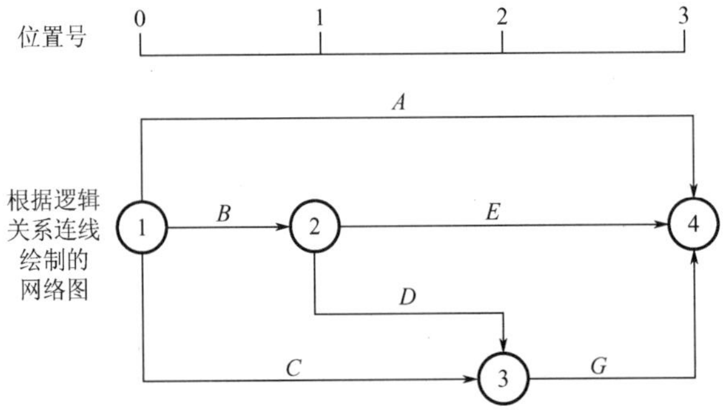

图 4.18　按节点位置号法绘制的双代号网络图

【案例 4-2】 已知各工作的逻辑关系资料如表 4.9 所示，试按要求绘出双代号网络图。

表 4.9　各工作的逻辑关系

工作	A	B	C	D	E	G	H
紧前工作	—	—	—	—	A、B	B、C、D	C、D

【解】 ① 列出关系表，确定出紧后工作和节点位置号，如表 4.10 所示。

② 按节点位置号画出初始的尚未检查是否有逻辑关系等错误的网络图，如图 4.19 所示。

③ 在初始网络图中，B 的紧后工作多了一个 H，用竖向虚工作将 B 和 H 断开，再用虚工作将 C、D 的代号区分开，得出正确的网络图，如图 4.20 所示。

表 4.10 关系表

工作	A	B	C	D	E	G	H
紧前工作	—	—	—	—	A、B	B、C、D	C、D
紧后工作	E	E、G	G、H	G、H	—	—	—
开始节点的位置号	0	0	0	0	1	1	1
完成节点的位置号	1	1	1	1	2	2	2

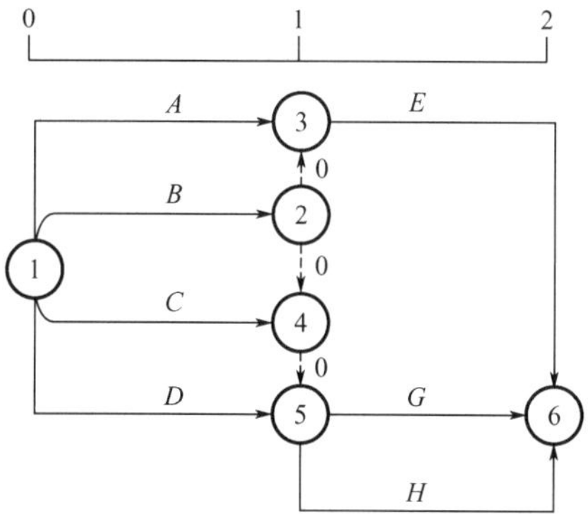

图 4.19 尚未检查逻辑关系等是否有误的初始网络图

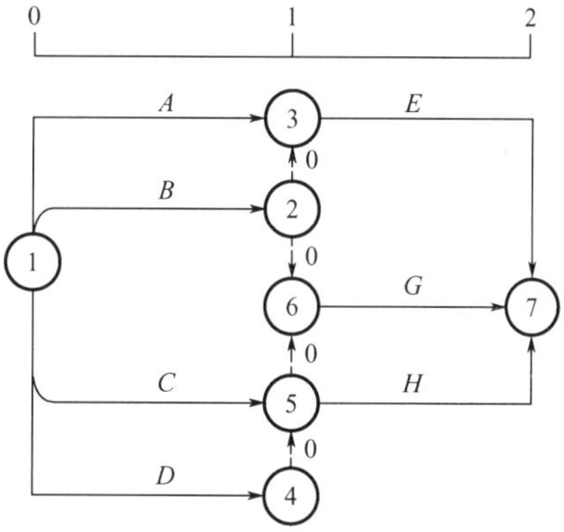

图 4.20 只有竖向虚工作的正确网络图

也可用横向虚工作将 B 和 H 断开，并去掉多余的虚工作，得出正确的网络图如图 4.21 所示。此时就不需要画出节点位置坐标了。

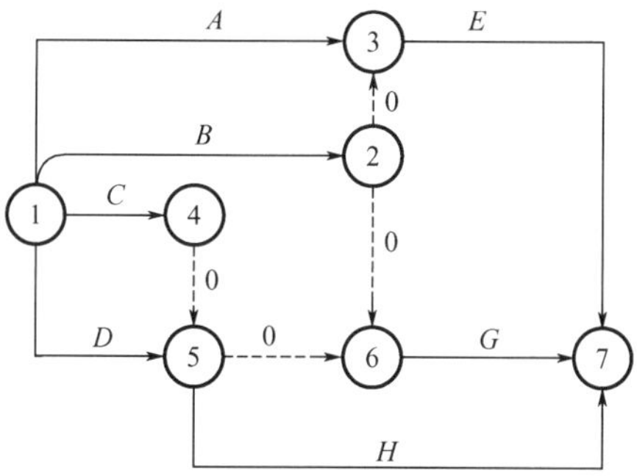

图 4.21 具有横向和竖向虚工作的正确网络图

2. 双代号网络图的绘制方法（逻辑草稿法）

(1) 已知紧前工作用矩阵法确定紧后工作

简单的网络图可以用逻辑推理方法求得紧后工作；但是如遇复杂的网络图就只能采用矩阵图来确定其紧后工作。

方法：先绘出以各项工作为纵横坐标的矩阵图；再根据网络资料表在横坐标方向，将有紧前工作者标注“√”；然后，查看纵坐标方向，凡标注“√”者，即为该工作的紧后工作。

【案例解析】

【案例 4-3】 已知各工作的逻辑关系资料如表 4.11 所示，试用矩阵法确定各工作的紧后工作。

表 4.11　各工作的逻辑关系

工作	A	B	C	D	E	F	G
紧前工作	—	—	—	—	A、B	B、C、D	C、D

【解】 ① 先绘出以各项工作为纵横坐标的矩阵图（表 4.12）。

表 4.12　矩阵图

工作	A	B	C	D	E	F	G
A					√		
B					√	√	
C						√	√
D						√	√
E							
F							
G							

② 在 x 方向上，根据网络资料表，沿 y 方向将有紧前工作者标注"√"，如表 4.12 所示。

③ 从 y 方向上，按 x 方向查看，凡标注"√"者，即为该工作的紧后工作。

④ 将结果汇总填写（表 4.13）。

表 4.13　结果汇总

工作	A	B	C	D	E	F	G
紧前工作	—	—	—	—	A、B	B、C、D	C、D
紧后工作	E	E、F	G、F	F、G	—	—	—

(2) 双代号网络图的绘图方法

当已知每一项工作的紧前工作时，可按下述步骤绘制双代号网络图。

第一步：绘制没有紧前工作的工作箭线，使它们具有相同的开始节点，以保证网络图只有一个起点节点。

第二步：依次绘制其他工作箭线。这些工作箭线的绘制条件是其所有紧前工作箭线都已经绘制出来。在绘制这些工作箭线时，应按下列原则进行。

① 当所要绘制的工作只有一项紧前工作时，则将该工作箭线直接画在其紧前工作箭线之后即可。

② 当所要绘制的工作有多项紧前工作时，为了正确表达各工作之间的逻辑关系，先用两条或两条以上的虚箭线把紧前工作引到一起。可以按以下 3 种情况予以考虑。

A. 有 2 项紧前工作时，C 的紧前工作有 A、B，如图 4.22 所示。

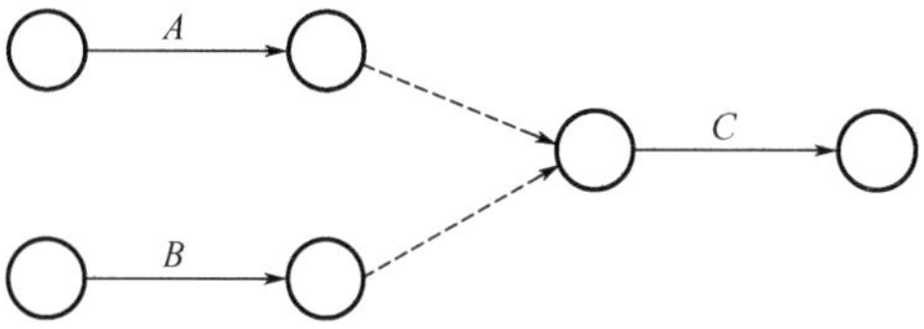

图 4.22　有 2 项紧前工作的虚箭线表示法

B. 有 3 项紧前工作时，D 的紧前工作有 A、B、C，如图 4.23 所示。

C. D 的紧前工作有 A、B，E 的紧前工作有 A、B、C，如图 4.24 所示。

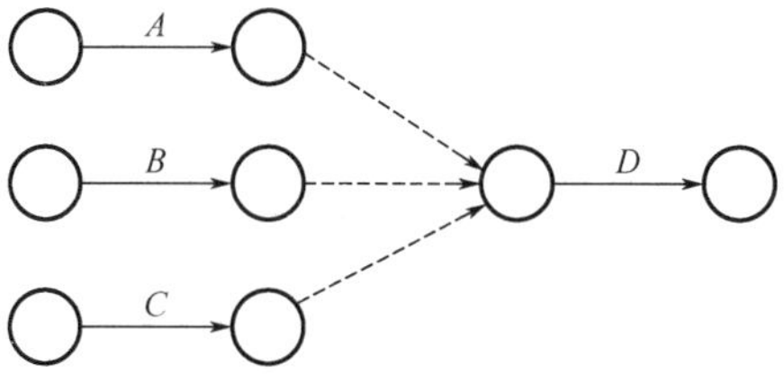

图 4.23　有 3 项紧前工作的虚箭线表示法

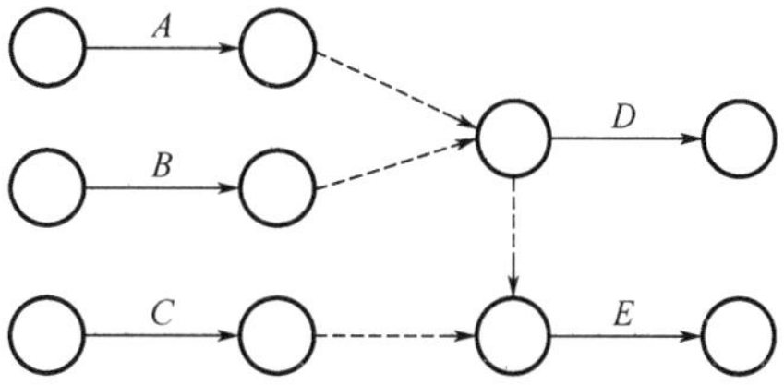

图 4.24　有 2 项和 3 项紧前工作的虚箭线表示法

第三步：当各项工作箭线都绘制出来后，应合并那些没有紧后工作的工作箭线的箭头节点，以保证网络图只有一个终点节点（多目标网络计划除外）。

第四步：删除多余的虚箭线。

A. 一般情况下，某条实箭线的紧后工作只有一条虚箭线，则该条虚箭线是多余的。如①→②-→③应画成①→③；但有一种特殊情况，即不允许出现相同编号的箭线时，应保留一条虚箭线（②-→③），如图 4.25 所示。

B. 其他情况，如图 4.26 所示虚箭线②-→③、②-→④都是有用的。

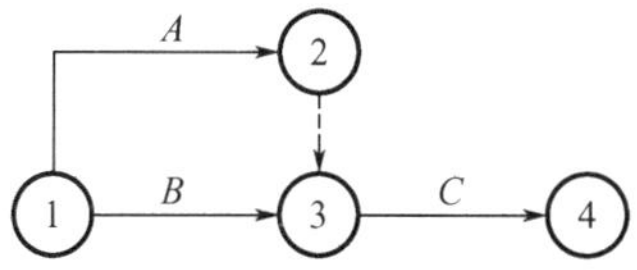

图 4.25　保留虚箭线的情况

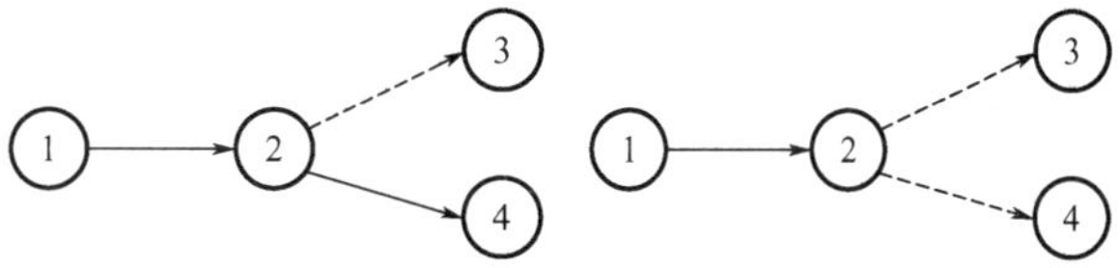

图 4.26　保留虚箭线的其他情况

第五步：当确认所绘制的网络图正确后，即可进行节点编号。网络图的节点编号在满足前述要求的前提下，既可采用连续的编号方法，也可采用不连续的编号方法，如 1，3，5…或 5，10，15…，以避免后续增加工作时改动整个网络图的节点编号。

【案例解析】

【案例 4－4】 已知各工作的逻辑关系资料如表 4.14 所示，试绘制双代号网络图。

表 4.14　各工作的逻辑关系

工作	A	B	C	D	E	F	G	H	I	J	K
紧后工作	B、C	D、E、F	D、E、F	H	G	J	H	I	—	K	—

【解】 绘图步骤分析如下。

① 首先分析工作关系。

第一步：找出同时开始的工作（如 A 工作的紧后工作是 B、C 工作，所以 B、C 工作同时开始，B、C 工作的紧后工作都是 D、E、F 工作，所以 D、E、F 工作同时开始）。

第二步：找出有约束关系的工作（如 B 和 C 的紧后工作完全相同，所以是全约束关系，又由于 B 和 C 工作同时开始又同时结束，所以肯定有虚箭线）。

第三步：再找出同时结束的工作（如 D 和 G 工作的紧后工作都是 H，所以 D 和 G 工作同时结束，但不是同时开始，所以可以在一个节点结束；又如 I 和 K 的紧后工作没有，所以为结束工作）。

② 分析工作完成后，开始动手画草图（图 4.27）。

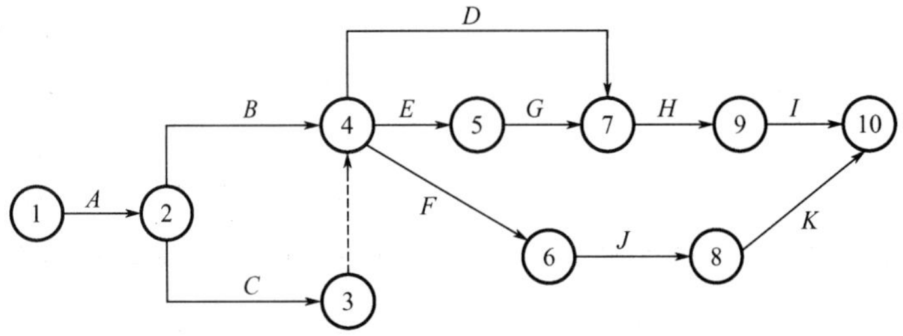

图 4.27　绘制的双代号网络图（草图）

第一步：画出一个开始节点①，然后画出 A 工作，因为 A 工作在紧后工作中没有出现，所以 A 工作是最前面的工作。

第二步：画出 B、C 工作，都从②节点开始。

第三步：由于 B 和 C 工作同时开始又同时结束，所以在 B 工作后面画出④节点，在 C 工作后面画出③节点，③和④之间画出虚箭线，如果 D、E、F 工作从④节点开始，则虚箭线的箭头指向④节点；如果 D 工作从③节点开始，则虚箭线的箭头指向④节点。

第四步：E 与 G、F 与 J、J 与 K 的工作关系是简单的，可以直接画出，如图 4.27 所示。

第五步：D 与 G 工作的紧后工作都是 H，所以 D 与 G 工作同时结束在⑦节点，H 工作从⑦节点开始。

第六步：由于 H 与 I 的工作关系比较简单，可以直接画出，如图 4.27 所示。

第七步：K 与 I 工作同时结束在⑩节点。

【案例 4－5】 已知某施工过程工作间的逻辑关系如表 4.15 所示，试绘制双代号网络图。

表 4.15　某施工过程工作间的逻辑关系

工作	A	B	C	D	E	F	G	H
紧前工作	—	—	—	A	A、B	B、C	D、E	E、F
紧后工作	D、E	E、F	F	G	G、H	H	—	—

【解】① 绘制没有紧前工作的工作 A、B、C，如图 4.28(a) 所示。

② 按题意绘制工作 D 及 D 的紧后工作 G，如图 4.28(b) 所示。

③ 按题意将工作 A、B 的箭头节点合并，并绘制工作 E；绘制 E 的紧后工作 H；将工作 D、E 的箭头节点合并，并绘制工作 G，如图 4.28(c) 所示。

④ 再按题意将工作 B 的箭线断开增加虚箭线，合并工作 B、C 的箭头节点并绘制工作 F；将工作 E 后增加虚箭线和工作 F 的箭头节点合并，并绘制工作 H，如图 4.28(d) 所示。

⑤ 将没有紧后工作的箭线合并，得到终点节点，并对图形进行调整，使其美观对称，如图 4.28(e)、图 4.28(f) 所示。

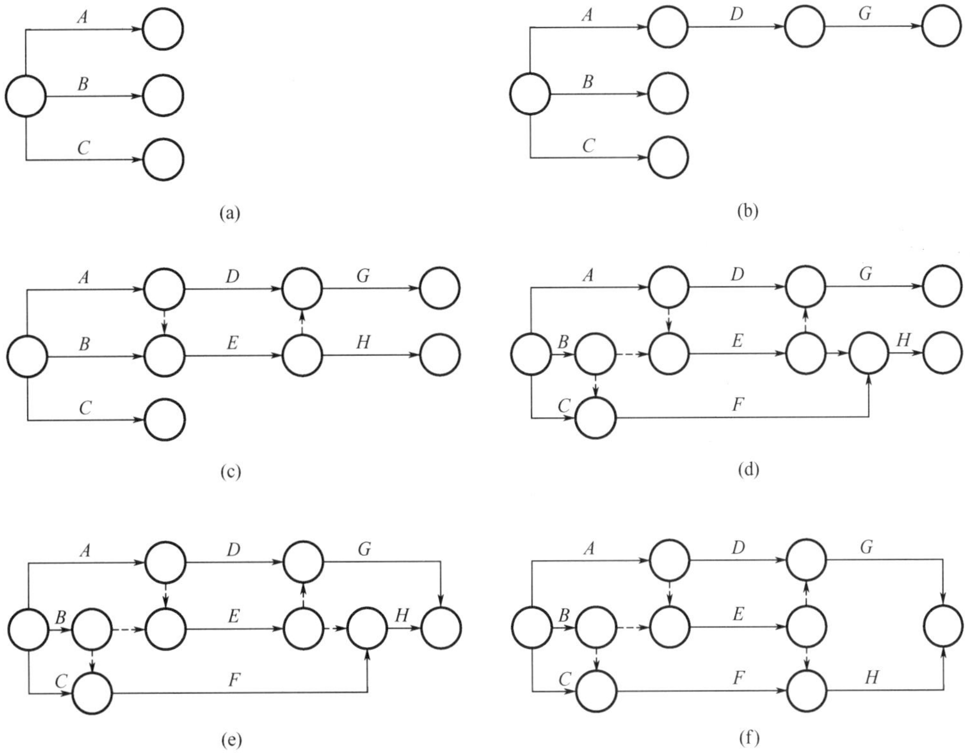

图 4.28 双代号网络图

【案例 4-6】已知各工作之间的逻辑关系如表 4.16 所示，试绘制双代号网络图。

表 4.16 逻辑关系

工作	A	B	C	D	E	F	G	H	I	J	K	L	M	N	P
紧前工作	—	A	A	—	B、C	B、C、D	D	E、F	C	I、H	G、F	K、J	L	L	M、N
紧后工作	B、C	E、F	E、F、I	F、G	H	H、K	K	J	J	L	L	M、N	P	P	—

【解】① 绘制草图，如图 4.29 所示。

② 删掉多余的虚箭线。

③ 整理及编号。尽可能用水平线、竖线表示，如图 4.30 所示。

④ 检查。根据网络图写出各工作的紧前工作，然后与表 4.16 对照是否一致。

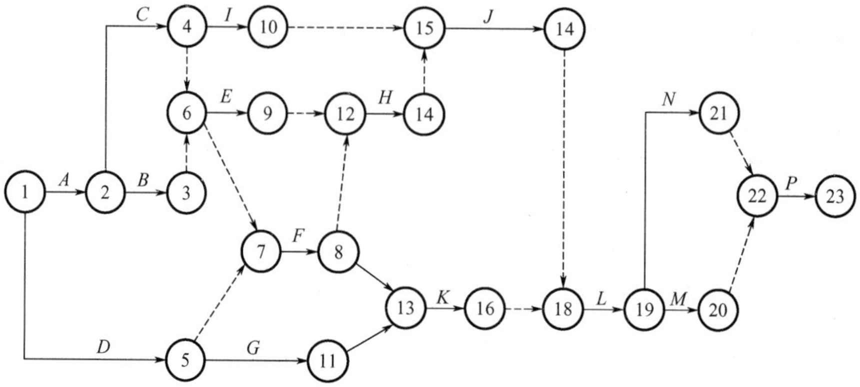

图 4.29 绘制的双代号网络图（草图）

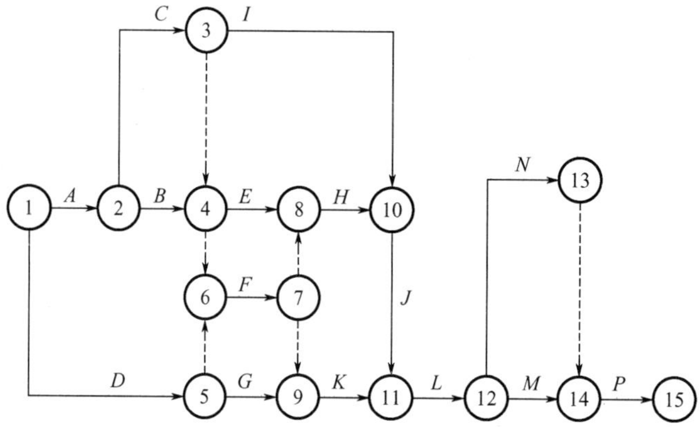

图 4.30 整理及编号后网络图

3. 绘制网络图应注意的问题

（1）层次分明，重点突出

绘制网络计划图时，首先遵循网络图的绘制规则画出一张符合工艺和组织逻辑关系的网络计划草图，然后检查、整理出一幅条理清楚、层次分明、重点突出的网络计划图。

（2）构图形式要简捷、易懂

绘制网络计划图时，通常的箭线应以水平线为主，竖线、折线、斜线为辅，并应尽量避免用曲线。

（3）正确应用虚箭线

绘制网络图时，正确应用虚箭线可以使网络计划中的逻辑关系更加明确、清楚，它起到“断”和“连”的作用。

【实训小结】

本节主要讲解双代号网络图的绘制，重点掌握下面内容。

① 双代号网络图的基本要素：工作、箭线、节点、路线。

② 双代号网络图的逻辑模型。

③ 双代号网络图的绘制规则。

④ 双代号网络图的绘制方法：节点位置号法和逻辑草稿法。

要求学生通过实训能独立绘制双代号网络图。

【实训考核】

双代号网络图的绘制考核评定见表 4.17。

表 4.17 双代号网络图的绘制考核评定

考核评定方式	评定内容	分值	得分
自评	学习态度及表现	10	
	对双代号网络图绘制方法的掌握情况	10	
	工序逻辑及图画清晰、规范情况	10	
学生互评	学习态度及表现关系	5	
	对双代号网络图绘制方法的掌握情况	5	
	工序逻辑及图画清晰、规范情况	10	
教师评定	学习态度及表现	20	
	成果设计情况	30	

【实训练习】

① 将某职工宿舍（JB 型）工程标准层主体工程施工横道图改绘为双代号网络图。

② 绘制某住宅楼工程标准层主体工程施工网络计划。

训练 4.2 双代号网络图时间参数的计算

【实训背景】

施工方为确保合同工期，必须计算网络计划的时间参数，确定关键线路，以利于网络图优化。

【实训任务】

计算某住宅楼工程主体结构工程施工工期。

【时间参数讲解】

【实训目标】

1. 能力目标

能够计算网络计划的各项参数，确定关键工作和关键线路。

2. 知识目标

① 掌握双代号网络图时间参数的计算。

② 掌握双代号网络图中关键线路的判定方法。

【实训成果】

确定某住宅楼主体结构工程施工工期，计算网络图各时间参数和确定关键线路。

【实训内容】

4.2.1 时间参数的分类

时间参数可分为节点时间参数、工作时间参数和线路时间参数等。以工作 $i—j$ 为例，各时间参数的表示符号及其含义如表 4.18 所示。

表 4.18 时间参数分类

类别	名称	符号	含义
节点时间参数	节点最早时间	ET_i	以该节点为开始节点的各项工作的最早开始时间
	节点最迟时间	LT_i	以该节点为完成节点的各项工作的最迟完成时间
工作时间参数	工作持续时间	D_{i-j}	一项工作从开始到完成的时间
	工作最早开始时间	ES_{i-j}	各紧前工作完成后本工作有可能开始的最早时间
	工作最早完成时间	EF_{i-j}	各紧前工作完成后本工作有可能完成的最早时间
	工作最迟开始时间	LS_{i-j}	在不影响整个任务按期完成的前提下，工作必须开始的最迟时间
	工作最迟完成时间	LF_{i-j}	在不影响整个任务按期完成的前提下，工作必须完成的最迟时间
	总时差	TF_{i-j}	在不影响总工期的前提下，本工作可以利用的机动时间
	自由时差	FF_{i-j}	在不影响紧后工作最早开始时间的前提下，本工作可以利用的机动时间
线路时间参数	线路时差	PF	非关键线路中可以利用的自由时差之和
	计算工期	T_c	根据时间参数计算所得到的工期
	要求工期	T_r	业主提出的项目工期
	计划工期	T_p	根据要求工期和计算工期所确定的作为实施目标的工期

4.2.2 时间参数的计算

【双代号网络计划时间参数的计算】

时间参数的计算主要采用图上计算法，它包括节点计算法（简称节点法）和工作计算法（简称工作法）。

1. 节点法计算时间参数

节点法是指先计算各节点的时间参数，再根据节点时间参数计算各工作的时间参数。节点最早时间从网络图的起点节点开始，按照编号从小到大依次计算，直至终点节点。节点最迟时间应从网络图终点节点开始，沿着逆向箭线的方向，按照节点编号从大到小进行计算，直至起点节点。各时间参数的计算见表 4.19。

表 4.19 节点法计算时间参数

参数名称		计算公式	说明
节点最早时间 ET_i	起点节点 ET_i	$ET_i=0$	对起点节点的最早时间无规定时，通常取其为零。如另有规定，可按规定取值
	其他节点 ET_j	$ET_j=ET_i+D_{i-j}$	当节点 j 仅有一条内向箭线时，取该箭线箭尾节点的最早开始时间与该工作持续时间之和
		$ET_j=\max\{ET_i+D_{i-j}\}$	当节点 j 有多条内向箭线时，取各箭线箭尾节点的最早开始时间与各工作持续时间之和的最大值
计算工期	T_c	$T_c=ET_n$	取终点节点 n 的最早时间 ET_n 为计算工期
节点最迟时间 LT_i	终点节点 LT_n	$LT_n=T_p$	终点节点的最迟时间取网络计划的计划工期 T_p。对要求工期无特殊要求时可取 $T_p=T_c$，则有 $LT_n=T_c$，即 $LT_n=ET_n$
	其他节点 LT_i	$LT_i=LT_j-D_{i-j}$	当节点 i 仅有一条外向箭线时，节点 i 的最迟时间 LT_i 为箭头节点的最迟完成时间与该工作持续时间之差
		$LT_i=\min\{LT_j-D_{i-j}\}$	当节点 i 有多条外向箭线时，节点 i 的最迟时间 LT_i 为各箭线箭头节点的最迟完成时间与各工作持续时间之差的最小值
工作最早开始时间 ES_{i-j}		$ES_{i-j}=ET_i$	工作最早开始时间 ES_{i-j} 等于该工作起始节点的最早时间 ET_i
工作最早完成时间 EF_{i-j}		$EF_{i-j}=ES_{i-j}+D_{i-j}$ $=ET_i+D_{i-j}$	工作最早完成时间是工作在最早开始时间开始进行，持续了 D_{i-j} 时间后才结束的时间
工作最迟完成时间 LF_{i-j}		$LF_{i-j}=LT_j$	工作最迟完成时间等于该工作结束节点的最迟时间
工作最迟开始时间 LS_{i-j}		$LS_{i-j}=LF_{i-j}-D_{i-j}$ $=LT_j-D_{i-j}$	工作最迟开始时间应保证工作经过持续时间 D_{i-j} 不影响工作在最迟完成时间 LF_{i-j} 完成

2. 工作法计算时间参数

工作法是指不计算节点的时间参数，直接计算各工作的时间参数。各时间参数的计算见表 4.20。

表 4.20 工作法计算时间参数

参数名称	计算公式	说　明
工作最早开始时间 ES_{i-j}	$ES_{i-j}=0$	当未规定开始节点的最早开始时间时，起始工作 $i-j$ 的最早开始时间取零
	$ES_{i-j}=ES_{h-i}+D_{h-i}$	当 $i-j$ 工作只有一个紧前工作 $h-i$ 时，$i-j$ 工作最早开始时间为紧前工作 $h-i$ 的最早开始时间与 $h-i$ 工作持续时间之和
	$ES_{i-j}=\max\{ES_{h-i}+D_{h-i}\}$	受逻辑关系的制约，当 $i-j$ 工作有多个紧前工作时，$i-j$ 工作最早开始时间应取各紧前工作最早开始时间与各紧前工作持续时间之和的最大值
工作最早完成时间 EF_{i-j}	$EF_{i-j}=ES_{i-j}+D_{i-j}$	$i-j$ 工作按最早开始时间 ES_{i-j} 开始进行，经过持续时间 D_{i-j} 完成工作时所对应的时间就是 $i-j$ 工作的最早完成时间。据此可得 $EF_{i-j}=EF_{h-i}$ 或 $ES_{i-j}=\max\{EF_{h-i}\}$
计算工期 T_c	$T_c=\max\{EF_{i-n}\}$	计算工期取最后完成各工作最早完成时间的最大值
工作最迟完成时间 LF_{i-j}	$LF_{i-n}=T_p$	对于最后完成的各项工作，取计划工期作为其最迟完成时间。当未规定要求工期 T_r 时，可取计划工期等于计算工期，即 $T_p=T_c$，所以有 $LF_{i-n}=T_c$
	$LF_{i-j}=LF_{j-k}-D_{j-k}$	当 $i-j$ 工作仅有一个紧后工作 $j-k$ 时，其最迟完成时间取紧后工作最迟完成时间与紧后工作持续时间之差
	$LF_{i-j}=\min\{LF_{j-k}-D_{j-k}\}$	当 $i-j$ 工作有多个紧后工作时，其最迟完成时间取各紧后工作最迟完成时间与各紧后工作持续时间之差的最小值
工作最迟开始时间 LS_{i-j}	$LS_{i-j}=LF_{i-j}-D_{i-j}$	$i-j$ 工作的最迟开始时间应保证经过工作持续时间 D_{i-j}，不影响工作的最迟完成。据此可有 $LF_{i-j}=LS_{j-k}$ 或 $LF_{i-j}=\min\{LS_{j-k}\}$

3. 时差的计算

(1) 计算公式

总时差：$TF_{i-j}=LS_{i-j}-ES_{i-j}$ 或 $TF_{i-j}=LF_{i-j}-EF_{i-j}$

自由时差：$FF_{i-j}=ES_{j-k}-ES_{i-j}-D_{i-j}=ES_{j-k}-EF_{i-j}$

(2) 结论

① 如果总时差为零，说明工作没有机动时间，为关键工作。

② 如果总时差为零，则自由时差为零。

③ 如果存在总时差，说明工作有可利用的机动时间，为非关键工作。

④ 总时差属于本工作，同时也为一条线路所共有。

⑤ 自由时差一定小于或等于总时差，如果存在自由时差，说明本工作有可以自由利用的机动时间，并且利用自由时差不会对紧后工作产生影响。

4. 时间参数在网络图上的标注（图 4.31）

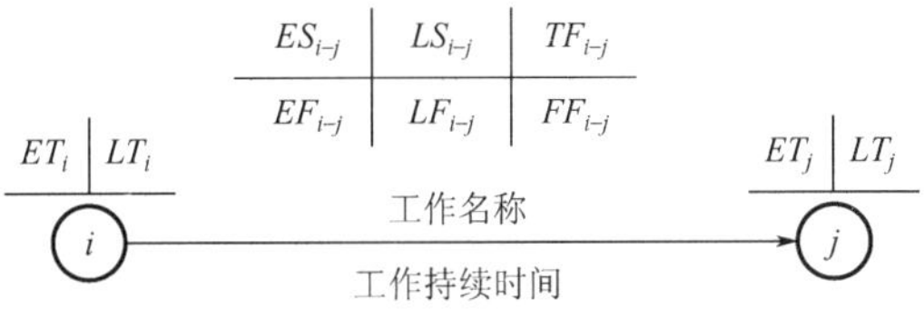

图 4.31 双代号网络图时间参数的标注

4.2.3 关键线路的确定及判定方法

【双代号网络图中箭头汇交标号法寻找关键线路】

1. 关键线路的确定

在网络图中线路时间最长的线路就是关键线路。通过时间参数计算也可判断关键线路，当计划工期与计算工期相等时，总时差为零的线路就是关键线路；当计划工期与计算工期不同时，总时差等于计划工期与计算工期之差的线路就是关键线路。关键线路上的工作就是关键工作。需要注意的是，在一个网络图中关键线路往往不止一条，但至少应该有一条。

2. 关键线路的判定方法

① 线路长度比较法。在已知的网络图中，找出从起点到终点的所有线路，分别计算和比较各条线路的长度，从中找出各项工作持续时间之和最长的线路，即为该网络图的关键线路。在网络图上，关键线路要用双线、粗线或彩色线标注。

② 总时差判定法。在网络图中，总时差为零的工作为关键工作，由关键工作组成的线路为关键线路。

③ 线路长度分段比较法。整个网络图都是由若干个共始终点的多边形圈和单根线段所组成，因此，我们可以以圈为单位，将每个圈中的关键线段找出来，或者把每个圈中的非关键（时间最短的）线段去掉，这种方法也称为破圈法。

④ 关键节点法。即利用关键节点判断。双代号网络图中，关键线路上的节点称为关键节点。当计划工期等于计算工期时，关键节点的最迟时间与其最早时间必然相等。关键节点必然处在关键线路上，但由关键节点组成的线路不一定是关键线路。换言之，两端为关键节点的工作不一定是关键工作。计算出双代号网络图的节点时间参数后，就可以通过关键节点法找出关键线路。两个关键节点之间关键线路的条件是：箭尾节点时间＋工作持续时间＝箭头节点时间。

⑤ 节点标号法。即用节点标号法计算工期并确定关键线。当需要快速求出工期和找出关键线路时，可采用节点标号法。它是将每个节点以后工作的最早开始时间的数值及该数值来源于前面节点的编号写在节点处，最后可得到工期，并可循着节点号找出关键线路。

【知识链接】

1. 节点的最早可能时间 *ET*

① 定义：节点的最早可能开始时间即节点可以开工的最早时间，表示该节点的紧前工作已全部完工。

② 计算方法：从开始节点起，沿箭线方向，依次计算每一个节点，直至结束节点。计算公式为

$$ET_j = \{ET_i + D_{i-j}\}_{\max} \quad （只看内向箭线） \tag{4-1}$$

口诀：从左往右，“顺线累加，逢圈取大”。

③ 规定：开始节点最早可能开始时间为零，即 $ET_1 = 0$。

2. 节点的最迟可能开始时间 *LT*

① 定义：节点最迟可能开始时间表示节点开工不能迟于这个时间，若迟于这个时间，将会影响计划的总工期。

② 计算方法：从结束节点开始，逆箭线方向，依次计算每一个节点，直至开始节点。计算公式为

$$LT_i = \{LT_j - D_{i-j}\}_{\min} \tag{4-2}$$

口诀：从右往左，“逆线累减，逢圈取小”。依次计算每一个节点，不要看线路，不要远看，只看前后两个节点。

③ 规定：结束节点最迟可能开始时间为结束节点的最早可能开始时间，即计划的总工期。

3. 工作（工序）时间参数的计算

(1) 工作的最早开始、最早结束时间

① 工作的最早开始时间 ES_{i-j}。

$i—j$ 工作的最早开始时间 ES_{i-j} 与 i 节点的最早开始时间 ET_i 相等，即

$$ES_{i-j} = ET_i \tag{4-3}$$

② 工作的最早结束时间 EF_{i-j}。

$i—j$ 工作的最早结束时间 EF_{i-j} 等于工作的最早开始时间 ES_{i-j} 加上工作的工期 D_{i-j}，即

$$EF_{i-j} = ES_{i-j} + D_{i-j} \tag{4-4}$$

(2) 工作的最迟开始、最迟结束时间

① 工作的最迟开始时间 LS_{i-j}。

$i—j$ 工作的最迟开始时间 LS_{i-j} 等于工作的最迟结束时间 LF_{i-j} 减去工作的工期 D_{i-j}，即

$$LS_{i-j} = LF_{i-j} - D_{i-j} \tag{4-5}$$

② 工作的最迟结束时间 LF_{i-j}。

$i—j$ 工作的最迟结束时间 LF_{i-j} 等于节点的最迟开始时间 LT_j，即

$$LF_{i-j} = LT_j \tag{4-6}$$

4. 工作的时差计算

(1) 总时差 TF_{i-j}

定义：在不影响任何一项紧后工作的最迟必须开始时间的条件下，本工作所拥有的最大机动时间。它可以用节点时间参数来计算，也可以用过程参数来计算。

① 用节点时间参数来计算，即

$$TF_{i-j}=LT_j-ET_i-D_{i-j} \tag{4-7}$$

② 用工作时间参数来计算，即

$$TF_{i-j}=LS_{i-j}-ES_{i-j}=LF_{i-j}-EF_{i-j} \tag{4-8}$$

口诀："迟早相减，所得之差"。

(2) 自由时差 FF_{i-j}

定义：在不影响任何一项紧后工作的最早开始时间的条件下，本工作所拥有的最大机动时间。它可以用节点时间参数来计算，也可以用过程参数来计算。

① 用节点时间参数来计算，即

$$FF_{i-j}=ET_j-ET_i-D_{i-j} \tag{4-9}$$

② 用过程参数来计算，即

$$FF_{i-j}=ES_{j-k}-ES_{i-j}-D_{i-j} \tag{4-10}$$

式中：ES_{j-k}——紧后工作最早开始时间。

其他符号意义同前。

5. 关键线路的确定

① 总时差最小的工作所组成的线路是关键线路。

② 关键线路上所有节点的两个时间参数相等。

【实训小结】

本节主要讲解双代号网络图时间参数的计算及关键线路的确定。

① 时间参数计算：节点法、工作法。

② 关键线路的确定：线路长度比较法、总时差判定法、线路长度分段比较法、节点标号法、关键节点法。

学生通过实训应能掌握双代号网络图时间参数的计算及关键线路的确定。

【实训考核】

双代号网络图时间参数的计算考核评定见表 4.21。

表 4.21 双代号网络图时间参数的计算考核评定

考核评定方式	评定内容	分值	得分
自评	学习态度及表现	10	
	对双代号网络计划中时间参数计算方法掌握的熟悉情况	10	
	成果计算质量	10	

续表

考核评定方式	评定内容	分　值	得　分
学生互评	学习态度及表现	5	
	对双代号网络计划中时间参数计算方法的掌握情况	5	
	成果计算质量	10	
教师评定	学习态度及表现	20	
	成果设计情况	30	

【实训练习】

计算某住宅楼标准层主体工程施工网络图时间参数及工期，并确定关键路线。

训练 4.3　双代号时标网络图的绘制

【实训背景】

施工方为确保工程合同工期，方便施工管理，绘制双代号时标网络图。

【实训任务】

完成某职工宿舍（JB 型）工程主体工程双代号时标网络图的绘制。

【双代号时标网络图的绘制】

【实训目标】

1. 能力目标

① 根据相关工程资料，能够绘制双代号网络时标网络图。

② 根据双代号时标网络图，能够判读时间参数和确定关键线路。

2. 知识目标

① 掌握双代号时标网络计划的一般规定。

② 掌握双代号时标网络计划的绘制方法。

③ 掌握双代号时标网络计划时间参数的判读以及关键路线的确定。

【实训成果】

绘制某住宅楼主体工程双代号时标网络图，并确定关键线路和判读各项时间参数。

【实训内容】

4.3.1 双代号时标网络计划的一般规定

① 双代号时标网络计划必须以水平时间坐标为尺度表示工作时间。双代号时标的时间单位应根据需要在编制网络计划之前确定，可为时、天、周、月或季。

② 双代号时标网络计划应以实箭线表示工作，以虚箭线表示虚工作，以波形线表示工作的自由时差。

③ 双代号时标网络计划中所有符号在时间坐标上的水平投影位置，都必须与其时间参数相对应。节点中心必须对准相应的时标位置。虚工作必须以垂直方向的虚箭线表示，由自由时差加波形线表示。

4.3.2 双代号时标网络计划的绘制方法

双代号时标网络计划一般按工作的最早开始时间绘制。其绘制方法有间接绘制法和直接绘制法。

1. 间接绘制法

间接绘制法是先计算网络计划的时间参数，再根据时间参数在时间坐标上进行绘制的方法。其绘制步骤和方法如下。

① 先绘制双代号网络图，计算节点的最早时间参数，确定关键工作及关键线路。

② 根据需要确定时间单位并绘制时标横轴。

③ 根据节点的最早时间确定各节点的位置。

④ 依次在各节点间绘出箭线及时差。绘制时宜先画关键工作、关键线路，再画非关键工作。如箭线长度不足以达到工作的完成节点，则用波形线补足，箭头画在波形线与节点连接处。用虚箭线连接各有关节点，将有关的工作连接起来。

2. 直接绘制法

直接绘制法是不计算网络计划时间参数，直接在时间坐标上进行绘制的方法。其绘制步骤和方法可归纳为如下绘图口诀：“时间长短坐标限，曲直斜平利相连；箭线到齐画节点，画完节点补波线；零线尽量拉垂直，否则安排有缺陷。”

① 时间长短坐标限：箭线的长度代表着具体的施工时间，受到时间坐标的制约。

② 曲直斜平利相连：箭线的表达方式可以是直线、折线、斜线等，但布图应合理，直观清晰。

③ 箭线到齐画节点：工作的开始节点必须在该工作的全部紧前工作都画出后，定位在这些紧前工作最晚完成的时间刻度上。

④ 画完节点补波线：某些工作的箭线长度不足以达到其完成节点时，用波形线补足。

⑤ 零线尽量拉垂直：虚工作持续时间为零，应尽可能让其为垂直线。

⑥ 否则安排有缺陷：若出现虚工作占据时间的情况，其原因是工作面停歇或施工作业队组工作不连续。

4.3.3 关键线路和时间参数的确定

1. 关键线路的确定

自始点至终点不出现波形线的线路。

2. 工期的确定

工期 T_p 等于“终点节点的时标值”与“起点节点的时标值”之差。

3. 时间参数的判读

(1) 最早时间参数

① 最早开始时间。箭尾节点所对应的时标值即为最早开始时间。

② 最早完成时间。若实箭线抵达箭头节点，则最早完成时间就是箭头节点时标值；若实箭线未抵达箭头节点，则其最早完成时间为实箭线末端所对应的时标值。

(2) 自由时差

波形线的水平投影长度即为自由时差。

(3) 总时差

自右向左进行，总时差等于诸紧后工作总时差的最小值与本工作的自由时差之和，即

$$TF_{i-j}=\min\{TF_{j-k}\}+FF_{i-j}$$

(4) 最迟时间参数

最迟开始时间和最迟完成时间应按下式计算，即

最迟开始时间=总时差+最早开始时间：$LS_{i-j}=ES_{i-j}+TF_{i-j}$

最迟完成时间=总时差+最早完成时间：$LF_{i-j}=EF_{i-j}+TF_{i-j}$

【实训案例】

【实训案例 4－1】 用直接绘制法将图 4.32 改画为双代号时标网络图。

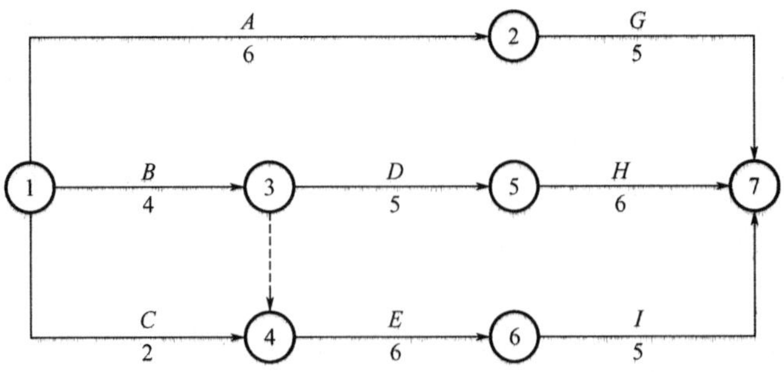

图 4.32　绘制双代号时标网络图

【实训案例 4－2】 用间接法将图 4.33 改画为双代号时标网络图。

【实训案例 4－3】 根据表 4.22 所示逻辑关系，试绘制双代号时标网络图。

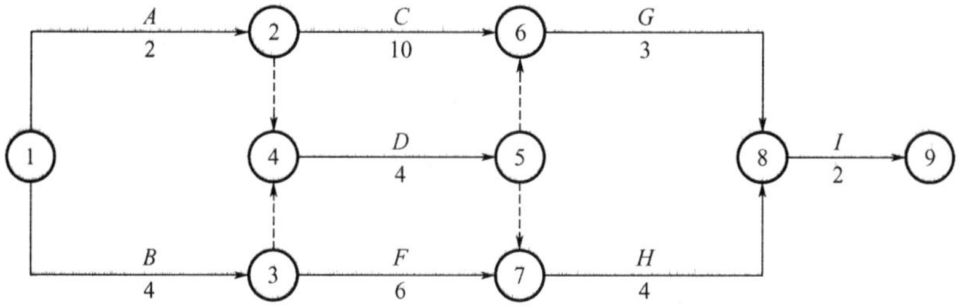

图 4.33　绘制双代号时标网络图

表 4.22　逻辑关系

工作	A	B	C	D	E	F	G	H	K
持续时间	3	2	3	4	5	3	4	2	2
紧前工作	—	A	A	A	B	B	C	D	F、G、H
紧后工作	B、C、D	E、F	G	H	—	K	K	K	—

【实训案例 4-4】 将图 4.34 改画为双代号时标网络图。

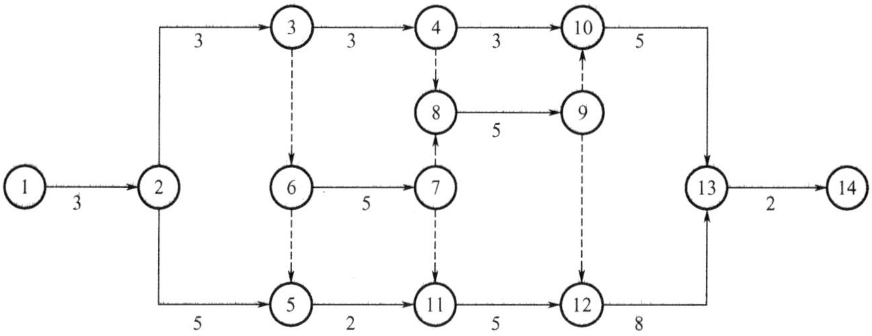

图 4.34　绘制双代号时标网络图

【实训小结】

本节主要讲解双代号时标网络图的绘制，应掌握下面内容。

① 双代号时标网络图的绘制方法。

② 双代号时标网络图时间参数的判读。

③ 双代号时标网络图关键路线的确定。

要求学生通过实训能独立绘制双代号时标网络图。

【实训考核】

双代号时标网络图的绘制考核评定见表 4.23。

表 4.23 双代号时标网络图的绘制考核评定

考核评定方式	评定内容	分值	得分
自评	学习态度及表现	10	
	对双代号时标网络图绘制方法的掌握情况	10	
	工序逻辑及图画清晰、规范情况	10	
学生互评	学习态度及表现	5	
	对双代号时标网络图绘制方法的掌握情况	5	
	工序逻辑及图画清晰、规范情况	10	
教师评定	学习态度及表现	20	
	成果设计情况	30	

【实训练习】

绘制某住宅楼主体工程双代号时标网络图。

项目5 单位工程施工进度计划的编制

项目实训目标

学生通过本项目内容的学习和实训，能够独立编写单位工程施工进度计划。

实训项目设计

实训项目编号	能力训练项目名称	学时		拟实现的能力目标	相关支撑知识	训练方式及步骤	成果
		理论	实践				
5.1	工程施工定额及其应用	1	1	能灵活运用施工定额，结合工程实际计算平均综合定额	1. 掌握施工定额基本概念、编制原理、内容； 2. 掌握综合时间定额或综合产量定额的确定方法	能力迁移训练；教师以某职工宿舍（JB型）工程施工图为案例进行讲解，学生同步以某住宅楼施工图为任务进行训练	某住宅楼装饰工程平均综合定额的计算
5.2	分部工程施工进度计划的编制	2	2	能够编制基础工程、主体工程、屋面防水工程和装饰工程施工进度计划表	掌握分部工程进度计划的编制内容和编制过程	能力迁移训练；教师以某职工宿舍（JB型）工程施工图为案例进行讲解，学生同步以某住宅楼施工图为任务进行训练	某住宅楼基础工程、主体工程、屋面防水工程和装饰工程施工进度计划
5.3	单位工程施工进度计划的编制	1	1	根据施工图纸，能够编制单位工程施工进度计划	1. 掌握单位工程施工进度计划的编制步骤和编制方法； 2. 掌握单位工程进度计划的技术评价	能力迁移训练；教师以某职工宿舍（JB型）工程施工图为案例进行讲解，学生同步以某住宅楼施工图为任务进行训练	某住宅楼工程施工进度计划表（横道图）

训练 5.1 工程施工定额及其应用

【实训背景】

为编制施工进度计划，施工技术人员必须进行施工定额计算以求得作业时间。

【实训任务】

计算某住宅楼装饰工程平均综合定额。

【实训目标】

1. 能力目标

① 能灵活运用施工定额，结合工程实际计算平均综合定额。

② 能针对工程实际情况，合理选用施工定额。

2. 知识目标

① 掌握施工定额基本概念、编制原理、内容。

② 掌握综合时间定额或综合产量定额的确定方法。

【实训成果】

某住宅楼装饰工程平均综合定额的计算。

【实训内容】

5.1.1 工程施工定额的基本概念

【施工定额作用】

施工定额就是在一定的施工生产技术组织条件下，为完成一定计量单位的合格产品所必需的人工、材料、机械消耗的数量标准。

施工定额由劳动定额、材料消耗定额、机械台班定额组成。施工定额是施工企业依据现行设计图、施工图、设计规范及管理、装备、技术水平等编制的，是施工企业编制施工组织设计用的一种定额，也是编制预算定额的基础。此外，用施工定额还可以编制作业进度计划，签发工程任务单（包括限额领料单），结算计件工程和超额奖励及材料节约奖金等。因此施工定额既是施工企业内部实行经济核算的依据，又是开展班组经济核算的依据。

5.1.2 施工定额编制的原则

① 要以有利于不断提高工程质量、提高经济效益、改变企业的经营管理和促进生产

技术不断发展为原则。

② 平均先进水平的原则。施工定额平均先进水平的含义是指在正常的施工条件下（劳动组织合理，管理制度健全，原材料供应及时，工程任务适量，保证质量均能满足），经过努力，多数施工企业和劳动者可以达到，少数施工企业和劳动者可以接近，个别施工企业和劳动者可以超过的水平。更具体点说，这个平均先进水平，低于先进企业和先进劳动者的水平，高于后进企业和后进劳动者的水平，同时，略高于大多数企业和劳动者的平均水平。

③ 内容适用的原则。施工定额的内容要求简明、准确、适用，既简而准确，又细而不繁。

5.1.3 施工定额的内容

施工定额包括劳动定额、材料消耗定额和机械使用定额。

1. 劳动定额

劳动定额是指在一定的生产技术组织条件下，完成合格的单位产品所必需的劳动力数量消耗的标准。劳动定额一般用两种形式来表示，即时间定额和产量定额。

【时间定额和产量定额讲解】

（1）时间定额

时间定额是指在一定的生产技术组织条件下，规定劳动者应完成质量合格的单位产品所需的时间。它一般以工日（工天）为计量单位，也可以以工时为计量单位。时间定额的计算式如下。

$$时间定额=\frac{工作人数\times 工作时间}{工作时间内完成的产品数量} \tag{5-1}$$

时间定额中的时间包括准备与结束时间、作业时间、休息和生理需要时间、工艺技术中断时间。

（2）产量定额

产量定额是指在一定的生产技术组织条件下，规定劳动者在单位时间内应完成合格产品的数量。产量定额的计算式如下。

$$产量定额=\frac{工作时间内完成的产品数量}{工作人数\times 工作时间} \tag{5-2}$$

时间定额和产量定额是同一劳动定额的两种不同表现形式。时间定额以工日为单位，便于计算分部分项工程的总需工日数，以及计算工期和核算工资。因此，劳动定额通常采用时间定额来表示。产量定额是以产品的数量作为计量单位，便于小组分配任务，编制作业计划和考核生产效率。

（3）两者关系

时间定额是计算产量定额的依据，也就是说产量定额是在时间定额基础上制定的。时间定额和产量定额在数值上互成反比例关系或互为倒数关系。当时间定额减少或增加时，产量定额也就增加或减少。其关系可用下列公式表示。

$$H=\frac{1}{S} \text{ 或 } S=\frac{1}{H} \tag{5-3}$$

式中：H——时间定额；

S——产量定额。

2. 材料消耗定额

材料消耗定额是指在一定的生产技术组织条件下，完成合格的单位产品所必需的一定规格的材料消耗的数量标准。

材料消耗定额按材料消耗的特征可分为基本材料消耗定额和辅助材料消耗定额。

基本材料消耗定额是构成建筑产品实体的材料消耗的数量标准。如混凝土工程中的水泥、碎石、砂、钢筋等，轨道工程中的钢轨、轨枕、道钉等。

辅助材料消耗定额是指工程所必需但不构成建筑产品实体的材料消耗的数量标准。辅助材料定额进一步可分为一次性材料消耗定额和周转性材料消耗定额。

周转性材料消耗定额如模板、脚手架等。周转性材料要妥善使用，力争达到或超过使用次数，尽量节约原材料消耗。

在材料消耗定额中，只具体列出了主要材料的品种、规格及用量，零星材料则以“其他材料费”计列在定额里，以“元”表示。一般不因地区变化而变化。周转性材料在材料消耗定额中只列算了摊销量，而不是全部需要的材料数量。

材料消耗定额中包括工地范围内施工操作和搬运过程中的正常损耗量，但不包括场外运输途中的材料损耗数量。

3. 机械使用定额

施工机械使用定额是指在一定的生产技术组织条件下，完成合格的单位产品所必需的施工机械工作数量消耗标准。它有两种形式：①机械台班定额；②机械产量定额。

(1) 机械台班定额

机械台班（时间）定额是指在一定生产技术组织条件下，完成合格的单位产品所必需消耗的机械台班数量标准，其计算公式如下。

$$\text{机械台班定额}=\frac{\text{机械台数}\times\text{机械工作时间}}{\text{工作时间内完成的产品数量}} \tag{5-4}$$

机械工作时间是机械从准备发动到停机的全部时间，包括有效工作时间、不可避免的中断时间和无负荷工作时间。计量单位一般为工作班，简称班。一班为 8h，一个台班表示一台机械工作 8h。

(2) 机械产量定额

机械产量定额是指在一定的生产技术组织条件下，每一个机械台班时间内，所必须完成单位合格产品的数量标准。

$$\text{机械产量定额}=\frac{\text{工作时间内完成的产品数量}}{\text{机械台数}\times\text{机械工作时间}}=\frac{1}{\text{机械台班定额}} \tag{5-5}$$

5.1.4 综合时间定额或综合产量定额的确定

在编制施工进度计划时，经常会遇到计划所列项目与施工定额所列项目的工作内容不一致的情况。这时，可先计算综合定额（或称平均定额），再用平均定额计算劳动量。

① 当同一性质、不同类型的分项工程，其工程量相等时，平均时间定额可用其绝对平均值如下式所示。

$$\overline{H}=\frac{H_1+H_2+\cdots+H_n}{n} \tag{5-6}$$

式中：$\overline{H}$——同一性质、不同类型分项工程的平均时间定额。

② 当同一性质、不同类型的分项工程，其工程量不相等时，平均产量定额应用加权平均值如下式所示。

$$\overline{S}=\frac{Q_1+Q_2+\cdots+Q_n}{\dfrac{Q_1}{S_1}+\dfrac{Q_2}{S_2}+\cdots+\dfrac{Q_3}{S_3}}=\frac{\sum Q_i(\text{总工程量})}{\sum P_i(\text{总劳动量})} \tag{5-7}$$

$$\overline{H}=\frac{1}{\overline{S}} \tag{5-8}$$

式中：$\overline{S}$——同一性质、不同类型分项工程的平均产量定额；

Q_i——工程量；

P_i——劳动量。

【案例解析】

【案例5-1】 某楼房外墙装饰有干粘石、面砖、涂料3种做法，其工程量分别为865.5m²、452.6m²、683.8m²，所采用的产量定额分别为4.17m²/工日、4.05m²/工日、7.56m²/工日，求综合产量定额。

【解】 由式(5-7) $\overline{S}=\dfrac{\sum Q_i}{\sum P_i}$，可求得该工程的平均产量定额。

依题意有：$\sum Q_i=865.5+452.6+683.8=2001.9(\text{m}^2)$

$\sum P_i=865.5/4.17+452.6/4.05+683.8/7.56=409.8(\text{工日})$

故：$\overline{S}=\dfrac{\sum Q_i}{\sum P_i}=\dfrac{2001.9}{409.8}=4.89(\text{m}^2/\text{工日})$，即其综合产量定额为4.89m²/工日。

【案例5-2】 根据附录6 A.4工程量，试计算混凝土的综合时间定额。

【解】 根据式(5-7)，由题目已知条件，可求得混凝土工程的综合时间定额。

混凝土工程综合时间定额计算见表5.1。

表5.1 混凝土工程综合时间定额

序号	分项工程名称	工程量/m²	时间定额/[工日/(10m²)]	劳动量/工日	综合时间定额
1	矩形柱混凝土	62.66	0.823	51.57	
2	矩形梁混凝土	75.58	0.33	24.94	
3	圈梁混凝土	9.11	0.712	6.49	
4	楼板混凝土	81.96	0.211	17.3	
5	楼梯混凝土	11.14	1.032	11.47	
6	水池混凝土	11.4	1.72	19.61	
7	小计	251.85		131.38	0.522工日/m²

【实训小结】

本节主要讲述了施工定额的概念、编制原则、编制内容，以及综合时间定额或综合产量定额的确定。学生通过学习和实训练习后，应能熟练运用定额和进行定额换算。

【实训考核】

工程施工定额及其应用考核评定见表5.2。

表5.2 工程施工定额及其应用考核评定

考核评定方式	评定内容	分值	得分
自评	学习态度及表现	10	
	施工定额掌握情况	10	
	能够计算综合定额	10	
学生互评	学习态度及表现	10	
	施工定额掌握情况	10	
	能够计算综合定额	10	
教师评定	学习态度及表现	10	
	施工定额掌握情况	15	
	能够计算综合定额	15	

【实训练习】

根据某住宅楼工程量，试计算模板和混凝土综合时间定额。

训练5.2 分部工程施工进度计划的编制

【实训背景】

为了编制工程施工进度计划，施工技术人员必须掌握分部工程进度计划的编制内容和编制过程。

【实训任务】

编制某住宅楼基础、主体、屋面和装饰工程施工进度计划。

【实训目标】

1. 能力目标

能够编制基础工程、主体工程、屋面防水工程和装饰工程施工进度计划表。

2. 知识目标

掌握分部工程进度计划的编制内容和编制过程。

【实训成果】

某住宅楼基础工程、主体工程、屋面防水工程和装饰工程施工进度计划。

【实训内容】

5.2.1 分部工程施工进度计划的编制程序

分部工程施工进度计划的编制程序如图5.1所示。

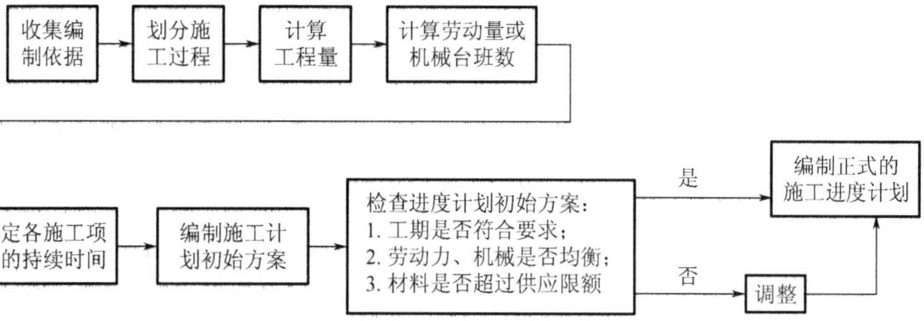

图5.1 分部工程施工进度计划的编制程序

5.2.2 分部工程进度计划的编制

【分部工程进度计划】

1. 划分施工过程

分部工程的施工过程应划分到各主要分项工程或更具体，以满足指导施工作业的要求。现以基础工程、主体工程、屋面防水工程、装饰工程4个分部工程为例划分其施工过程。

（1）基础工程

基础工程施工过程划分见表5.3。

表5.3 基础工程施工过程划分

名　称	主要分项工程	包含内容
砖（毛石）基础	挖地槽	地基处理
	混凝土垫层	养护
	砌砖（毛石）基础	防潮层、基础圈梁
	回填土	

续表

名　称	主要分项工程	包含内容
钢筋混凝土底板毛石基础	挖地槽	地基处理
	混凝土垫层	养护
	现浇钢筋混凝土底板	支模、绑筋、浇筑混凝土（养护）
	砌毛石基础	防潮层
	回填土	
筏片基础	挖土	地基处理
	混凝土垫层	养护
	钢筋混凝土基础	支模、绑筋、浇筑混凝土（养护）
	砌体基础	防潮层
	回填土	
箱形基础	机械挖土	地基处理
	混凝土垫层	养护、底板防水处理
	浇筑钢筋混凝土底板	支模、绑筋、浇筑混凝土（养护），施工缝、加强带、止水带、细部处理，防水或防潮等
	浇筑钢筋混凝土墙体	
	浇筑钢筋混凝土顶板	
	回填土	
杯形基础（独立柱基础）	挖土	地基处理
	混凝土垫层	养护
	杯形基础（现浇柱基础）	支模、绑筋、浇筑混凝土（养护）
	基础梁安装	
	回填土	
桩基础（预制桩）	沉桩	橡皮土、砂夹层等的处理
	截桩	
	混凝土垫层	养护
	桩承台	支模、绑筋、浇筑混凝土（养护）
桩基础（灌注桩）	沉管或钻孔	
	钢筋笼制作与安装	
	浇筑混凝土	
	混凝土垫层	养护
	桩承台	支模、绑筋、浇筑混凝土（养护）

（2）主体工程

主体工程施工过程划分见表5.4。

表 5.4 主体工程施工过程划分

名　称	主要施工工程	包含内容
砖混结构	砌体工程	内墙、外墙、隔墙
	钢筋混凝土工程	现浇构造柱、圈梁、楼板、楼梯、雨篷等
框架结构（钢筋混凝土）	绑扎柱钢筋	
	安装柱模板	
	浇筑柱混凝土	养护
	安装梁、板、楼梯模板	
	绑扎梁、板、楼梯钢筋	
	浇筑梁、板、楼梯混凝土	养护
	拆模	
	砌填充墙	
排架结构（包括钢排架和钢筋混凝土排架）	（钢或混凝土）柱安装	柱支撑
	吊车梁安装	
	（钢或混凝土）屋架或薄腹梁安装	系杆、纵横支撑
	大型屋面板安装	
	外围护墙砌筑	

（3）屋面防水工程

屋面防水工程施工过程划分见表 5.5。

表 5.5 屋面防水工程施工过程划分

名　称	主要分项工程	包括内容
柔性防水屋面	找平层	
	隔汽层	
	保温层	
	找坡层	
	找平层	
	柔性防水层	
	保护层	
刚性防水屋面	隔离层	
	刚性防水层	养护、分隔条分隔
	油膏嵌缝	

（4）装饰工程

装饰工程施工过程划分见表 5.6。

表 5.6　装饰工程施工过程划分

名　　称	主要分项工程	包含内容
室内装饰	顶棚抹灰	
	内墙抹灰	门窗框立口、门窗套
	门窗安装	
	楼（地）面	养护、踢脚线
	油漆及玻璃	
	细部	水池等零星砌体
	楼梯间抹灰	踏步、平台
室外装饰	外墙抹灰	檐沟、女儿墙、腰线、雨篷、墙裙
	台阶及散水	勒脚、坡道、明沟

2. 计算工程量

（1）存在预算文件

若存在现成的预算文件，并且有些项目能够采用时，便可以直接合理套用预算文件中的工程量；当有些项目需要将预算文件中有关项目的工程量进行汇总时，如“砌筑砖墙”一项的工程量，可按其所包含的内容从预算工程量中抄出并汇总求得；当有些项目与预算文件中的项目不同或局部有出入时（如计量单位、计算规则、采用定额不同），应根据实际情况加以修改、调整或重新计算。

（2）不存在工程量参考文件

若没有工程量的参考文件，工程量计算时应根据施工图纸和工程量计算规则进行。计算时应注意如下几点。

① 计算工程量的单位与定额手册所规定单位一致。

② 结合选定的施工方法和安全技术要求计算工程量。

③ 结合施工组织要求，分区、分段、分层计算工程量。

（3）说明

进度计划中的工程量仅是用来计算各种资源需用量，不作为工程结算的依据，故不必进行精确计算。

3. 套用施工定额

根据前述确定的施工项目、工程量和施工方法，即可套用施工定额，套用时需注意以下问题。

① 确定合理的定额水平。当套用本企业制定的施工定额时，一般可直接套用；当套用国家或地方颁发的定额时，则必须结合本单位工人的实际操作水平、施工机械情况和施工现场条件等因素，确定实际定额水平。

② 对于采用新技术、新工艺、新材料、新结构或特殊施工方法项目，施工定额中尚未编入时，需参考类似项目的定额、经验资料，或按实际情况确定其定额水平。

③ 当施工进度计划所列项目工作内容与定额所列项目不一致时，如施工项目是由同

一工种，但材料、做法和构造都不同的施工过程合并而成时，可采用其加权平均定额（综合时间定额或综合产量定额）。

4. 确定劳动量和机械台班量

① 劳动量：$P=Q\cdot H$。

② 机械台班量：$D=Q'\cdot H'$。

③ 对于“其他工程”项目所需劳动量，可根据其内容和数量并结合施工现场具体情况，以总劳动量的百分比（一般为10%～20%）计算确定。

④ 对于水暖电卫、设备安装等工程项目，一般不计算其劳动量和机械台班数量，仅安排与土建工程配合的施工进度。

5. 施工时间的确定

施工的持续时间若按正常情况确定，其费用一般是最低的，经过计算再结合实际情况做必要的调整，是避免因盲目抢工而造成浪费的有效方法。按照实际施工条件来估算项目的持续时间是较为简便的办法，现在一般也多采用这种办法。具体可按以下方法确定施工过程的持续时间。

（1）工期固定，资源无限

根据合同规定的总工期和本企业的施工经验，确定各分项工程的施工持续时间，然后根据各分项工程需要的劳动量或机械台班数量，确定每一分项工程每个工作班所需要的工人数或机械数量，这是目前工期比较重要的工程常采用的方法。

$$R=\frac{Q}{D\cdot S\cdot n}=\frac{P}{D\cdot n} \tag{5-9}$$

式中：Q——施工过程的工程量，可以用实物量单位表示；

R——每个工作班所需的工人数或机械台数，用人数或台数表示；

P——总劳动量（工日）或总机械台班量（台班）；

S——产量定额，即单位工日或台班完成的工程量；

D——施工持续时间，单位为日或周；

n——每天工作班制。

例如，某装饰工程室内抹灰工程量为500m^2，查某省的劳动定额，得其时间定额为1.12工日/(10m^2)，根据工期要求和施工经验，确定其持续时间为4d，采用一班作业，则此抹灰工程每天需要的人数计算如下。

总劳动量：　$P=Q\cdot H=500/10\times 1.12=56$(工日)

$R=Q/(D\cdot S\cdot n)=P/(D\cdot n)=56/(4\times 1)=14$(人)

（2）定额计算法

按计划配备在各分项工程上的各专业工人人数和施工机械数量来确定其工作的持续时间。

$$D=\frac{Q}{R\cdot S\cdot n}=\frac{P}{R\cdot n} \tag{5-10}$$

式中：Q——施工过程的工程量，可以用实物量单位表示；

R——每个工作班所需的工人数或机械台数，用人数或台数表示；

P——总劳动量（工日）或总机械台班量（台班）；

S——产量定额，即单位工日或台班完成的工程量；

n——每天工作班制。

例如，某工程需要人工挖土 6000m^3，分成 4 段组织施工，拟选择 3 台挖土机进行挖土，查某省的机械台班定额，得到每台挖土机的产量定额为 50m^3/台班，若采用两班作业，则此土方工程的持续时间计算如下。

每段的挖方量：$Q=6000/4=1500(\text{m}^3)$，$R=3$ 台，$S=50\text{m}^3$/台班，$n=2$

$$D=\frac{Q}{R\cdot S\cdot n}=\frac{P}{R\cdot n}=\frac{6000}{4\times 3\times 50\times 2}=5(\text{d})$$

特别提示

关于初选每个工作班所需的工人数 R，一般有经验估计法和工作面计算法两种。

1. 经验估计法

该法是根据设计人员的施工经验，初步估计在一个施工段范围内各施工过程所需要的施工人数，人数的多少只需满足最小劳力组合和能够不受干扰地开展工作即可，可多可少，不受绝对限制。这个方法对于具有工程实践经验的施工人员，都可以很容易地估计出来。

2. 工作面计算法

根据“主要工种最小工作面参考数据表”，只要将施工段内有关施工过程的长度、体积或面积大致计算得出后，即可估算出施工人数（人数以整数计）。

注：“主要工种最小工作面参考数据表”可详见《建筑工程施工组织设计》第四章建筑工程流水施工表 4.3。

（3）三时估算法

这种方法是根据施工经验估计，一般适用于采用新工艺、新方法、新材料、新技术等无定额可循的工程。为了提高其估算准确程度，可采用三时估算法，即估计出该施工项目的最长、最短和最可能的 3 种工作持续时间，然后计算确定该施工项目的工作持续时间。

其计算公式如下。

$$T=\frac{A+4C+B}{6} \tag{5-11}$$

式中：T——完成某施工项目的工作持续时间（d）；

A——完成某施工项目的最长持续时间（d）；

B——完成某施工项目的最短持续时间（d）；

C——完成某施工项目的可能持续时间（d）。

6. 施工进度计划的编制

（1）选择进度图的形式

进度图可以选用横道图，也可以选用网络图编制。

（2）选择流水施工方式

① 若分项工程的施工过程数目不多，在工程条件允许的情况下，应尽可能组织等节

拍的流水施工方式，因为全等节拍的流水施工方式是一种最理想、最合理的流水施工方式。

② 若分项工程的施工过程数目过多，要使其流水节拍相等比较困难，可考虑流水节拍的规律，分别选择异节拍、成倍节拍和无节奏流水的施工组织方式。

(3) 初步编制分部工程施工进度计划

上述各项计算内容确定以后，开始编制分部工程施工进度计划的初始方案。此时，必须考虑各分部分项工程的合理施工顺序，尽可能组织流水施工，力求主要工种连续工作，步骤如下。

① 首先分析每个分部工程的主导施工过程，优先安排主导施工过程的施工进度，使其尽可能连续施工。

② 在安排主导施工过程后，再安排其他非主导施工过程。其他施工过程应尽可能与主导施工过程配合穿插、搭接或平行作业。按照工艺要求，初步形成分部工程的流水作业图。

(4) 检查和调整

对分部工程进度计划进行检查和调整，检查施工顺序是否合理，工期是否满足要求，资源消耗是否均衡，使劳动力、材料、设备需要趋于均衡，主要施工机械利用率是否合格。

(5) 编制正式分部工程施工进度计划

【实训小结】

本节主要介绍了分部工程施工进度计划的编制程序和编制方法，学生通过实训后，应能独立编制分部工程施工进度计划。

【实训考核】

分部工程施工进度计划的编制考核评定见表5.7。

表5.7 分部工程施工进度计划的编制考核评定

考核评定方式	评定内容	分值	得分
自评	学习态度及表现	5	
	基础工程施工进度表	5	
	主体工程施工进度表	10	
	装饰工程施工进度表	5	
	图表标准、清晰、整洁、规范、美观	5	
学生互评	学习态度及表现	5	
	基础工程施工进度表	5	
	主体工程施工进度表	10	
	装饰工程施工进度表	5	
	图表标准、清晰、整洁、规范、美观	5	

续表

考核评定方式	评定内容	分值	得分
教师评定	学习态度及表现	5	
	基础工程施工进度表	10	
	主体工程施工进度表	10	
	装饰工程施工进度表	10	
	图表标准、清晰、整洁、规范、美观	5	

【实训练习】

编制某住宅楼基础工程、主体工程、装饰工程施工进度计划表。

训练 5.3　单位工程施工进度计划的编制

【实训背景】

作为施工方受业主方委托，对某住宅楼工程编制施工进度计划。

【实训任务】

编制某住宅楼工程施工进度计划表。

【实训目标】

1. 能力目标

根据施工图纸，能够编制单位工程施工进度计划。

2. 知识目标

① 掌握单位工程施工进度计划的编制步骤和编制方法。

② 掌握单位工程进度计划的技术评价。

【实训成果】

某住宅楼工程施工进度计划表。

【实训内容】

5.3.1 编制步骤和方法

【单位工程施工进度计划编制】

1. 单位工程施工进度计划的编制步骤（图 5.2）

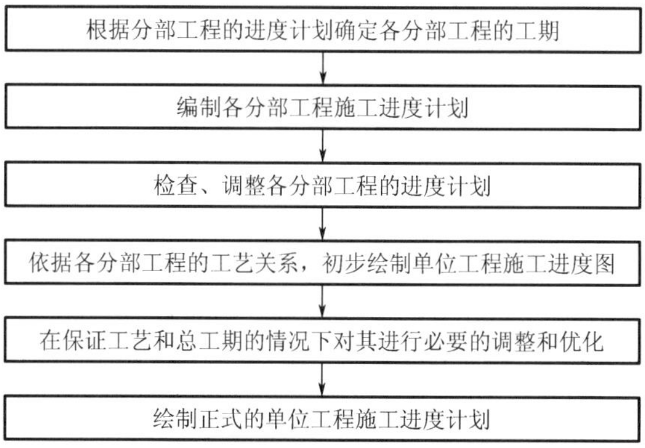
根据分部工程的进度计划确定各分部工程的工期
编制各分部工程施工进度计划
检查、调整各分部工程的进度计划
依据各分部工程的工艺关系，初步绘制单位工程施工进度图
在保证工艺和总工期的情况下对其进行必要的调整和优化
绘制正式的单位工程施工进度计划

图 5.2 单位工程施工进度计划的编制步骤

2. 单位工程施工进度计划的编制方法

（1）确定各分部工程的控制工期

在现代工程中，一般单位工程都有合同工期要求或定额工期要求。因此，在编制单位工程施工进度计划时，应以限制要求的工期（合同工期或定额工期）作为控制工期的依据。

根据在制定计划时要“留有余地”的原则，首先确定总控制计划工期 T_p，使 T_p 小于合同工期 T_r。

为了便于计划安排，常将一个单位工程分为：基础工程、主体工程、装饰工程 3 大部分来进行控制。这 3 大部分的控制工期可以根据施工经验进行估算，或按如下方法估算。

基础工程控制工期＝计划工期 T_p×(8％～15％)

主体工程控制工期＝计划工期 T_p×(43％～50％)

装饰工期控制工期＝计划工期－基础工程控制工期－主体工程控制工期

（2）编制各分部工程的进度计划

按训练 5.2 的相关程序和要求，分别编制基础工程、主体工程、装饰工程施工进度表并求出各分部工程的工期，同时进行计划优化。

（3）检查、调整各分部工程的进度计划

根据已初排的分部工程进度计划，分别检查各分部工程计算工期是否满足各分部工程的控制工期，如不满足应加以调整。

（4）依据各分部工程的工艺关系，绘制初始施工进度计划

按照施工程序，将各施工阶段或分部工程的流水作业图最大限度地合理搭接，一般需考虑相邻施工阶段或分部工程的前者最后一个分项工程与后者的第一个分项工程的施工顺

序关系。最后汇总为单位工程的初始进度计划。因此，只要将基础工程、主体工程、装饰工程3部分施工进度计划进行合理搭接，并在基础工程和主体工程之间，加上搭脚手架的工序；在主体工程与装修工程之间，以屋面防水工程作为过渡衔接；最后，把室外工程及其他扫尾工程考虑进去，就初步形成了一个单位工程的初始施工进度计划表。

【单位工程施工进度计划表样表】

(5) 施工进度计划的检查和调整

初始施工进度计划表形成后，要进行检查和调整。主要检查工期能否满足合同规定的工期要求，检查施工工序、平行搭接时间和技术间歇时间是否合理。具体检查、调整内容如下。

① 施工进度计划的检查工作。

第一步：先检查各施工项目间的施工顺序是否合理。施工顺序的安排应符合建筑施工技术上、工艺上、组织上的基本规律，平行搭接和技术间歇应科学合理。

第二步：检查工期是否合理。施工进度计划安排的施工工期首先应满足上级规定或施工合同的要求；其次应满足连续均衡施工，具有较好的经济效果，即安排工期要合理，并不是越短越好。

第三步：检查资源是否均衡。施工进度计划的劳动力、材料、机械设备等供应与使用，应避免集中，尽量连续均衡。

根据资源动态曲线判别劳动力、材料、设备是否趋向均衡。对劳动力曲线的变化应尽可能做到：尽量减少劳动力曲线的波动范围；尽量减少劳动力曲线的波动幅度；尽量使劳动力曲线的升与降均匀；同时计算调整曲线 K 值，并使 $K \leqslant 2$（其中 K 为劳动量不均衡系数）。

② 施工进度计划的调整工作。

经过检查，对于不当之处可做如下调整。

A. 增加或缩短某些施工项目的工作持续时间，以改变工期和资源状态。

B. 在施工顺序允许的状况下，将某些施工项目的施工时间向前或向后移动，优化资源。

C. 必要时可考虑改变施工技术方法或施工组织，以期满足施工顺序、工期、资源等方面的目标。

(6) 编制正式的施工进度计划

(7) 水、电、暖、煤、卫、智能化不具体细分

单位工程施工进度计划只要反映出其与土建工程的配合关系，随工程进度穿插在各施工过程中。

5.3.2 单位工程施工进度计划的技术经济评价

1. 施工进度计划技术经济评价的主要指标

评价单位工程施工进度计划编制的优劣，主要有下列指标。

(1) 工期指标

① 提前时间。

$$提前时间=上级要求或合同要求工期-计划工期 \tag{5-12}$$

② 节约时间。

$$节约时间=定额工期-计划工期 \tag{5-13}$$

（2）劳动量消耗的均衡性指标

用劳动量不均衡系数（K）加以评价，其计算式为

$$K=\frac{最高峰施工时工人人数}{施工期间每天平均工人人数} \tag{5-14}$$

对于单位工程或各个工种来说，每天出勤的工人人数应力求不发生过大的变动，即劳动量消耗应力求均衡，为了反映劳动量消耗的均衡情况，应画出劳动量消耗的动态图。在劳动量消耗动态图上，不允许出现短时期的高峰或长时期的低陷情况，允许出现短时期的甚至是很大的低陷。最理想的情况是 K 接近于 1，在 2 以内为好，超过 2 则不正常。当一个施工单位在一个工地上有许多单位工程时，则一个单位工程的劳动量消耗是否均衡就不是主要的问题，此时，应控制全工地的劳动力动态图，力求在全工地范围内的劳动量消耗均衡。

（3）主要施工机械的利用程度

主要施工机械一般是指挖土机、塔式起重机、混凝土泵等台班费高、进出场费用大的机械，提高其利用程度有利于降低施工费用，加快施工进度。主要施工机械利用率的计算公式为

$$主要施工机械利用率=\frac{报告期内施工机械工作台班数}{报告期内施工机械制度台班数}\times100\% \tag{5-15}$$

2. 施工进度计划技术经济评价的参考指标

进行施工进度计划的技术经济评价，除以上主要指标外，还可以考虑以下参考指标。

（1）单方用工数

$$总单方用工数=\frac{单位工程用工数(工日)}{建筑面积(m^2)} \tag{5-16}$$

$$分部工程单方用工数=\frac{分部工程用工数(工日)}{建筑面积(m^2)} \tag{5-17}$$

（2）工日节约率

$$总工日节约率=\frac{施工预算用工数(工日)-计划用工数(工日)}{施工预算用工数(工日)}\times100\% \tag{5-18}$$

$$分部工程工日节约率=\frac{施工预算分部工程用工数(工日)-计划分部工程用工数(工日)}{施工预算分部工程用工数(工日)}\times100\% \tag{5-19}$$

（3）大型机械单方台班用量（以吊装机械为主）

$$大型机械单方台班用量=\frac{大型机械台班量(台班)}{建筑面积(m^2)} \tag{5-20}$$

（4）建筑安装工人日产量

$$建筑安装工人日产量=\frac{计划施工工程总产值(元)}{进度计划日期\times每日平均人数(工日)} \tag{5-21}$$

【实训小结】

本节阐述了单位工程施工进度计划的编制步骤和编制方法，同时介绍了单位工程施工

进度计划的评价。通过本节的学习和实训，学生可以独立编制单位工程施工进度计划表。

【实训考核】

单位工程施工进度计划的编制考核评定见表5.8。

表5.8 单位工程施工进度计划的编制考核评定

考核评定方式	评定内容	分值	得分
自评	学习态度及表现	5	
	单位工程施工进度计划（横道图）	10	
	住宅楼标准层施工进度计划（网络图）	10	
	图表标准、清晰、整洁、规范、美观	5	
学生互评	学习态度及表现	5	
	单位工程施工进度计划（横道图）	10	
	住宅楼标准层施工进度计划（网络图）	10	
	图表标准、清晰、整洁、规范、美观	5	
教师评定	学习态度及表现	5	
	单位工程施工进度计划（横道图）	15	
	住宅楼标准层施工进度计划（网络图）	15	
	图表标准、清晰、整洁、规范、美观	5	

【实训练习】

绘制某住宅楼施工进度计划（横道图）和楼面标准层施工进度计划（网络图）。

项目6 施工平面图设计

项目实训目标

学生通过本项目内容的学习和实训，能够设计单位工程施工总平面图。

实训项目设计

实训项目编号	能力训练项目名称	学时		拟实现的能力目标	相关支撑知识	训练方式及步骤	成果
		理论	实践				
6.1	施工平面图设计	2	2	通过学习与训练，能够设计单位工程施工平面布置图	1. 掌握施工平面图的设计原则； 2. 掌握单位工程施工平面图的设计步骤及设计内容、设计方法	能力迁移训练；教师以某职工宿舍（JB型）工程施工图为案例进行讲解，学生同步以某住宅楼施工图为任务进行训练	某住宅楼工程施工总平面布置图
6.2	临时供水计算	1	1	通过学习和训练，能够独立完成单位工程临时供水设计	1. 掌握现场临时供水计算 2. 掌握现场临时供水管网的布置	能力迁移训练；教师以某职工宿舍（JB型）工程施工图为案例进行讲解，学生同步以某住宅楼施工图为任务进行训练	某住宅楼工程施工供水设计计算书及施工供水平面布置图
6.3	临时供电计算	1	1	通过学习训练，能够独立完成单位工程临时供电设计	1. 掌握现场临时供电计算 2. 掌握现场临时供电系统的布置	能力迁移训练；教师以某职工宿舍（JB型）工程施工图为案例进行讲解，学生同步以某住宅楼施工图为任务进行训练	某住宅楼工程临时供电系统设计计算书及布置图

训练 6.1　施工平面图设计

【实训背景】

作为施工方接受业主方的委托，对某住宅楼工程进行施工平面图设计。

【实训任务】

设计某住宅楼工程施工总平面图。

【施工平面图设计内容】

【实训目标】

1. 能力目标

通过学习与训练，能够设计单位工程施工平面布置图。

2. 知识目标

① 掌握施工平面图的设计原则。

② 掌握单位工程施工平面图的设计步骤及设计内容、设计方法。

【施工平面图设计原则】

【实训成果】

某住宅楼工程施工总平面布置图。

【实训内容】

6.1.1 施工平面图设计的总体要求

施工平面图设计的总体要求有：布置紧凑，占地省；短运输，少搬运；临时工程需压缩资金；利于生产、生活、安全、消防、环保、市容、卫生、劳动保护等，符合国家有关规定和法规。

6.1.2 设计步骤

设计步骤为：确定起重机的位置→确定搅拌站、仓库、材料和构件堆场、加工厂的位置→布置运输道路→布置行政管理、文化、生活、福利用房等临时设施→布置水电管线→计算技术经济指标。

6.1.3 起重机械布置

① 结合建筑物的平面形状、高度，材料和构件的自重，机械的负荷能力和服务范围，确定井架、门架等固定式垂直运输设备的布置。

② 塔式起重机的布置要结合建筑物的形状及四周的场地情况。

③ 履带式和轮胎式等自行式起重机的行驶路线要考虑吊装顺序、构件自重、建筑物的平面形状、建筑物的高度、堆放场地位置以及吊装方法。

6.1.4 运输道路修筑

应按材料和构件运输的需要，沿着仓库和堆场进行布置；单行道的宽度3～3.5m，双行道的宽度5.5～6m；木材场两侧应有6m宽通道，端头处应有12m×12m回车场；消防车道不小于3.5m。

6.1.5 供水设施布置

1. 供水设施的布置

具体内容包括：水源选择、取水设施选择、储水设施选择、用水量计算、配水布置、管径的计算等；过冬的临时水管需埋在冰冻线以下或采取保温措施；排水沟沿道路布置，纵坡不小于0.2%，过路处须设涵管，在山地建设时应有防洪设施。

2. 消火栓设置的具体要求

一般利用城市或建设单位的永久消防设施；如自行设计，消火栓间距不大于120m，距拟建房屋不小于5m，不大于25m，距路边不大于2m。

6.1.6 施工供电设计

施工供电设计包括：用电容量计算、电源选择、电力系统选择和配置；用电容量包括电动机用电容量、电焊机用电容量、室内和室外照明容量；管线穿路处要套以铁管，一般电线用51～76管，电缆用102管，并埋入地下0.6m处。

【实训小结】

本节主要讲述施工平面图的设计原则、步骤、内容及方法，学生通过学习和实训，能够独立完成单位工程施工平面图设计。

【编制施工组织设计之施工平面布置】

【实训考核】

施工平面设计考核评定见表6.1。

表6.1 施工平面设计考核评定

考核评定方式	评定内容	分值	得分
自评	学习态度及表现	5	
	施工平面图设计理论的掌握情况	5	
	设计某住宅楼总平面布置图	15	
	图面符合标准、清晰、规范	5	

续表

考核评定方式	评定内容	分值	得分
学生互评	学习态度及表现	5	
	施工平面图设计理论的掌握情况	5	
	设计某住宅楼总平面布置图	15	
	图面符合标准、清晰、规范	5	
教师评定	学习态度及表现	5	
	施工平面图设计理论的掌握情况	10	
	设计某住宅楼总平面布置图	20	
	图面符合标准、清晰、规范	5	

【施工现场总平面布置】

【实训练习】

设计某住宅楼施工平面图。

训练 6.2 临时供水计算

【实训背景】

作为施工方接受业主方的委托，对某住宅楼工程进行临时供水设计。

【实训任务】

某住宅楼工程施工供水设计。

【实训目标】

1. 能力目标

通过学习和训练，能够独立完成单位工程临时供水设计。

2. 知识目标

① 掌握现场临时供水计算。

② 掌握现场临时供水管网的布置。

【实训成果】

某住宅楼工程施工供水设计计算书及施工供水平面布置图。

【临时供水水源选择】

【实训内容】

现场临时供水计算要点如表 6.2 所示。

表 6.2 现场临时供水计算

<table>
<tr><th>项目</th><th>计算公式</th><th>符号意义</th></tr>
<tr><td>工程用水</td><td>施工工程用水量，可按下式计算。
$$q_1=K_1\sum\frac{Q_1N_1}{T_1t}\times\frac{K_2}{8\times3600}$$</td><td rowspan="7">q_1——施工工程用水量（L/s）；
K_1——未预计的施工用水系数，取 1.05～1.15；
Q_1——年（季）计划完成的工程量；
N_1——施工用水定额，见《建筑工程施工组织设计》第 7 章表 7-11；
K_2——现场施工用水不均匀系数，见《建筑工程施工组织设计》第 7 章表 7-12；
T_1——年（季）度有效作业日（d）；
t——每天工作班数（班）；
q_2——机械用水量（L/s）；
Q_2——同一种机械台数（台）；
N_2——施工机械台班用水定额，见《建筑工程施工组织设计》第 7 章表 7-14；
K_3——施工机械用水不均匀系数，见《建筑工程施工组织设计》第 7 章表 7-12；
q_3——施工现场生活用水量（L/s）；
P_1——施工现场高峰昼夜人数；
N_3——施工现场生活用水定额，见《建筑工程施工组织设计》第 7 章表 7-13；
K_4——施工现场生活用水不均匀系数，见《建筑工程施工组织设计》第 7 章表 7-12；
q_4——生活区生活用水量（L/s）；
P_2——生活区居住人数；
N_4——生活区昼夜全部生活用水定额，见《建筑工程施工组织设计》第 7 章表 7-13；
K_5——生活区生活用水不均匀系数，见《建筑工程施工组织设计》第 7 章表 7-12；
Q——施工现场计算总用水量；
$Q_总$——施工现场总用水量；
K_s——管网漏水的损失系数，一般取 1.1；
d——配水管直径（m）；
v——管网中水流速度（m/s），临时水管经济流速范围参见《建筑工程施工组织设计》第 7 章表 7-17，一般生活及施工用水取 1.5m/s，消防用水取 2.5m/s</td></tr>
<tr><td>机械用水</td><td>施工机械用水量，可按下式计算。
$$q_2=K_1\sum Q_2N_2\times\frac{K_3}{8\times3600}$$</td></tr>
<tr><td>施工现场生活用水</td><td>施工现场生活用水量，可按下式计算。
$$q_3=\frac{P_1N_3K_4}{t\times8\times3600}$$</td></tr>
<tr><td>生活区生活用水</td><td>生活区生活用水量，可按下式计算。
$$q_4=\frac{P_2N_4K_5}{24\times3600}$$</td></tr>
<tr><td>消防用水</td><td>消防用水量 q_5，可根据消防范围及火灾发生次数按《建筑工程施工组织设计》第 7 章表 7-15 取用</td></tr>
<tr><td>施工现场总用水量</td><td>施工现场总用水量，可按下式计算。
1. 当 $(q_1+q_2+q_3+q_4)\leqslant q_5$ 时，则
$$Q=q_5+\frac{1}{2}(q_1+q_2+q_3+q_4)$$
2. 当 $(q_1+q_2+q_3+q_4)>q_5$ 时，则
$$Q=q_1+q_2+q_3+q_4$$
3. 当现场面积小于 5hm²，且 $(q_1+q_2+q_3+q_4)<q_5$ 时，则 $Q=q_5$
上述 3 种情况计算出的用水量，还应增加 10%的管网漏水损失，即
$$Q_总=Q\cdot K_s$$</td></tr>
<tr><td>供水管径</td><td>现场临时供水网络使用管径，可按下式计算。
$$d=\sqrt{\frac{4Q}{\pi\cdot v\cdot1000}}$$</td></tr>
</table>

【实训案例】

某工地占地面积为 $10hm^2$，临时供水管线布置如图 6.1 所示，已决定主管和干管采用铸铁给水管，管线内水流速度 $v=1.40m/s$，试确定主管和干管的管径。

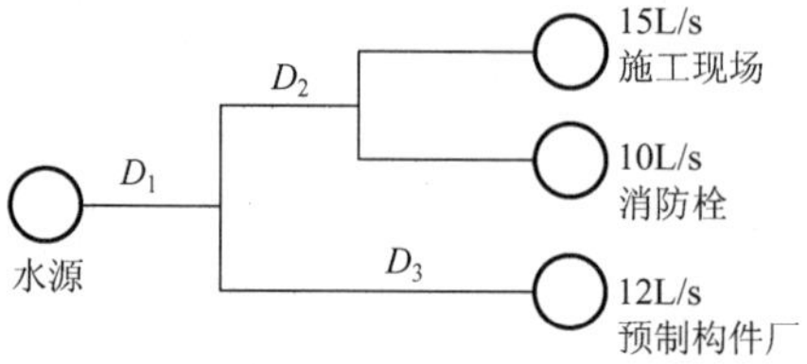

图 6.1　临时供水管线布置

【实训小结】

本节主要讲述临时供水设计理论和案例，学生通过学习和实训，能独立进行单位工程临时供水设计。

【实训考核】

临时供水计算考核评定见表 6.3。

表 6.3　临时供水计算考核评定

考核评定方式	评定内容	分值	得分
自评	学习态度及表现	5	
	临时供水设计理论的掌握情况	5	
	某住宅楼临时供水设计计算	10	
	某住宅楼临时供水平面布置图	10	
学生互评	学习态度及表现	5	
	临时供水设计理论的掌握情况	5	
	某住宅楼临时供水设计计算	10	
	某住宅楼临时供水平面布置图	10	
教师评定	学习态度及表现	5	
	临时供水设计理论的掌握情况	10	
	某住宅楼临时供水设计计算	15	
	某住宅楼临时供水平面布置图	10	

【实训练习】

设计某住宅楼工程临时供水系统。

训练 6.3 临时供电计算

【实训背景】

作为施工方接受业主方委托，对某住宅楼工程进行临时供电设计。

【实训任务】

某住宅楼工程临时供电设计。

【实训目标】

1. 能力目标

通过学习和训练，能够独立完成单位工程临时供电设计。

2. 知识目标

① 掌握现场临时供电计算。

② 掌握现场临时供电系统的布置。

【临时供电计算】

【实训成果】

某住宅楼工程临时供电系统设计计算书及布置图。

【实训内容】

现场临时供电计算要点如表 6.4 所示。

表 6.4 现场临时供电计算

项　目	计算公式	符号意义
现场用电容量	建筑现场临时供电，包括施工及照明供电两部分，其用电容量按下式计算。 $P_{计}=(1.05\sim1.1)(K_1\sum P_1/\cos\varphi+K_2\sum P_2+K_3\sum P_3+K_4\sum P_4)$ 一般建筑现场多采用一班制，少数采用两班制，因此，综合考虑施工用电约占总用电容量的 90%，室内外照明供电约占总用电容量的 10%，则上式可简化为 $P_{计}=1.1(K_1\sum P_c+0.1P_{计})=1.24K_1\sum P_c$	$P_{计}$——计算用电容量(kW)； 1.05～1.1——用电不均衡系数； $\sum P_c$——全部施工用电设备额定用电容量之和，见《建筑工程施工组织设计》第 7 章表 7-21； $\sum P_1$——全部施工用电设备中电动机额定容量之和； $\sum P_2$——全部施工用电设备中电焊机额定容量之和；

续表

<table>
<tr><th>项目</th><th>计算公式</th><th>符号意义</th></tr>
<tr><td>变压器用电容量</td><td>当现场附近有10kW或6kW高压电源时，可设变压器降压至380/220V，有效供电半径一般在500m内，大型现场可在几处设变压器(变电所)，变压器容量可按 $P_{变}=\frac{1.05P_{计}}{\cos\varphi}=1.4P_{计}$ 计算。
求得 $P_{变}$ 后，可查《建筑工程施工组织设计》第7章表7-25，选择变压器型号和额定容量</td><td rowspan="2">$\sum P_3$——室内照明设备额定用电容量之和；
$\sum P_4$——室外照明设备额定用电容量之和；
K_1——全部施工用电设备同时使用电动机系数(总台数在10台以内，$K_1=0.75$；10～30台，$K_1=0.7$；30台以上，$K_1=0.6$)；
K_2——电焊机需用系数(总台数3～10台，$K_2=0.6$；10台以上，$K_2=0.5$)；
K_3——室内照明设备同时使用系数，取$K_3=0.8$；
K_4——室外照明设备同时使用系数，取$K_4=1.0$；
$P_{变}$——变压器容量(kV·A)；
1.05——功率损失系数；
$\cos\varphi$——用电设备功率因数，一般建筑现场取0.75；
$I_{线}$——线路工作电流值(A)；
$U_{线}$——线路工作电压值(V)，三相四线制，$U_{线}=380V$；
ε——导线电压降；
$\sum P$——各段线路负荷计算功率(kW)；
L——各段线路长度(m)；
M——负荷矩(kW·m)，即 $\sum P_{计}\cdot L$；
C——材料内部系数，三相四线制，铜线为77，铝线为46.3；
S——导线截面面积(mm^2)；
$[\varepsilon]$——导线允许电压降，对现场临时网络取7%</td></tr>
<tr><td>配电导线截面的选择</td><td>一般根据用电容量计算允许电流，选择导线截面，然后再以允许电压降、机械强度加以校核；
(1)按导线的允许电流选择三相四线制低压线路上的电流，可按 $I_{线}=\frac{1000P_{计}}{\sqrt{3}\cdot U_{线}\cdot\cos\varphi}$ 计算。
将 $U_{线}\cdot\cos\varphi$ 值代入上式可简化为
$$I_{线}=\frac{1000P_{计}}{1.73\times380\times0.75}=2P_{计}$$
建筑现场常用配电导线规格及允许电流，按《建筑工程施工组织设计》第7章表7-26中数值初选导线标称截面，使导线中通过的电流控制在允许范围内。
(2)按导线允许电压降校核。
配电导线截面的电压降可按下式计算。
$$\varepsilon=\frac{\sum P\cdot L}{CS}=\frac{\sum M}{CS}\leqslant[\varepsilon]=7\%$$
(3)按导线机械强度校核。
当线路上电杆间距为25～40m时，其允许的导线最小截面，可按《建筑工程施工组织设计》第7章表7-27查用。
所选导线截面应同时满足以上3个条件，以其最大导线截面作为最后确定值</td></tr>
</table>

【临时施工供电专项方案】

【实训小结】

本节主要讲述临时供电设计理论和案例，学生通过学习和实训，能独立进行单位工程临时供电设计。

【实训考核】

临时供电计算考核评定见表6.5。

表 6.5 临时供电计算考核评定

考核评定方式	评定内容	分值	得分
自评	学习态度及表现	5	
	临时供电设计理论的掌握情况	5	
	某住宅楼临时供电设计计算	10	
	某住宅楼临时供电系统布置图	10	
学生互评	学习态度及表现	5	
	临时用电设计理论的掌握情况	5	
	某住宅楼临时供电设计计算	10	
	某住宅楼临时供电系统布置图	10	
教师评定	学习态度及表现	5	
	临时供电设计理论的掌握情况	10	
	某住宅楼临时供电设计计算	15	
	某住宅楼临时供电系统布置图	10	

【实训练习】

设计某住宅楼工程总平面图临时供电系统。

项目7 单位工程施工组织设计

项目实训目标

学生通过本项目内容的学习和实训，能独立编制单位工程施工组织设计。

实训项目设计

实训项目编号	能力训练项目名称	学时		拟实现的能力目标	相关支撑知识	训练方式及步骤	成果
		理论	实践				
7.1	单位工程施工组织设计的编制方法	2	4	能够编制单位工程施工组织设计	掌握单位工程施工组织设计的编制程序、内容和编写方法	能力迁移训练；教师以某职工宿舍（JB型）工程施工图为案例进行讲解，学生同步以某住宅楼施工图为任务进行训练	某住宅楼工程施工组织设计
7.2	某职工宿舍（JB型）工程施工组织设计	8	26	根据施工图纸，能够独立编制单位工程施工组织设计	掌握单位工程施工组织设计的内容、编写方法和编制程序	能力迁移训练；教师以某职工宿舍（JB型）工程施工图为案例进行讲解，学生同步以某住宅楼施工图为任务进行训练	某住宅楼工程施工组织设计

训练 7.1　单位工程施工组织设计的编制方法

【实训背景】

作为施工方参与工程投标，应编制“技术标”；当工程中标后，应编制实施性施工组织设计，用于指导工程施工，因此，学生必须熟练掌握单位工程施工组织设计的编制方法。

【实训任务】

编制某住宅楼工程施工组织设计。

【实训目标】

1. 能力目标

能够编制单位工程施工组织设计。

2. 知识目标

掌握单位工程施工组织设计的编制程序、内容和编写方法。

【施工组织设计内容】

【实训成果】

某住宅楼工程施工组织设计。

【实训内容】

7.1.1　编制依据的编写

1. 编写内容

主要列出所依据的工程设计资料、合同承诺以及法律法规等，可参考以下内容罗列条目。

① 工程承包合同。

② 工程设计文件（施工图设计变更、洽商等）。

③ 与工程建设有关的国家、行业、地方和企业法律、法规、规范、规程、标准、图集。

④ 施工组织纲要（投标性施工组织设计）、施工组织总设计（如本工程是整个建设项目中的一个单位工程，应把施工组织总设计作为编制依据）。

⑤ 企业技术标准与管理文件。

⑥ 工程预算文件和有关定额。

⑦ 施工条件及施工现场勘察资料等。

2. 编写方法及要求

在编写形式上采用表格的形式，使人一目了然，见表7.1～表7.7。

特别提示

① 法律、法规、规范、规程、标准、图集等应按顺序编写；并按国家→行业→地方→企业级别依次编写。

② 特别注意法律、法规、规范、规程、规定、标准、图集等应是“现行”的，不能使用过时作废的作为依据。

表7.1 工程承包合同

序号	合同名称	编号	签订日期
1	××建设工程施工总承包合同		×年×月×日
2	……		

表7.2 施工图纸

图纸类别	图纸编号	出图日期
建筑施工图	建施×～建施×	
结构施工图	结施×～结施×	
电气专业施工图	电施×～电施×	
设备专业施工图	设施×～设施×	
……		

表7.3 主要法规

类别	名称	编号或文号
国家		
行业		
地方		

表 7.4　主要规范、规程

类　别	名　称	编号或文号
国家		GB
行业		JGJ
地方		DBJ

表 7.5　主要图集

类　别	名　称	编　号
国家		
地方		

表 7.6　主要标准

类　别	名　称	编　号
国家		GB
行业		JGJ
地方		DB
企业		QB

注：企业技术标准须经建设行政部门备案后实施。

表 7.7　其他

序　号	类　别	名　称	编号或文号

7.1.2 工程概况

工程概况是对整个工程的总说明和总分析；是对拟建工程的特点、建设地区特点、施工环境及施工条件等所做的简洁明了的文字描述。通常采用图表形式并加以简练的语言描述，力求达到简明扼要、一目了然的效果。表 7.8～表 7.11 仅做参考示意，编写时应根据工程的规模、复杂程度等具体情况酌情增减内容。

表 7.8　总体简介

序　　号	项　　目	内　　容
1	工程名称	
2	工程地址	
3	建设单位	
4	设计单位	
5	监理单位	
6	质量监督单位	
7	安全监督单位	
8	施工总承包单位	
9	施工主要分包单位	
10	投资来源	
11	合同承包范围	
12	结算方式	
13	合同工期	
14	合同质量目标	
15	其他	

【施工现场文明施工的规定】

表 7.9　建筑设计简介

<table>
<tr><th>序号</th><th>项　　目</th><th colspan="4">内　　容</th></tr>
<tr><td>1</td><td>建筑功能</td><td colspan="4"></td></tr>
<tr><td>2</td><td>建筑特点</td><td colspan="4"></td></tr>
<tr><td rowspan="3">3</td><td rowspan="3">建筑面积</td><td>总建筑面积/m²</td><td></td><td>占地面积/m²</td><td></td></tr>
<tr><td>地下建筑面积/m²</td><td></td><td>地上建筑面积/m²</td><td></td></tr>
<tr><td>标准层建筑面积/m²</td><td></td><td></td><td></td></tr>
<tr><td>4</td><td>建筑层数</td><td>地下</td><td></td><td>地上</td><td></td></tr>
<tr><td rowspan="6">5</td><td rowspan="6">建筑层高</td><td rowspan="2">地下部分层高/m</td><td>地下 1 层</td><td colspan="2"></td></tr>
<tr><td>地下 N 层</td><td colspan="2"></td></tr>
<tr><td rowspan="4">地上部分层高/m</td><td>首层</td><td colspan="2"></td></tr>
<tr><td>标准层</td><td colspan="2"></td></tr>
<tr><td>设备层</td><td colspan="2"></td></tr>
<tr><td>机房、水箱间</td><td colspan="2"></td></tr>
</table>

续表

序号	项目	内容			
6	建筑高度	±0.000地坪绝对标高/m		室内外高差/m	
		基底标高/m		最大基坑深度/m	
		檐口标高/m		建筑总高/m	
7	建筑平面	横轴编号	×轴～x轴	纵轴编号	×轴～x轴
		横轴距离/m		纵轴距离/m	
8	建筑防火				
9	墙面保温				
10	外装修	檐口			
		外墙装修			
		门窗工程			
		屋面工程	上人屋面		
			不上人屋面		
		主入口			
11	内装修	顶棚工程			
		地面工程			
		内墙装修			
		门窗工程	普通门		
			特种门		
		楼梯			
		公用部分			
12	防水工程	地下			
		屋面			
		厨房间			
		厕浴间			
13	建筑节能				
14	其他说明				

表7.10 结构设计简介

序号	项目	内容	
1	结构形式	基础结构形式	
		主体结构形式	
		屋盖结构形式	

续表

序号	项目	内容		
2	基础埋置深度土质、水位	基础埋置深度		
		基底以上土质分层情况		
		地下水位标高	地下承压水	
			滞水层	
			设防水位	
		地下水水质		
3	地基	持力层以下土质类别		
		地基承载力		
		地基渗透系数		
4	地下防水	混凝土自防水		
		材料防水		
5	混凝土强度等级及抗渗等级	(部位)	(C15)	
		(部位)	(Cn)	
		(部位)		
6	抗震等级	工程设防烈度		
		剪力墙抗震等级		
		框架抗震等级		
7	钢筋类别	非预应力筋强度等级	HPB300 级	
			HRB335 级	
			HRB400 级	
		预应力筋张拉方式或类别		
8	钢筋接头形式	机械连接(冷挤压、直螺纹)		
		焊接		
		搭接绑扎		
9	结构断面尺寸	基础底板厚度/mm		
		外墙厚度/mm		
		内墙厚度/mm		
		柱断面尺寸/(mm×mm)		
		梁断面尺寸/(mm×mm)		
		楼板厚度/mm		
10	主要柱网间距			

续表

序号	项　　目	内　　容	
11	楼梯、坡道结构形式	楼梯结构形式	
		坡道结构形式	
12	结构转换层	设置位置	
		结构形式	
13	后浇带设置		
14	变形缝设置		
15	混凝土工程预防碱骨料反应	管理类别	
		有害物质环境质量要求	
16	人防设置等级		
17	建筑物沉降观测		
18	二次围护结构		
19	特殊结构	（钢结构、网架、预应力钢筋混凝土）	
20	构件最大几何尺寸		
21	室外水池、化粪池埋置深度		
22	其他说明		

表 7.11　机电及设备安装专业设计简介

序　　号	项　　目		设计要求	系统做法	管线类别
1	给排水系统	给水			
		排水			
		雨水			
		热水			
		饮用水			
		消防水			
2	消防系统	消防			
		排烟			
		报警			
		监控			
3	空调通风系统	空调			
		通风			
		冷冻			
		采暖			
		燃气			

续表

序号	项目		设计要求	系统做法	管线类别
4	电力系统	照明			
		动力			
		弱电			
		避雷			
5	设备安装	电梯			
		扶梯			
		配电柜			
		水箱			
		污水泵			
		冷却塔			
6	通信				
	音响				
	电视电缆				
7	庭院绿化				
	楼宇清洁				
8	采暖	集中供暖			
		自供暖			
9	设备最大规格与质量				

7.1.3 施工部署的编写

施工部署是宏观的部署，其内容应明确、定性、简明和提出原则性要求，并应重点突出部署原则。施工部署的关键是“安排”，核心内容是部署原则，要努力在“安排”上做到优化，在部署原则上做到对所涉及的各种资源在时空上的总体布局进行合理的构思。

一般施工部署主要包括：明确施工管理目标、确定施工部署原则、建立项目经理部组织机构、明确施工任务划分、计算主要项目工程量、明确施工组织协调与配合等。

【施工部署】

(1) 施工管理目标

① 进度目标，包括工期和开工、竣工时间。

② 质量目标，包括质量等级、质量奖项。

③ 安全目标，根据有关要求确定。

④ 文明施工目标，根据有关标准和要求确定。

⑤ 消防目标，根据有关要求确定。

⑥ 绿色施工目标，根据住房和城乡建设部及地方规定和要求确定。

⑦ 降低成本目标，确定降低成本的目标值，降低成本额或降低成本率。

（2）施工部署原则

① 确定施工程序。

在确定单位工程施工程序时应遵循以下原则：先地下后地上；先主体后围护；先结构后装饰；先土建后设备。在编制单位工程施工组织设计时，应按施工程序，结合工程的具体情况和工程进度计划，明确各阶段主要工作内容及施工顺序。

② 确定施工起点流向。

所谓确定施工起点流向，就是确定单位工程在平面或竖向上施工开始的部位和进展的方向。对于单层建筑物，如厂房按其车间、工段或跨间，应分区分段地确定平面上的施工流向。对于多层建筑物，除了确定每层平面上的流向外，还须确定其各层或单元在竖向上的施工流向。

③ 确定施工顺序。

确定施工顺序时应考虑的因素：遵循施工程序；符合施工工艺；与施工方法一致；按照施工组织要求；考虑施工安全和质量；受当地气候影响。

④ 选择施工方法和施工机械。

选择机械时，应遵循切实需要，实际可能，经济合理的原则，具体要考虑以下几点。

A. 技术条件。技术条件包括技术性能、工作效率、工作质量、能源耗费、劳动力的节约、使用安全性和灵活性，通用性和专用性，维修的难易程度、耐用程度等。

B. 经济条件。经济条件包括原始价值、使用寿命、使用费用、维修费用等。如果是租赁机械应考虑其租赁费。

C. 应进行定量的技术经济分析、比较，以使机械选择最优。

特别提示

选用机械时，应尽量利用施工单位现有机械。只有在原有机械性能满足不了工程需要时，才可以购置或租赁其他机械。

（3）项目经理部组织机构

① 建立项目经理部组织机构。

应根据项目的实际情况，成立一个以项目经理为首的，与工程规模及施工要求相适应的组织管理机构——项目经理部。项目经理部职能部门的设置应紧紧围绕项目管理内容的需要确定。

② 确定组织机构形式。

通常以线性组织结构图的形式（方框图）表示，同时应明确 3 项内容，即项目部主要成员的姓名、行政职务和技术职称或执业资格，使项目的人员构成基本情况一目了然。组织机构框图如图 7.1 所示。

③ 确定组织管理层次。

施工管理层次可分为：决策层、控制层和作业层。项目经理是最高决策者，职能部门是管理控制层，施工班组是作业层。

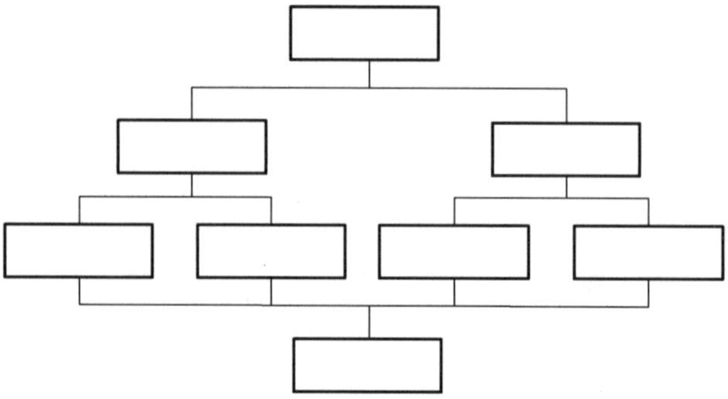

图 7.1　组织机构框图

④ 制定岗位职责。

在确定项目经理部组织机构时，还要明确内部每个岗位人员的分工职责，落实施工责任，责任和权利必须一致，并形成相应的规章和制度，使各岗位人员各司其职，各负其责。

(4) 施工任务划分

在确立了项目施工组织管理体制和机构的条件下，划分参与建设的各单位的施工任务和负责范围，明确总包单位与分包单位的关系，明确各单位之间的关系。参见表 7.12～表 7.14 进行描述。

① 各单位负责范围（表 7.12）。

表 7.12　各单位负责范围

序　　号	负责单位	任务划分范围
1	总包合同范围	
2	总包组织外部分包范围	
3	业主指定分包范围	
4	总包对分包管理范围	

② 工程物资采购划分（表 7.13）。

表 7.13　工程物资采购划分

序　　号	负责单位	工程物资
1	总包采购范围	
2	业主自行采购范围	
3	分包采购范围	

③ 总包单位与分包单位的关系（表 7.14）。

表 7.14　总包单位与分包单位的关系

序　　号	主要分包单位	主要承包单位	分包与总包关系	总包对分包要求
1				
2				

注：总包合同范围是指合同文件中所规定的范围。强调编写者要根据合同内容编写，即将合同中这段具有法律效力的文字如实抄下来；业主指定分包范围应纳入总包管理范围。

（5）计算主要项目工程量

在计算主要项目工程量时，首先根据工程特点划分项目。项目划分不宜过多，应突出主要项目，然后估算出各主要分项的实物工程量，如开挖土方量、防水工程量、钢筋用量、混凝土用量等，宜列表说明，参考表 7.15。

表 7.15 主要分项工程量

项目			单位	数量	备注
土方开挖	开挖土方		m^3		
	回填土方		m^3		
防水工程	地下		m^2		注明防水种类和卷材品种
	屋面		m^2		
	卫生间		m^2		
混凝土工程	地下	防水混凝土	m^3		
		普通混凝土	m^3		
	地上	普通混凝土	m^3		
		高强混凝土	m^3		指 C50 以上
模板工程	地下		m^2		
	地上		m^2		
钢筋工程	地下		m^2		
	地上		m^2		
钢结构工程	地下		t		
	地上		t		
砌体工程	地下		m^3		注明砌块种类
	地上		m^3		
装饰装修工程	内檐	墙面	m^2		根据工程建筑设计情况，做适当调整
		地面	m^2		
		吊顶	m^2		
		贴瓷砖	m^2		
		油漆浆活	m^2		
	外檐	门窗	m^2		
		幕墙	m^2		
		面砖	m^2		
		涂料	m^2		
		抹灰	m^2		

注：表中内容应根据工程的具体情况酌情增减。

(6) 施工组织协调与配合

工程施工过程是通过业主、设计、监理、总包、分包、供应商等多家单位合作完成的，协调组织好各方的工作和管理，是实现工期、质量、安全、降低成本的关键之一。因此，为了保证这些目标的实现，必须明确制定各种制度，确保将各方的工作组织协调好。

① 编写内容。

A. 协调项目内部参建各方关系。与建设单位的协调、配合，与设计单位的协调、配合，与监理单位的协调、配合，对分包单位的协调、配合管理。

B. 协调外部各单位的关系。与周围街道和居委会的协调、配合，与政府各部门的协调、配合。

② 协调方式。

主要是建立会议制度，通过会议通报情况，协商解决各类问题。主要的管理制度如下。

A. 在协调外部各单位关系方面，建立图纸会审和图纸交底制度、监理例会制度、专题讨论会议制度、考察制度、技术文件修改制度、分项工程样板制度、计划考核制度等。

B. 在协调项目内部关系方面，建立项目管理例会制、安全质量例会制、质量安全标准及法规培训制等。

C. 在协调各分承包关系方面，建立生产例会制等。

7.1.4 施工进度计划的编写

这部分内容主要突出施工总工期及完成各主要施工阶段的控制日期。

1. 编制内容和要求

一般内容包括编制说明和进度计划图表。

2. 施工进度计划的编制形式

施工进度计划一般用横道图或网络图来表达。

对于住宅工程和一般公用建筑的施工进度计划可用横道图或网络图表达；对技术复杂、规模较大的工程如大型公共建筑等工程的施工进度计划应用网络图表达。用网络图表达时，应优先采用时标网络图。

分段流水的工程要以网络图表示标准层的各段、各工序的流水关系，并说明各段各工序的工程量和塔式起重机吊次计算。

施工进度计划图表一般放在施工组织设计正文后面的附图附表中。

3. 施工阶段目标控制计划

首先将工期总目标分解成若干个分目标，以分目标的实现来保证总目标的完成。简要表述各分目标的实现所采取的施工组织措施，并形成施工阶段目标控制计划表，参考表 7.16。

表 7.16 施工阶段目标控制计划

序号	阶段目标	起止时间
1		
2		
……		

7.1.5 施工准备与资源配置计划的编写

1. 编制内容

施工准备工作的主要内容包括：技术准备、施工现场准备和资金准备。

资源配置计划的主要内容包括：劳动力配置计划和物资配置计划。

2. 编写方法

(1) 技术准备

此处技术准备是指完成本单位工程所需的技术准备工作。技术准备一般称为现场管理的“内业”，它是施工准备的核心内容，指导着施工现场准备。技术准备的主要内容一般包括以下几项。

① 一般性准备工作（表 7.17）。

A. 熟悉施工图纸，组织图纸会审，准备好本工程所需要的规范、标准、图集等。

表 7.17 图纸会审计划安排

序号	内容	依据	参加人员	日期安排	目标
1	图纸初审	公司贯标程序文件《图纸会审管理办法》设计图纸及引用标准、施工规范	组织人： 土建： 电气： 给水、排水、通风：		熟悉施工图纸，分专业列出图纸中不明确部位、问题部位及问题项
2	内部会审	公司贯标程序文件《图纸会审管理办法》设计图纸及引用标准、施工规范	组织人： 电气： 给水、排水、通风：		熟悉施工图纸、设计图、各专业问题汇总，找出专业交叉打架问题；列出图纸会审纪要向设计院提出问题清单
3	图纸会审	公司贯标程序文件《图纸会审管理办法》设计图纸及引用标准、施工规范	组织人：(建设单位代表) 参加人：(建设单位代表) 设计院代表： 监理单位代表： 施工单位代表：		向设计院说明、提出各项问题，整理图纸会审会议纪要

B. 技术培训。

第一步：管理人员培训。

管理人员上岗培训，组织参加技术交流；由专家进行专业培训；推广新技术、新材料、新工艺、新设备应用培训和学习规范、规程、标准、法规的重要条文等。

第二步：劳务人员培训。

对劳务人员的进场教育，上岗培训；对专业人员的培训，如新技术、新工艺、新材料、新设备的操作培训等，提高使用操作的适应能力。

② 器具配置计划（表7.18）。

表7.18 器具配置计划

序号	器具名称	规格型号	单位	数量	进场时间	检测状态
1	经纬仪					有效期：×年×月×日—×年×月×日
2	水准仪					
3	米尺					
……						

③ 技术工作计划。

A. 施工方案编制计划。

第一步：分项工程施工方案编制计划。

分项工程施工方案要以分项工程为划分标准，如混凝土施工方案、室内装修方案、电气施工方案等。以列表形式表示，参见表7.19。

表7.19 施工方案编制计划

序号	方案名称	编制人	编制完成时间	审批人（部门）
1				
2				
……				

注：编制人是指某个人，不能写某个部门。

第二步：专项施工方案编制计划。

专项施工方案是指除分项工程施工方案以外的施工方案，如施工测量方案、大体积混凝土施工方案、安全防护方案、文明施工方案、季节性施工方案、临电施工方案、节能施工方案等。

B. 试验、检测工作计划。

试验工作计划内容应包括常规取样试验计划及见证取样试验计划。应遵循的原则及规定可参见表7.20、表7.21。

表 7.20　原材料及施工过程试验取样规定

序　　号	试验内容	取样批量	取样数量	取样部位及见证率
1				
2				
……				

表 7.21　试验工作计划

序号	试验内容	取样批量	试验数量	备　　注
1	钢筋原材料	≤60t	1 组	同一钢号的混合批，每批不超过 6 个炉号，各炉罐号含碳量之差不大于 0.02%，含锰量之差不大于 0.15%
		>60t	2 组	
2	钢筋机械连接、(焊接) 接头	500 个接头	3 根拉件	同施工条件，同一批材料的同等级、同规格接头 500 个以下为一验收批，不足 500 个也为一验收批
3	水泥 (袋装)	≤200t	1 组	每一组取样至少 12kg
4	混凝土试块	一次浇筑量≤$1000m^3$，每 $100m^3$ 为一个取样单位 (3 块)； 一次浇筑量≥$1000m^3$，每 $200m^3$ 为一个取样单位 (3 块)		同一配合比
5	混凝土抗渗试块	$500m^3$	1 组	同一配合比，每组 6 个试件
6	砌筑砂浆	$250m^3$	6 块	同一配合比
		一个楼层		
7	高聚物改性沥青防水卷材	100 卷以内	2 组尺寸和外观	≤1000 卷物理性能检验
		100～499 卷	3 组尺寸和外观	
		500～1000 卷	4 组尺寸和外观	
8	土方回填	基槽回填土每层取样 6 块		每层按≤50m 取一点
9	……			

注：试验工作计划不但应包括常规取样试验计划，还应该包括有见证取样试验计划，而且有见证试验的实验室必须取得相应资质和认可。

C. 样板项、样板间计划。

“方案先行、样板引路”是保证工期和质量的法宝，坚持样板制，不仅仅是样板间，而是样板“制”(包括工序样板、分项工程样板、样板墙、样板间、样板段、样板回路等多方面)。通过方案和样板，制定出合理的工序、有效的施工方法和质量控制标准，参见表 7.22。

表 7.22　样板项、样板间计划

序　号	项目名称	部位（层、段）	施工时间	备　注
1				
2				
……				

注：“样板”是某项工程应达到的标准。一般它有“选”和“做”两种方法。此处样板项、样板间计划是指做样板。

D. 新技术、新工艺、新材料、新设备推广应用计划。

应根据住房和城乡建设部颁发的建筑业10项新技术推广应用（2005年）中的94项子项及其他新的科研成果应用，逐条对照，列表加以说明，参见表7.23。

表 7.23　新技术推广应用计划

序　号	新技术名称	应用部位	应用数量	负责人	总结完成时间
1					
2					
……					

E. QC活动计划。

根据工程特点，在施工过程中，成立QC小组，分专业或综合两个方面开展QC活动，并制订如下QC活动计划表7.24。

表 7.24　QC活动计划

序　号	QC小组课题	参加部门	时间安排
1			
2			
……			

F. 高程引测与建筑物定位。

说明高程引测和建筑物定位的依据，组织交接桩工作，做好验线准备。

G. 实验室、预拌混凝土供应。

说明对实验室、预拌混凝土供应商的考察和确定。如采用预拌混凝土，对预拌混凝土供应商进行考察，当确定好预拌混凝土供应商后，要求在签订预拌混凝土经济合同时，应同时签订预拌混凝土供应技术合同。

应根据对实验室的考察及本工程的具体情况，确定实验室。

明确是否在现场建立标准养护室。若建立标准养护室，应说明配备与工程规模、技术特点相适应的标准养护设备。

H. 施工图翻样设计工作。

要求提前做好施工图、安装图等的翻样工作，如模板设计翻样、钢筋翻样等。项目专业工程师应配合设计，并对施工图进行详细的二次深化设计。一般采用 AutoCAD 绘图技术，对较复杂的细部节点做 3D 模型。

(2) 施工现场准备

施工现场准备工作的内容包括：障碍物的清除、“四通一平”、现场临水临电、生产生活设施、围墙、道路等施工平面图中所有内容，并按施工平面图所规定的位置和要求布置。

这部分内容编写时，应结合实际描述开工前的现场安排及现场使用。

(3) 资金准备

资金准备应根据施工进度计划及工程施工合同中的相关条款编制资金使用计划，以确保施工各阶段的目标和工期总目标的实现，此项工作应在施工进度计划编制完后、工程开工前完成。

(4) 各项资源需要量计划

① 劳动力需要量计划。

劳动力需要量计划需依据施工方案、施工进度计划和施工预算进行编制。其编制方法是按进度表将每天所需人数分工种统计，得出每天所需的工种及人数，按时间进度要求汇总编出。它主要是作为现场劳动力调配、衡量劳动力耗用指标、安排生活福利设施的依据。其表格形式见表 7.25、表 7.26。

表 7.25 劳动力需要量计划

序号	专业工种名称	劳动量/工日	需要人数及时间						备注
			年 月			年 月			
			上旬	中旬	下旬	上旬	中旬	下旬	
1									
2									
……									

表 7.26 月劳动力计划

工种	1月	2月	3月	4月	5月	6月	7月	……
钢筋工								
木工								
混凝土工								
瓦工								
抹灰工								
水暖工								
电工								
通风工								
力工								
……								
月汇总								

② 主要材料需要量计划。

编制主要材料需要量计划，要依据施工预算工料分析和施工进度，其编制方法是在施工进度计划表中各施工过程中分析其材料组成，依次确定其材料品种、规格、数量和使用时间，并汇总成表格形式。它主要是备料、确定仓库和堆积面积，以及组织运输的依据。其表格形式见表 7.27。

表 7.27 主要材料需要量计划

序号	材料名称	规格	需要量		需要时间	备注
			单位	数量		
1						
2						
……						

③ 预制加工品需要量计划。

预制加工品包括：混凝土制品、混凝土构件、木构件、钢构件等，编制预制加工品需要量计划，需依据施工预算和施工进度计划，其编制方法是将施工进度计划表中需要预制加工品的施工过程，依次确定其预制加工品的品种、型号、规格、尺寸、数量和使用时间，并汇总成表格形式，它主要用于加工订货，确定堆场面积和组织运输。其表格形式见表 7.28。

表 7.28 预制加工品需要量计划

序号	预制加工品名称	图号型号	规格尺寸	需要量		使用部位	加工单位	要求供应起止时间	备注
				单位	数量				
1									
2									
……									

④ 主要施工机具设备配置计划。

A. 大型机械的选用。

土方设备、水平与垂直运输机械（如塔式起重机、外用电梯、混凝土泵等），说明选择依据、选用型号、数量以及是否能满足本工程施工要求，并编制大型机械进场计划。

a. 土方设备选择。根据进度计划安排、总的土方量、现场的周边情况和挖掘方式确定每天出土量、依据出土量选择挖掘机、运土车的型号和数量。如果有护坡桩还需与护坡桩施工进度和锚杆施工进度相配合。

b. 塔式起重机选择。根据建筑物高度、结构形式（附墙位置）、现场所采用的模板体系和各种材料的吊运所需的吊次、需要的最大起重量、覆盖范围，以及现场的周边情况、平面布局形式确定塔式起重机的型号和台数，并对距塔式起重机最远和所需吊运最重的模板或材料，核算塔式起重机在该部位的起重量是否满足。

c. 其他设备选择。泵送机械的选择依据是流水段的划分所确定的每段的混凝土量、建筑物高度和输送距离。对于现场施工所需的其他大型设备都应依据实际情况进行计算选择。

B. 编制方法。

编制方法是将所需的机械类型、数量和进场时间进行汇总成表，以表格形式列出，参见表7.29。

表7.29 主要施工机具设备配置计划

序号	名称	规格型号	单位	数量	电功率/(kV·A)	拟进退场时间	备注
1	塔式起重机						用途及使用部位
2	电焊机						
3	振动棒						
……							

⑤ 施工准备工作计划。

为落实各项施工准备工作，加强对施工准备工作的检查监督，通常施工准备工作可列表表示，其表格形式见表7.30。

表7.30 施工准备工作计划

序号	施工准备工作名称	准备工作内容(及量化指标)	主办单位(及主办负责人)	协办单位(及主要协办人)	完成时间	备注
1						
2						
……						

7.1.6 主要施工方法的编写

1. 编写内容

主要施工方法是指单位工程中主要分部（分项）工程或专项工程的施工手段和工艺，是属于施工方案技术方面的内容。

这部分内容应着重考虑影响整个单位工程施工的分部（分项）工程或专项工程的施工方法。影响整个单位工程施工的分部（分项）工程的施工方法是指：工程量大而且在单位工程中占据重要地位的分部（分项）工程；施工技术复杂、施工难度大，或采用新技术、新工艺、新材料、新设备，对工程质量起关键作用的分部（分项）工程；某些特殊结构工程或不熟悉、缺乏施工经验的分部（分项）工程及由专业施工单位的特殊专业工程的施工方法。

单位工程的主要施工方法不但包括各主要分部（分项）工程施工方法的内容（如土石方、基础、砌体、模板、钢筋、混凝土、结构安装、装饰、垂直运输、设备安装等工种工程），还包括测量放线、脚手架工程、季节性施工等专项工程施工方法。

2. 编写要求

① 要反映主要分部（分项）工程或专项工程拟采取的施工手段和工艺，具体要反映施工中的工艺方法、工艺流程、操作要点和工艺标准，对机具的选择与质量检验等内容。

② 施工方法的确定应体现先进性、经济性和适用性。

③ 在编写深度方面，要对每个分项工程施工方法进行宏观描述，要体现宏观指导性和原则性，其内容应表达清楚，决策要简练。

3. 分部（分项）工程或专项工程施工方法

（1）流水段划分

① 流水段划分原则。

A. 根据单位工程结构特点、工期要求、模板配置数量及周转要求，合理划分流水段。说明流水段划分依据、流水方向。

B. 流水段划分要有利于建筑结构的整体性。

C. 各段的主要工种工程量大致相等。

D. 保证主要工种有足够的工作面和垂直运输机械能充分发挥台班能力。

E. 当地下部分与地上部分流水段不一致时，应分开绘制流水段划分图，当水平构件与竖向构件流水段不一致时，也应分开绘制。

② 流水段划分图。

应结合单位工程的具体情况分阶段划分施工流水段，并绘制流水段划分图。

A. 绘制地下部分流水段划分图。

B. 绘制地上部分流水段划分图。

流水段划分图应标出轴线位置尺寸及施工缝与轴线间距离。流水段划分图也可以放在施工组织设计附图中。

（2）测量放线

测量放线的内容包括如下。

① 平面控制测量。

A. 建立平面控制网。说明轴线控制的依据及引至现场的轴线控制点位置。

B. 平面轴线的投测。确定地下部分平面轴线的投测方法；确定地上部分平面轴线的投测方法。

② 高程控制测量。

A. 建立高程控制网，说明标高引测的依据及引至现场的标高位置。

B. 确定高程的传递方法。

C. 明确垂直度控制的方法。

③ 说明对控制桩点的保护要求。

A. 轴线控制桩点的保护。

B. 施工用水准点的保护。

④ 明确测量控制精度。

A. 轴线放线误差。

B. 标高误差。

C. 轴线竖向投测误差。

⑤ 制定测量设备配置计划，见表7.31。

表7.31 测量设备配置计划

序　　号	仪器名称	数　　量	用　　途	备　　注
1				检定日期、有效期
2				
……				

⑥ 沉降观测。

当设计或相关标准有明确要求时，或当施工中需要进行沉降观测时，应确定观测部位、观测时间及精度要求。沉降观测一般由建设单位委托有资质的专业测量单位完成该项工作，施工单位配合。

⑦ 质量保证要求。

提出保证施工测量质量的要求。

（3）桩基工程

① 说明桩基类型，明确选用的施工机械型号。

② 描述桩基工程施工流程。

③ 明确入土方法和入土深度控制。

④ 进行桩基检测。

⑤ 确定桩基工程的质量要求等。

（4）降水与排水

① 说明施工现场地层土质、地下水情况，是否需要降水等。如需降水应明确降低地下水位的措施，是采用井点降水，或是基坑壁外采用止水帷幕的方法，还是其他降水措施。

② 选择排除地面水、地下水的方法，确定排水沟、集水井或井点的布置及所需设备型号、数量。

③ 说明降水深度是否满足施工要求（水位降至基坑最深部位以下50cm），说明降水的时间要求。要考虑降水对邻近建筑物可能造成的影响及所采取的技术措施。

④ 应说明日排水量的估算值及排水管线的设计。

⑤ 说明当工地停电时，基坑降水采取的应急措施。

（5）基坑的支护结构

① 说明工程现场施工条件、邻近建筑物等与基坑的距离、邻近地下管线对基坑的影响、基坑放坡的坡度、基坑开挖深度、基坑支护类型和方法、坑边立塔应采取的措施、基坑的变形观测。

② 重点说明选用的支护类型。

（6）土方工程

① 计算土方工程量（挖方、填方）。

② 根据工程量大小，确定采用人工挖土还是机械挖土。

③ 确定挖土方向并分段，坡道的留置位置，土方开挖步数，每步开挖

【土方工程】

深度。

④ 确定土方开挖方式，当采用机械挖土时，根据上述要求选择土方机械型号、数量和放坡系数。

⑤ 当开挖深基坑土方时，应明确基坑土壁的安全措施，是采用逐级放坡的方法还是采用支护结构的方法。

⑥ 土方开挖与护坡、锚杆、工程桩等工序是如何穿插配合的，土方开挖与降水的配合。

⑦ 明确人工如何配合修整基底、边坡。

⑧ 说明土方开挖注意事项，包括安全、环保等方面。

⑨ 确定土方平衡调配方案，描述土方的存放地点、运输方法和回填土的来源。

⑩ 明确回填土的土质选择、灰土计量、压实方法及夯实要求，回填土季节施工的要求。

(7) 钎探与验槽

① 给出土方挖至槽底时的施工方法说明。

② 明确是否进行钎探及钎探工艺、钎探布点方式、间距、深度、钎探孔的处理方法。

③ 明确清槽要求。

④ 明确季节施工对基底的要求。

⑤ 明确验槽前的准备，是否进行地基处理。

(8) 垫层

明确验槽后对垫层、褥垫层施工有何要求，垫层混凝土的强度等级，是采用预拌混凝土还是现拌混凝土。

(9) 地下防水工程

目前地下室防水设防体系普遍采用结构自防水+材料防水+结构防水的体系。

① 结构自防水的用料要求及相关技术措施。

说明防水混凝土的强度等级、防水剂的类型、掺量及对碱骨料反应的技术要求。

② 材料防水的用料要求及方法措施。

说明防水材料的类型、层数、厚度，明确防水材料的产品合格证、材料检验报告的要求，进场时是否按规定进行外观检查和复试。

当采用防水卷材时应明确所采用的施工方法（外贴法或内贴法）；当采用涂料防水、防水砂浆防水、塑料防水板、金属防水层时，应明确技术要求。

说明对防水基层的要求、防水导墙的做法、防水保护层等的做法。

③ 结构防水用料要求及相关技术措施。

给出地下工程的变形缝、施工缝、后浇带、穿墙管、定位支撑、埋设件等处防水施工的方法和要求及应采取的阻水措施。

④ 其他。

A. 对防水队伍的要求。

B. 防水施工注意事项。

【钢筋工程】

(10) 钢筋工程

① 指出钢筋的供货方式、进场验收及原材料存放。

说明钢筋的供货方式、进场验收（出厂合格证、炉号和批量）、钢筋外观检查、复试及见证取样要求、原材料的堆放要求。

钢筋品种：主要构件的钢筋设计可按表 7.32 填写。

表 7.32 主要构件的钢筋设计

构件名称	钢筋规格	截面面积/mm^2	间距/mm
底板			
混凝土墙			
地梁			
框架柱（KZ）			
框架梁（KL）			
框架连梁（LL）			
暗柱（AZ）			

② 钢筋加工方法。

A. 明确钢筋的加工方式，是场内加工还是场外加工。

B. 明确钢筋调直、切断、弯曲的方法，并说明相应加工机具设备型号、数量，加工场面积及位置。

C. 明确钢筋放样、下料、加工要求。

D. 做各种类型钢筋的加工样板。

③ 钢筋运输方法。

说明现场成型钢筋搬运至作业层采用的运输工具。如钢筋在场外加工，应说明场外加工成型的钢筋运至现场的方式。

④ 钢筋连接方法。

A. 明确钢筋的连接方式，是焊接还是机械连接或是搭接；明确具体采用的接头形式，是电弧焊还是电渣压力焊或是直螺纹。

B. 说明接头试验要求，简述钢筋连接施工要点。

⑤ 钢筋安装方法。

A. 分别对基础、柱、墙、梁、板等部位的施工方法和技术要点做出明确的描述。

B. 明确防止钢筋位移的方法及保护层的控制措施。

C. 如设计墙、柱为变截面，应说明墙体、柱变截面处的钢筋处理方法。

D. 根据构件的受力情况，明确受力筋的方向和位置、钢筋搭接部位、水平钢筋绑扎顺序、接头位置、钢筋接头形式、箍筋间距马凳、垫块钢筋保护层的要求；图纸中墙、柱等竖向钢筋保护层要求；竖向钢筋的锚固及绑扎要求；钢筋的定位和间距控制措施。预留钢筋的留设方法，尤其是围护结构拉结筋。钢筋加工成型（特殊钢筋如套筒冷挤压、镦粗直螺纹等）及绑扎成型的验收。

⑥ 预应力钢筋施工方法。

例如，钢筋做现场预应力张拉时，应说明施工部位，预应力钢筋的加工、运输、安装和检测方法及要求。

⑦ 钢筋保护。

说明钢筋半成品、成品的保护要求。

【模板工程】

(11) 模板工程

模板分项工程施工方法的选择内容包括：模板及其支架的设计（类型、数量、周转次数）、模板加工、模板安装、模板拆除及模板的水平、垂直运输方案。

① 模板设计。

A. 地下部分模板设计

描述不同的结构部位采用的模板类型、施工方法、配置数量、模板高度等，可以用表格形式列出（表 7.33）。

表 7.33　地下部分模板设计

序号	结构部位	模板选型	施工方法	数量	模板宽度/mm	模板高度/mm
1	底板					
2	墙体					
3	柱					
4	梁					
5	板					
6	电梯井					
7	楼梯					
8	门窗洞口					
……						

注：钢筋混凝土结构、多层砖混结构的模板设计可参考此表，并根据工程特点调整模板设计内容。

B. 地上部分模板设计（表 7.34）。

表 7.34　地上部分模板设计

序号	结构部位	模板选型	施工方法	数量	模板宽度/mm	模板高度/mm
1	墙体					
2	柱					
3	梁					
4	板					
5	电梯井					
6	楼梯					
7	女儿墙					
8	门窗洞口					
……						

注：钢筋混凝土结构、多层砖混结构的模板设计可参考此表，并根据工程特点调整模板设计内容。

C. 特殊部位的模板设计。

对有特殊造型要求的混凝土结构，如建筑物的屋顶结构、建筑立面等此类构件，模板设计较为复杂，应明确模板设计要求。

D. 说明需要进行模板计算的重要部位。

其计算可在模板施工方案中进行。

② 模板加工、制作及验收。

A. 说明各类模板的加工制作方式，是外加工还是现场加工制作。

B. 明确模板加工制作的主要技术要求和主要技术参数。如需委托外加工，应将有关技术要求和技术参数以技术合同的形式向专业模板公司提出加工制作要求。如在现场加工制作，应明确加工场所、所需设备及加工工艺等要求。

C. 模板验收是检验加工产品是否满足要求的一道重要工序，因此要明确验收的具体方法。

③ 模板施工。

墙柱侧模、楼板底模、异形模板、梁侧模、大模板的支顶方法和精度控制；电梯井筒的支撑方法；特殊部位的施工方法（后浇带、变形缝等）明确层高和墙厚变化时模板的处理方法。各构件的施工方法、注意事项和预留支撑点的位置。明确模板支撑上、下层支架的立柱对中控制方法和支拆模板所需的架子和安全防护措施。明确模板拆除时间、混凝土强度及拆模后的支撑要求，模板的使用维护措施要求。

在模板安装与拆除编写时，应着重说明以下要求。

A. 模板安装。

a. 明确不同类型模板所选用隔离剂的类型。

b. 确定模板的安装顺序和技术要求。

c. 确定模板安装允许偏差的质量标准（表7.35）。

表7.35 模板安装允许偏差

项　目		允许偏差/mm
轴线位置	柱、梁、板	
底模上表面标高		
截面模板尺寸	基础	
	梁、柱、板	
层高垂直度	不大于5m	
	大于5m	
相邻两板面高差		
表面平整度		

d. 对所需的预埋件、预留孔洞的要求进行描述。

B. 模板拆除。

a. 模板拆除必须符合设计要求、验收规范的规定及施工技术方案。

b. 明确各部位模板的拆除顺序。

c. 明确各部位模板拆除的技术要求，如侧模板拆除的技术要求（常温、冬施）、底模及其支撑拆除的技术要求、后浇带等特殊部位模板拆除的技术要求。

d. 给出为确保楼板不因过早拆除而出现裂缝的措施。

④ 模板的堆放、维护和修理。

说明模板的堆放、清理、维修、涂刷隔离剂等的要求。

(12) 混凝土工程

① 各部位混凝土强度等级(表 7.36)。

表 7.36 混凝土强度等级

构件名称	混凝土强度等级	技术要求	材料选用				
			水泥	砂	石	外加剂	掺合料
基础垫层							
基础底板							
地下室外墙							
……							

注:要有混凝土碱含量的控制要求和计算。

② 明确混凝土的供应方式。

A. 明确选用现场拌制混凝土,还是预拌混凝土。

B. 若采用现拌混凝土应确定搅拌站的位置、搅拌机型号与数量。

C. 若采用预拌混凝土应确定预拌混凝土供应商,在签订预拌混凝土供应经济合同时,应同时签订技术合同。

③ 混凝土的配合比设计要求。

A. 对配合比设计的主要参数提出要求:原材料、坍落度、水灰比、砂率。

B. 明确对外加剂类型、掺合料种类的要求。

C. 如是现场拌制混凝土,应确定砂石筛选、计量和后台上料方法。

D. 明确对碱含量、氨限量等的技术指标要求。

④ 混凝土的运输。

A. 明确场外、场内的运输方式(水平运输和垂直运输),并对运输工具、时间、道路、运输及季节性施工加以说明。

B. 当使用泵送混凝土时,应对泵的位置、泵管的设置和固定措施提出原则性要求。

⑤ 混凝土拌制和浇筑过程中的质量检验。

A. 现场拌制混凝土。明确混凝土拌制质量的抽检要求,如检查原材料的品种、规格和用量,外加剂、掺合料的掺量、用水量、计量要求和混凝土出机坍落度,混凝土的搅拌时间检查及每一工作班内的检查频次。

明确混凝土在浇筑过程中的质量抽检要求,如检查混凝土在浇筑地点的坍落度及每一工作班内的检查频次。

B. 预拌混凝土。明确混凝土进场和浇筑过程中对混凝土的质量抽检要求,如现场在接收预拌混凝土时,必须要检查预拌混凝土供应商提供的混凝土质量资料是否符合合约规定的质量要求,检查到场混凝土出罐时的坍落度,检查浇筑地点混凝土的坍落度,并明确每一工作班内的检查频次。

⑥ 混凝土的浇筑工艺要求及措施。

明确对混凝土分层浇筑和振捣的要求。

⑦ 混凝土的浇筑方法。

A. 描述不同部位的结构构件采用何种方式浇筑混凝土（泵送或塔式起重机运送）。

B. 根据不同部位，分别说明浇筑的顺序和方法（分层浇筑或一次浇筑）。

C. 确定对楼板混凝土标高及厚度的控制方法。

D. 当使用泵送混凝土时，应按 JGJ/T 10—2011《混凝土泵送施工技术规程》中有关内容提出泵的选型原则、配管原则等要求。

E. 明确对后浇带的施工时间、施工要求以及施工缝的处置。

F. 明确不同部位、不同构件所使用的振捣设备及振捣的技术要求。

⑧ 施工缝。

确定施工缝的留置位置与处理方法。

⑨ 混凝土的养护制度和方法。

明确混凝土的养护方法和养护时间，在描述养护方法时，应将水平构件与竖向构件分别描述。

⑩ 大体积混凝土。

对于大体积混凝土，应确定大体积混凝土的浇筑方案，说明浇筑方法、制定防止温度裂缝的措施、落实测温孔的设置和测温工作等。

⑪ 预应力混凝土。

确定预应力混凝土的施工方法、控制应力和张拉设备。

⑫ 混凝土的季节性施工。

A. 制定相应的防冻和降温措施。

B. 明确冬施所采用的养护方法及易引起冻害的薄弱环节应采取的技术措施。

C. 落实测温工作。

⑬ 混凝土的试验管理。

A. 明确现场是否设置标准养护室。

B. 明确混凝土试件制作与留置要求。

⑭ 混凝土结构的实体验收。

质量验收应以 GB 50204—2015《混凝土结构工程施工质量验收规范》中附录 D 为依据，在施工组织设计中提出原则性要求和做法。有关对结构实体的混凝土强度检验的详细要求和方法应在《结构实体检验方案》中做进一步细化。

(13) 钢结构工程

① 明确本工程钢结构的部位。

② 确定起重机类型、型号和数量。

③ 确定钢结构制作的方法。

④ 确定构件运输堆放和所需机具设备型号、数量和对运输道路的要求。

⑤ 确定安装、涂装材料的主要施工方法和要求，如安排吊装顺序、机械开行路线、构件制作平面布置、拼装场地等。

(14) 结构吊装工程

① 明确吊装方法，是采用综合吊装法还是单件吊装法；是采用跨内吊装法还是跨外吊装法。

② 确定吊装机械（具），是采用机械吊装还是抱杆吊装。

③ 如选择吊装机械，应根据吊装构件质量、起吊半径、起吊高度、工期和现场条件，选择吊装机械类型和数量。

④ 安排吊装顺序、机械设备位置和行驶路线，以及构件的制作、拼装场地，并绘出吊装图。

⑤ 确定构件的运输、装卸、堆放办法、所需的机具、设备的型号、数量和对运输道路的要求。

⑥ 确定吊装准备工作内容及吊装有关技术措施。

⑦ 明确吊装的注意事项，如吊装与其他分项工程工序之间的工作衔接、交叉时间安排和安全注意事项等。

(15) 砌体砌筑工程

① 简要说明本工程砌体采用的砌体材料种类，砌筑砂浆强度等级、使用部位。

② 简要说明砖墙的组砌方法或砌块的排列设计。

③ 明确砌体的施工方法，简要说明主要施工工艺要求和操作要点。

④ 明确砌体工程的质量要求。

⑤ 明确配筋砌体工程的施工要求。

⑥ 明确砌筑砂浆的质量要求。

⑦ 明确砌筑施工中的流水分段和劳动力组合形式等。

⑧ 确定脚手架搭设方法和技术要求。

【脚手架工程】

【脚手架工程安全规范】

(16) 脚手架工程

此处主要根据不同建筑类型确定脚手架所用材料、搭设方法及安全网的挂设方法。具体内容要求如下。

① 应系统描述各施工阶段所采用的内外脚手架的类型。

A. 基础阶段：内脚手架的类型；外脚手架的类型；安全防护架的设置位置及类型；马道的设置位置及类型。

B. 主体结构阶段：内脚手架的类型；外脚手架的类型；安全防护架的设置位置及类型；马道的设置位置及类型；上料平台的设置及类型。

C. 装饰装修阶段：内脚手架的类型；外脚手架的类型。

② 明确内、外脚手架的用料要求。

③ 明确各类型脚手架的搭、拆顺序及要求。

④ 明确脚手架的安全设施。

⑤ 确定脚手架的验收。

⑥ 脚手架工程涉及安全施工，应单独编制专项施工方案，高层和超高层建筑的外架应有计算书，并作为施工方案的组成部分。当外架由专业分包单位分包时，应明确分包形式和责任。

(17) 屋面工程

此部分主要说明屋面各个分项工程的各层材料的质量要求、施工方法和操作要求。

① 根据设计要求，说明屋面工程所采用保温隔热材料的品种、防水材料的类型（卷材、涂膜、刚性）、层数、厚度及进场要求（外观检查和复试）。

② 明确屋面防水等级和设防要求。

③ 明确屋面工程的施工顺序和各工序的主要施工工艺要求。

④ 说明屋面防水采用的施工方法和技术要点。

当采用防水卷材时，应明确所采用的施工方法（冷粘法、热粘贴、自粘贴、热风焊接）；当采用防水涂膜时，应明确技术要求。

⑤ 说明屋盖系统的各种节点部位及各种接缝的密封防水施工要求。

⑥ 说明对防水基层、防水保护层的要求。

⑦ 明确试水要求。

⑧ 明确屋面工程各工序的质量要求。

⑨ 明确屋面材料的运输方式。

⑩ 依据 GB 50411—2007《建筑节能工程施工质量验收规范》，明确保温材料各项指标的复验要求。

（18）外墙保温工程

【外墙保温工程】

① 说明采用外墙保温类型及部位。

② 说明主要的施工方法及技术要求。

③ 依据《建筑节能工程施工质量验收规范》明确外墙保温板施工完的现场试验要求。

④ 依据《建筑节能工程施工质量验收规范》明确保温材料进场要求和材料性能要求。

（19）装饰装修工程

① 总体要求。

A. 施工部署及准备。可以表格形式列出各楼层房间的装修做法明细表。确定总的装修工程施工顺序及各工种如何与专业施工相互穿插配合。绘制内、外装修的工艺流程。

B. 确定装饰工程各分项的操作方法及质量要求，有时要做“样板间”。

C. 说明材料的运输方式，确定材料堆放、平面布置和储存要求，确定所需机具设备等。

D. 说明室内外墙面工程、楼地面工程和顶棚工程的施工方法、施工工艺流程与流水施工的安排，装饰材料的场内运输方案。

② 地面工程。

依据 GB 50209—2010《建筑地面工程施工质量验收规范》，明确以下几个方面内容。

A. 根据设计要求，简要说明本工程地面做法名称及所在部位。

B. 说明各种地面的主要施工方法及技术要点。

C. 说明地面养护及成品保护要求。

D. 指出地面工程质量要求。

③ 抹灰工程。

依据 GB 50210—2001《建筑装饰装修工程质量验收规范》，明确以下几个方面内容。

A. 根据设计要求，简要说明本工程采用的抹灰做法及部位。

B. 简要描述主要的施工方法及技术要点。

C. 说明防止抹灰空鼓、开裂的措施。

D. 指出抹灰工程质量要求。

④ 门窗工程。

依据《建筑装饰装修工程质量验收规范》《建筑节能工程施工质量验收规范》，明确以下几个方面内容。

A. 根据设计要求，说明本工程门窗的类型及部位。

B. 描述主要的施工方法及技术要点。包括放线、固定窗框、填缝、窗扇安装、玻璃安装、清理、验收工艺等。

C. 指出成品保护措施。

D. 明确安装的质量要求。

E. 明确对外墙金属窗、塑料窗的三项指标和保温性能的要求。

F. 明确外墙金属窗的防雷接地做法（要结合防雷及各类专业规范进行明确）。

⑤ 吊顶工程。

依据《建筑装饰装修工程质量验收规范》，明确以下几个方面内容。

A. 采用吊顶的类型、材料选用和部位。

B. 描述主要的施工方法及技术要点。

C. 指出吊顶工程与吊顶管道和水电设备安装的工序关系。

D. 指出抹灰工程质量要求。

⑥ 轻质隔墙工程。

依据《建筑装饰装修工程质量验收规范》，明确以下几个方面内容。

A. 明确本工程采用何种隔墙及部位。

B. 说明轻质隔墙的施工工艺。

C. 描述主要的安装方法及技术要点。

D. 指出轻质隔墙工程质量要求。

E. 明确隔墙与顶棚和其他墙体交接处应采取的防开裂措施。

F. 明确成品保护要求。

⑦ 饰面板（砖）工程。

依据《建筑装饰装修工程质量验收规范》，明确以下几个方面内容。

A. 明确所采用饰面板的种类及部位。

B. 说明轻饰面板的施工工艺。

C. 指出主要施工方法及技术要点。

重点描述外墙饰面板（砖）的黏结强度试验，湿作业防止反碱的方法，隔震缝、伸缩缝、沉降缝的做法。

A. 明确外墙饰面与室外垂直运输设备拆除之间的时间关系。

B. 明确饰面板（砖）工程质量要求。

C. 明确成品保护措施。

⑧ 幕墙工程。

依据《建筑装饰装修工程质量验收规范》《建筑节能工程施工质量验收规范》，明确以下几个方面内容。

A. 明确采用幕墙的类型和部位。

B. 说明幕墙工程施工工艺。

C. 指出主要施工方法及技术要点。

D. 指出成品保护措施。

E. 给出主要原材料的性能检测报告。

F. 明确玻璃幕墙的四性试验（气密性、水密性、抗风压性能、平面内变形）和节能保温性能要求。

⑨ 涂饰工程。

依据《建筑装饰装修工程质量验收规范》，明确以下几个方面内容。

A. 明确采用涂料的类型及部位。

B. 简要说明主要施工方法和技术要求。

C. 按设计要求和《建筑装饰装修工程质量验收规范》的有关规定，对室内装修材料进行检验的项目。

⑩ 裱糊与软包工程。

依据《建筑装饰装修工程质量验收规范》，明确以下几个方面内容。

A. 明确采用裱糊与软包的类型及部位。

B. 明确主要施工方法及技术要点。

⑪ 细部工程。

依据《建筑装饰装修工程质量验收规范》，简要说明橱柜、窗帘盒、窗台板、散热器罩、门窗、护栏、扶手、花饰的制作与安装要求。

⑫ 厕浴间、卫生间。

明确卫生间的墙面、地面、顶板的做法和主要施工工艺、工序安排，施工要点、材料的使用要求及防止渗漏采取的技术措施和管理措施。

（20）机电安装工程

此部分内容主要包括建筑给水排水、采暖、建筑电气、智能建筑、通风与空调和电梯等专业工程。

【机电安装工程】

① 应说明结构施工配合阶段预留预埋的措施。套管和埋件的预埋方法、部位、结构预留洞的留设方法和线管暗埋的做法。

② 简要说明各专业工程的施工工艺流程、主要施工方法及要求。

③ 明确各专业工程的质量要求。

（21）特殊项目

特殊项目是指采用新技术、新材料、新结构的项目；大跨度空间结构、水下结构、深基础、大体积混凝土施工、大型玻璃幕墙、软土地基等项目。

① 选择施工方法，阐明施工技术关键所在（当难于用文字说清楚时，可配合图表描述）。

② 拟定质量、安全措施。

（22）季节性施工

当工程施工跨越冬期或雨期时，就必须制定冬期施工措施或雨期施工措施。季节性施工内容包括如下。

① 冬（雨）期施工部位。说明冬（雨）期施工的具体项目和所在的部位。

② 冬期施工措施。根据工程所在地的冬季气温、降雪量不同，工程部分及施工内容不同，施工单位的条件不同，制定不同的冬期施工措施。

③ 雨期施工措施。根据工程所在地的雨量、雨期及工程的特点（如深基础、大土方量、施工设备、工程部位）制定措施。

④ 暑期施工措施。根据台风、暑期高温及工程特点等制定措施。

有关季节性施工的内容应在季节性专项施工方案中细化。

7.1.7 主要施工管理计划的编写

1. 编写的内容

主要施工管理计划是《建筑施工组织设计规范》中的提法，目前的施工组织设计中多用管理和技术措施来编制，主要施工管理计划实际上是指在管理和技术经济方面为保证工程进度、质量、安全、成本、环境保护等管理目标的实现所采取的方法和措施。

施工管理计划涵盖很多方面的内容，可根据工程的具体情况加以取舍。一般来说，施工组织设计中的施工管理计划应包括进度管理计划、质量管理计划、安全管理计划、环境管理计划、成本管理计划和其他管理计划。

其他管理计划宜包括绿色施工管理计划、文明工地管理计划、消防管理计划、现场保卫计划、合同管理计划、分包管理计划和创优管理计划等。

上述各项施工管理计划的编制内容均应包括组织措施、技术措施、经济措施。

2. 编写方法

这部分内容要反映保证项目管理目标的实现拟采取的实施性控制方法，制订这些施工管理计划，应从组织、技术、经济、合同及工程的具体情况等方面考虑。同时措施内容必须有针对性，应针对不同的管理目标制定不同的专业性管理措施。要务必做到既行之有效又切实可行，要讲究实用和效果。对于常规知识不必再写，但必须做到。

在编制的手法和表达形式上，主要采用罗列方法，只须将要叙述的内容每项列清楚，逐项叙述，无须太多的表现方式。

以下就具体的编制内容、方法做较为详细的阐述。

3. 进度管理计划

主要围绕施工进度计划来写，主要内容是制定工期保证措施。具体可从以下几个方面来考虑。

【进度管理计划】

① 对项目施工进度总目标进行分解，合理制定不同施工阶段进度控制分目标。制订分级控制计划，根据总控制计划编制月控制计划，根据月控制计划编制周计划，周计划根据前三天的实际情况，调整后三天计划并且制订下周计划，实行三天保周、周保月、月保总控制计划的管理方式。

② 根据进度计划、工程量和流水段划分，合理安排劳动力和投入的生产设备，保证按照进度计划的要求完成任务。

③ 加强操作人员对质量意识的培养，提高施工质量和一次成活率。达到质量标准的一次成活率提高了，也就加快了施工速度，从而可以保证施工进度。

④ 加强例会制度，解决矛盾、协调关系，保证按照施工进度计划进行。

4. 质量管理计划

质量管理计划可参照GB/T 19001—2016《质量管理体系要求》，在施工单位质量管理体系的框架内，按项目具体要求编制。其主要内容可以从以下几个方面考虑。

【质量管理计划】

① 确定质量目标并进行目标分解。质量目标的内容应具有可测性，如单位工程合格率、分部工程优良率、分项工程优良率、顾客满意度，达到长城杯、扬子杯、鲁班奖的要求等。

② 建立项目质量管理的组织机构（应有组织机构框图），明确职责，认真贯彻执行相关标准。

③ 建立健全各种质量管理制度以保证工程质量（如质量责任制、三检制、样板制、奖罚制、否决制等），并对质量事故的处理做出相应规定。

④ 制定保证质量的技术保障和资源保障措施，通过可靠的预防措施，保证质量目标的实现。技术保障措施包括建立技术管理责任制；项目所用规范、标准、图集等有效技术文件清单的确认；图纸会审、编制施工方案和技术交底；试验管理；工程资料的管理；“四新”技术的应用等。资源保障措施包括项目管理层和劳务层的教育、培训；制定材料和设备采购规定等。

⑤ 制定主要分部（分项）工程和专项工程质量预防控制措施，以分部（分项）工程和专项工程的质量保证单位工程的质量。

⑥ 制定其他的质量保证措施，如劳务素质保证措施、成品保护措施、季节施工保证措施、应用TQM（Total Quality Management，全面质量管理）方法建立QC（Quality Control，质量控制）小组等。

5. 安全管理计划

安全管理计划的主要内容包括以下几方面。

【施工安全日志】

① 根据项目特点，确定施工现场危险源，制定项目职业健康安全管理目标。

② 建立项目安全管理的组织机构并明确职责（应有组织机构框图）。

③ 建立项目部安全生产责任制及安全管理办法，认真贯彻国家、地方与企业有关安全生产法律法规和制度。

④ 建立安全管理制度和职工安全教育培训制度。

⑤ 制定安全技术措施。

6. 分包安全管理

与分包方签订安全责任协议书，将分包安全管理纳入总包管理。

7. 消防管理计划

消防管理计划应根据工程的具体情况编写，一般从以下几个方面考虑。

① 制定消防管理目标。

② 建立消防管理组织机构并明确职责。施工现场的消防安全由施工单位负责。施工现场实行逐级防火责任制，施工单位明确一名施工现场负责人为防火负责人，全面负责施工现场的消防安全工作，且应根据工程规模配备消防干部和义务消防员，重点工程和规模较大工程的施工现场应组织义务消防队。消防干部和义务消防队在施工现场防火负责人和

保卫组织领导下，负责日常消防工作。

③ 贯彻国家与地方有关法规、标准，建立消防责任制。

④ 制定消防管理制度，如消防检查制、巡逻制、奖罚制、动火证制。

⑤ 制订教育与培训计划。

⑥ 结合工程项目的具体情况，落实消防工作的各项要求。

⑦ 签订总分包消防责任协议书。

8. 文明施工管理计划

文明施工措施一般从以下几方面考虑。

① 确定文明施工目标。

② 建立文明施工管理组织机构（应有组织机构框图）。

③ 建立文明施工管理制度。

④ 确定施工平面管理要点。

⑤ 确定现场场容管理措施。

⑥ 确定现场料具管理措施。

⑦ 确定其他管理措施。

⑧ 协调周边居民关系。

9. 现场保卫计划

① 成立现场保卫组织管理机构。

② 建立项目部保卫工作责任制，明确责任。

③ 建立现场保卫制度，如建立门卫值班、巡逻制度、凭证出入保卫奖惩制度、保卫检查制度等。

④ 对分包管理及对外进行协调。

10. 环境管理计划

① 确定项目重大环境因素，制定项目环境管理目标。

② 建立项目环境管理的组织机构，明确管理职责。

③ 根据项目特点，进行环境保护方面的资源配置。

④ 制定各项环境管理制度。

⑤ 制定现场环境保护的控制措施。

11. 成本管理计划

① 根据项目施工预算，制定项目施工成本目标。

② 建立施工成本管理的组织机构，明确职责，制定相应的管理措施。

③ 制定降低成本的具体措施。

【施工项目成本管理案例分析】

12. 分包管理措施

项目管理的核心环节是对现场各分包商的管理和协调。针对具体工程的特点和运作模式以及各分包商的情况，从以下几个方面考虑。

① 建立对分包的管理制度，制定总分包的管理办法和实施细则。

② 明确对各分包商的服务与支持。

③ 与分包方签订安全消防协议。

④ 协调总包与分包、分包与分包关系。

⑤ 加强合同管理。

⑥ 加强对劳动力的管理。

13. 绿色施工管理计划

【绿色施工】

在制订这些计划时，必须遵守《绿色施工导则》《建筑工程绿色施工评价标准》和相关地方绿色施工管理规程的规定，以及施工现场及环境保护的有关规定，并且要根据现场实际情况制定。其内容包括如下。

（1）制定组织管理措施

主要包括：建立绿色施工管理体系，制定绿色施工管理制度，进行绿色施工培训和定期对绿色施工检查监督等。

（2）制定资源节约措施

主要包括：节约土地的措施、节能的措施、节水的措施、节约材料与资源利用的措施。

（3）制定环境保护措施

主要包括：防止周围环境污染和大气污染的技术措施、防止水土污染的技术措施、防止噪声污染的技术措施、防止光污染的技术措施、废弃物管理措施、其他管理措施。

（4）制定职业健康与安全措施

主要包括：场地布置及临时设施建设措施、作业条件与环境安全措施、职业健康措施、公共卫生防疫管理措施。

说明：当施工组织设计中环境管理计划作为单列时，在绿色施工管理计划中可不再描述。

7.1.8 施工现场平面布置的编写

单位工程施工现场平面布置是对拟建工程的施工现场，根据施工需要的内容，按一定的规则而做出的平面和空间的规划。它是一张用于指导拟建工程施工的现场平面布置图。

1. 设计内容

施工现场平面布置的内容一般包括下列内容：施工平面图说明、施工平面图、施工平面图管理规划。施工平面图图纸的具体内容通常包含如下。

① 绘制施工现场的范围。包括用地范围，拟建建筑物位置、尺寸及与已有地上、地下的一切建筑物、构筑物、管线和场外高压线设施的位置关系尺寸，测量放线标桩的位置、出入口及临时围墙。

② 确定大型起重机械设备的布置及开行线路位置。

③ 确定施工电梯、门式起重机垂直运输设施的位置。

④ 确定场内临时施工道路的布置。

⑤ 确定混凝土搅拌机、砂浆搅拌机或混凝土输送泵的位置。

⑥ 确定材料堆场和仓库。

⑦ 确定办公及生活临时设施的位置。

⑧ 确定水源、电源的位置。给定变压器、供电线路、供水干管、泵送、消火栓等的位置。

⑨ 确定现场排水系统位置。

【施工平面图布置原则】

⑩ 确定安全防火设施位置。

⑪ 确定其他临时设施布置。

2. 施工现场平面设计的步骤

施工现场平面设计步骤有：确定起重机械的位置→确定搅拌站、加工棚、仓库、材料及构件堆场的尺寸和位置→布置运输道路→布置临时设施→布置水电管网→布置安全消防设施→调整优化。

3. 绘制要求

① 施工现场平面图是反映施工阶段现场平面的规划布置，由于施工是分阶段的（如地基与基础工程、主体结构工程、装饰装修工程），有时根据需要分阶段绘制施工平面图，这对指导组织工程施工更具体、更有效。

② 绘制施工平面图布置要求层次分明、比例适中、图例图形规范、线条粗细分明、图面整洁美观，同时绘图要符合国家有关制图标准，并应详细反映平面的布置情况。

③ 施工平面布置图应按常规内容标注齐全，平面布置应有具体的尺寸和文字。比如塔式起重机的回转半径、最大起重量、最大可能的吊重，塔式起重机具体位置坐标，平面总尺寸、建筑物主要尺寸，以及模板、大型构件、主要料具堆放区、搅拌站、料场、仓库、大型临建、水电等，要能够让人一眼看出具体情况，力求避免用示意图走形式。

④ 绘制基础图时，应反映出基坑开挖边线，深基坑支护和降水的方法。

⑤ 施工平面布置图中不能只绘红线内的施工环境，还要对周边环境表述清楚，如原有建筑物的使用性质、高度和距离等，这样才能判断所布置的机械设备等是否影响周围，是否合理。

⑥ 绘图时，通常图幅不宜小于 A3，应有图框、比例、图签、指北针、图例。

⑦ 绘图比例一般常用 1∶100～1∶500，视工程规模大小而定。

⑧ 施工现场平面布置图应配有编制说明及注意事项。如文字说明较多时，可在平面图中单独说明。

4. 施工现场平面布置管理规划

施工现场平面管理是指在施工过程中对施工场地的布置进行合理调节。施工现场平面布置设计完成之后，应建立施工现场平面管理制度，制定管理办法。

对施工周期较长的工程，施工平面布置图要随施工组织的调整而调整。对施工现场平面图布置实行动态管理，协调各施工单位关系，定期对施工现场平面进行使用情况复核，根据施工进展，及时对施工平面进行调整。

及时做好施工现场平面维护工作，大型临时设施及临水、临电线路等的布置，不得随意更改和移动位置，认真落实施工现场平面布置图的各项要求，保证施工有条不紊地进行。

【实训小结】

本节主要讲述了单位工程施工组织设计的编制内容及编制方法，学生通过学习和实训应能独立编制单位工程施工组织设计。

【实训考核】

单位工程施工组织设计的编制方法考核评定见表 7.37。

表 7.37 单位工程施工组织设计的编制方法考核评定

考核评定方式	评定内容	分值	得分
自评	学习态度及表现	5	
	单位工程施工组织设计编制内容及方法的掌握情况	10	
	成果编制情况	15	
学生互评	学习态度及表现	5	
	单位工程施工组织设计编制内容及方法的掌握情况	10	
	成果编制情况	15	
教师评定	学习态度及表现	10	
	单位工程施工组织设计编制内容及方法的掌握情况	15	
	成果编制情况	15	

【实训练习】

编制某住宅楼工程施工组织设计（编制依据、工程概况、施工部署、工程量计算）。

训练 7.2 某职工宿舍（JB 型）工程施工组织设计

【实训背景】

作为施工方接受业主方委托，对某住宅楼工程编制施工组织设计。

【实训任务】

编制某住宅楼工程施工组织设计。

【实训目标】

1. 能力目标

根据施工图纸，能够独立编制单位工程施工组织设计。

2. 知识目标

掌握单位工程施工组织设计的内容、编制方法和编制程序。

【实训成果】

某住宅楼工程施工组织设计。

【实训内容】

7.2.1 编制依据 (略)

7.2.2 工程概况

1. 总体简介(略)

2. 建筑设计简介(表 7.38)

表 7.38 建筑设计概况

序号	项目	内容						
1	建筑面积	项目名称	占地面积/m^2	建筑面积/m^2		标准层面积/m^2	层数	有无地下室
		单栋	168	985		160.1	6	无
		总栋数	3 栋			总建筑面积/m^2	3×985=2955	
2	建筑层高	地上部分层高/m	首层			3		
			标准层			3		
3	建筑高度	基底标高/m	承台顶面标高	−0.6	−0.5	室内外高差/m	0.1	
			ZJ1400A	−1.6	−1.5			
			ZJ2400B	−2	−1.9			
			ZJ3400C	−1.9	−1.8	最大基坑深度/m	2	
		檐口高度/m	18			建筑高度/m	21.8	
4	建筑平面	横轴编号	①~⑪轴			纵轴编号	Ⓐ~Ⓓ轴	
		横轴距离/m	16.2			纵轴距离/m	12.2	
5	外装修	檐口	白色条形面砖					
		外墙装修	白色墙面砖、红色墙面砖					
		门窗工程	铝合金门、铝合金窗、木门、防火铁门					
		屋面工程	上人屋面	聚合物防水层加水泥砂浆面层				
6	内装修	顶棚工程	白色乳胶漆					
		地面工程	白色耐磨砖 300mm×300mm;白色防滑砖 300mm×300mm					
		内墙装修	白色乳胶漆					
		门窗工程	铝合金推拉门、窗、防盗铁门、室内木制门					
		楼梯	面铺防滑砖					
7	防水工程	屋面	防水等级:Ⅲ级			防水材料:聚合物防水材料		

3. 结构设计简介（表 7.39）

表 7.39 结构设计概况

<table>
<tr><th>序号</th><th>项　　目</th><th colspan="3">内　　容</th></tr>
<tr><td rowspan="3">1</td><td rowspan="3">结构形式</td><td colspan="2">基础结构形式</td><td>桩基础</td></tr>
<tr><td colspan="2">主体结构形式</td><td>框架结构</td></tr>
<tr><td colspan="2">屋盖结构形式</td><td>现浇钢筋混凝土屋面</td></tr>
<tr><td rowspan="4">2</td><td rowspan="4">基础埋置深度、土质、水位</td><td colspan="2">基础埋置深度</td><td>−2m</td></tr>
<tr><td colspan="2">持力层以上土质情况</td><td>耕植土</td></tr>
<tr><td colspan="2">地下水位标高</td><td>自然地面以下 6～9m</td></tr>
<tr><td colspan="2">地下水水质</td><td>无侵蚀性</td></tr>
<tr><td>3</td><td>地基</td><td colspan="2">持力层以下土质类别</td><td>黏性土</td></tr>
<tr><td rowspan="3">4</td><td rowspan="3">混凝土强度等级</td><td colspan="2">部位：主梁、次梁</td><td>C25</td></tr>
<tr><td colspan="2">部位：柱</td><td>C30</td></tr>
<tr><td colspan="2">部位：楼板</td><td>C25</td></tr>
<tr><td rowspan="2">5</td><td rowspan="2">抗震等级</td><td colspan="2">工程设防烈度</td><td>6 度</td></tr>
<tr><td colspan="2">框架抗震等级</td><td>4 级</td></tr>
<tr><td rowspan="3">6</td><td rowspan="3">钢筋类别</td><td rowspan="2">非预应力筋强度等级</td><td>HPB300 级</td><td>板、梁、柱箍筋 Φ 8mm</td></tr>
<tr><td>HRB335 级</td><td>梁、柱受力筋 Φ16mm、Φ18mm</td></tr>
<tr><td colspan="2">焊接</td><td>柱竖向钢筋采用电渣压力焊，梁水平钢筋采用电弧焊</td></tr>
<tr><td rowspan="6">7</td><td rowspan="6">结构断面尺寸</td><td colspan="2">桩承台尺寸/（mm×mm×mm）</td><td>1000×500×900</td></tr>
<tr><td colspan="2">外墙厚度/mm</td><td>190</td></tr>
<tr><td colspan="2">内墙厚度/mm</td><td>120</td></tr>
<tr><td colspan="2">柱截面尺寸/(mm×mm)</td><td>180×500～500×500</td></tr>
<tr><td colspan="2">梁截面尺寸/(mm×mm)</td><td>180×500～400×500</td></tr>
<tr><td colspan="2">楼板厚度/mm</td><td>100</td></tr>
<tr><td>8</td><td>主要柱网间距</td><td colspan="2">3.6m、3.29m、4.6m、3m</td><td></td></tr>
<tr><td>9</td><td>楼梯结构形式</td><td colspan="2">板式</td><td>现浇钢筋混凝土</td></tr>
</table>

4. 主要工程量清单（略）

7.2.3 施工部署

1. 工程项目管理目标

严格履行工程合同，确保实现如下目标。

① 工期目标。

开工日期为2017年5月10日；竣工日期为2017年10月19日；工期为160d。

② 质量目标。

工程质量必须满足国家技术规范标准及设计图纸要求，确保工程竣工验收合格，争取达到市优质工程。

③ 安全目标。

杜绝重大伤亡事故和中毒事故，轻伤率控制在3‰以内，实现五无（无重伤、无死亡、无倒塌、无中毒、无火灾）。

④ 文明施工目标。

落实责任，文明施工，争创市安全文明工地。

⑤ 消防目标。

消除现场消防隐患，杜绝火灾事故发生，重大火灾事故为零。

⑥ 绿色施工目标。

按照国家有关规定，减少粉尘污染。杜绝环境污染，美化施工周边环境。

⑦ 降低成本目标。

降低成本率2%。

2. 工程施工部署

(1) 主要施工机械的选择

① 垂直运输方案选择（表7.40）。

表7.40 垂直运输方案比较

垂直运输方案	优点	缺点
3台井架	适用于运砖、混凝土等小型材料，价格便宜	不适用于吊钢筋、模板等大型材料，材料运输较麻烦，效率低
1台塔式起重机加3台井架	适用于吊装模板、钢筋、钢管等大型材料，可减少材料运距等	费用较高
2台塔式起重机加2台井架	吊装速度快，减少二次搬运	费用高

综合以上比较分析，根据合同规定，每提前一天奖励2000元，每延迟一天罚款10000元。为了确保合同工期要求，同时考虑经济开支，决定采用一台塔式起重机加3台井架的垂直运输方案。

塔式起重机选用QTZ-40自升附着式塔式起重机，井架3台，混凝土采用配布料杆的汽车泵泵送商品混凝土。

② 水平材料运输。

场外运输采用1台自卸车（5t）；地面、楼面水平运输用人力手推车和塔式起重机配合完成。

③ 其他主要施工机械。

A. 挖土。采用反铲挖土机、自卸汽车。

B. 压桩。采用静压桩机。

C. 混凝土工程。采用混凝土搅拌机、砂浆搅拌机以及钢筋、模板加工机械。

(2) 施工区段划分及施工流向

A. 施工区段。本工程由3栋同类工程组成，而且标准层面积较小，工程量不大，因此选用每一栋楼作为一个施工段。

B. 施工流向。3栋楼按 $A_1 \rightarrow A_2 \rightarrow A_3$ 的顺序，组织流水施工。

(3) 单体工程施工流向及施工顺序

① 施工起点和流向。

主体工程竖向自下而上施工，平面上从东边开始，向西施工。室外装修工程采用由上而下的流向。在3层主体完成后填充墙砌筑自下而上进行；室内装修采用自上而下的施工流向。

② 施工顺序。

施工顺序：基础工程→主体工程→装饰装修工程。

A. 基础工程。考虑到地下水位和工程地质条件的影响，决定采用静压桩基→基坑土方的开挖→桩承台→地梁→土方回填的顺序施工。

B. 主体工程。采用绑扎柱钢筋→支柱模板→支梁板模板→浇筑柱混凝土→绑扎梁板钢筋→浇筑梁板混凝土→养护→拆模的顺序施工。

C. 装饰装修工程。采用顶棚→墙面→楼地面的顺序施工，楼梯间在室内装修完工之后自上而下统一进行。

③ 主要施工方法。

A. 桩采用静力压桩。

B. 土方开挖采用挖土机＋自卸汽车方式进行。

C. 混凝土制备采用商品混凝土。

D. 脚手架工程采用扣件式钢管脚手架、门式脚手架。

E. 模板选用七夹板。

F. 钢筋加工统一在现场进行；钢筋（水平方向）连接选用电弧焊、绑扎；竖向连接采用电渣压力焊。

3. 工程项目经理部

(1) 组织机构框图（图7.2）

(2) 人员组成名单及职责分工（略）

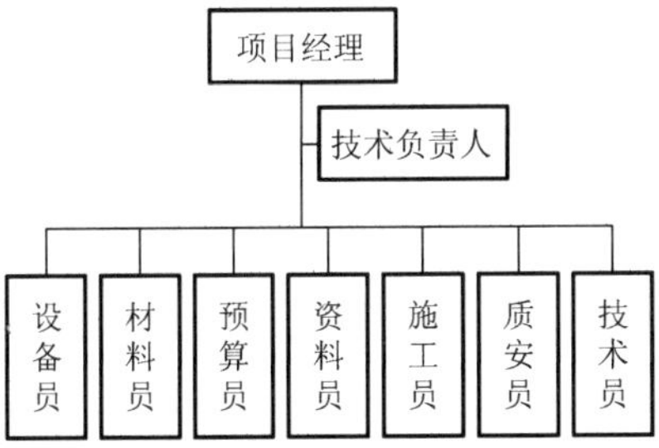

图7.2 项目经理部组织机构框图

4. 施工任务划分（略）

5. 施工组织协调与配合（略）

7.2.4 施工准备 （略）

7.2.5 施工方案

1. 基础工程施工方案

（1）测量定位（略）

（2）静力压桩施工

① 桩机选择。

根据设计要求单桩承载力标准值为 1000kN，静压桩终压力为 3000kN，决定选用 JND－400 静力压桩机（表 7.41）。

表 7.41　JND－400 静力压桩机性能

<table>
<tr><th rowspan="2">型号</th><th rowspan="2">横向行程/m</th><th rowspan="2">纵向行程/m</th><th rowspan="2">最大回转角度/(°)</th><th rowspan="2">最大压入力/kN</th><th colspan="2">油泵</th></tr>
<tr><th>系统压力/MPa</th><th>最大流量/(L/s)</th></tr>
<tr><td>JND－400</td><td>2.5</td><td>0.5</td><td>18</td><td>4000</td><td>31.5</td><td>230</td></tr>
<tr><td rowspan="2">电动机功率</td><td colspan="4">接地比压</td><td colspan="2">整机</td></tr>
<tr><td colspan="2">大船/(t/m^2)</td><td colspan="2">小船/(t/m^2)</td><td>自重/t</td><td>配重/t</td></tr>
<tr><td>120kW</td><td colspan="2">10.5</td><td colspan="2">11.3</td><td>180</td><td>230</td></tr>
</table>

【压桩施工】

② 压桩施工顺序与施工要点。

压桩施工顺序：测量桩位→静力压桩机就位→吊桩插桩→桩身对中调直→静压沉桩→接桩→压桩与送桩→稳压→桩机移位。

A. 压桩机就位。

经选定的压桩机进场安装调试好后，行至桩位处，使桩机夹持钳口中心（可挂中心线锤）与地面上的样桩基本对准，调平压桩机，再次校核无误，将长步履（长船）落地受力。

B. 吊桩喂桩。

静压预制管桩桩节长度一般不超过 12m，可直接用压桩机上的工作起重机自行吊桩喂桩。管桩运到桩位附近后，一般采用一点起吊，采用双千斤顶加小扁担的起吊法使桩身竖直进入夹桩的钳口中。

C. 桩身对中调直。

当桩被吊入夹桩钳口后，由指挥员指挥起重机司机将桩徐徐下降至桩尖离地面 10cm 左右为止，然后夹紧桩身，微调压桩机使桩尖对准桩位，并将桩压入土中 0.5～1m，暂停下压，从两个正交侧面摆设吊线锤校正桩身垂直度，待其偏差小于 0.5%时方可正式压桩。

D. 压桩。

压桩是通过主机的压桩油缸伸程之力将桩压入土中，然后夹松，上升；再夹，再压。如此反复进行，将一节桩压下。当一节桩压到离地面80～100cm时可进行接桩。

E. 接桩。

采用焊接法，焊条选用E43。焊接时应先点焊固定，然后对称焊接。

F. 送桩。

施压管桩最后一节桩时，当桩顶面到达地面以上1.5m左右时，应吊另一节桩放在被压桩顶面代替送桩器（但不要将接头连接），一直下压，将被压桩的桩顶压入土层中直至符合终压控制条件为止，然后将最上这一节桩拔出来即可。

G. 终止压桩。

当压力表读数达到两倍设计荷载或桩端已达到持力层时，便可停止压桩。

对于长度小于15m时的短静压桩：应稳压不少于5次，每次1min，并记录最后3次稳压时的贯入度。特别是计划长度小于8m的短桩，连续满载复压的次数应适当增多。

③ 劳动力组织。

本工程考虑1台桩机作业时间12h，现场以计件方式承包。具体劳动力计划见表7.42。

表7.42 静力压桩施工劳动力计划

机长	机手	电工	钳工	起重工	熟练工	普工	电焊工	合计
1人	1人	1人	1人	2人	3人	2人	2人	13人

④ 静力压桩质量检验标准。

A. 垂直度允许偏差≤0.5%。

B. 桩顶标高允许偏差－50～＋50mm。

C. 焊接质量按钢结构焊接及验收规程执行。

D. 静载试验随机抽取1根工程桩做试验，检验单桩承载力是否达到设计要求。

E. 预制桩桩位的允许偏差见表7.43。

表7.43 预制桩桩位的允许偏差

序号	项目	允许偏差/mm
1	盖有基础梁的桩： (1) 垂直基础梁的中心线 (2) 沿基础梁的中心线	 $100+0.01H$ $150+0.01H$
2	桩数为1～3根桩基中的桩	100
3	桩数为4～16根桩基中的桩	1/2桩径或边长
4	桩数大于16根桩基中的桩： (1) 最外边的桩 (2) 中间桩	 1/3桩径或边长 1/2桩径或边长

(3) 桩基础、基础梁施工

① 基础土方开挖。

选用 HD700 反铲挖土机挖土，配备 T-815 自卸汽车运土。开挖顺序从东向西方向分层开挖，坑底宽度应比基础宽度宽 50cm，边坡放坡系数为 1∶0.3，挖土机挖至管桩顶标高+20～30cm 为止；剩余土方采用人工开挖及人工清理，以避免挖土机挖斗碰撞桩顶。

② 截桩头。

应选用截桩器截桩头，严禁用大锤横向水平敲击管桩头。

③ 基础、基础梁模板。

桩承台基础侧模用 M5 砂浆砌 240mm 厚 MU7.5 砖，内批 1∶2.5 水泥砂浆。基础梁模板采用七夹板。

④ 桩承台、基础梁混凝土浇筑。

桩承台、基础梁支模、绑扎钢筋后，即可浇筑混凝土。本工程采用商品混凝土，混凝土用汽车泵泵送至浇捣点。振捣时应呈梅花状，每振点之间距离不大于 500mm。

【土方回填施工】

(4) 土方回填施工

① 工艺流程。

工艺流程：基坑底清理→检验土质→分层铺土、耙平→夯打密实→检验密实度→修整、找平、验收。

② 回填土料。

优先利用基槽中挖出的优质土，若回填土数量不足，可购石粉、粗砂或就近挖取黏性土。

③ 土方回填施工。

A. 回填土应分层铺摊。每层铺土厚度为 200～250mm；每层铺摊后，随之耙平，再用蛙式打夯机夯实。回填土应分段进行，交接处应填成阶梯形，每层互相搭接。

B. 打夯时应一夯压半夯，夯夯相接，行行相接，纵横交叉。墙角、边角应用人工夯实。严禁用浇水方法使土下沉，代替夯实。雨天不许进行回填施工。

C. 回填土每层填土夯实后，应按规范规定进行环刀取样，取样部位在每层厚度的 2/3 处，测出干土的质量密度；达到要求后，再进行上一层的铺土。

(5) 土方外运

多余土方应外运到指定的弃土场。运土汽车顶部需设有篷布遮盖，泥土不能外泄污染街道。

2. 主体工程施工方案

(1) 主体结构工程的施工流程（图 7.3）

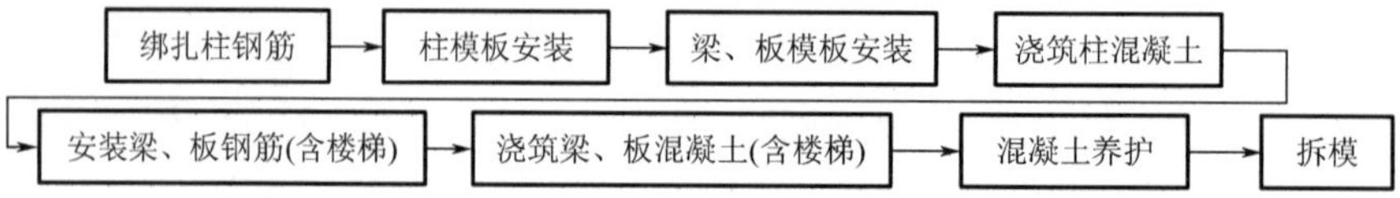

图 7.3　主体结构工程的施工流程

（2）施工方法

① 模板工程。

A. 柱模板。

【模板、钢筋、混凝土的施工】

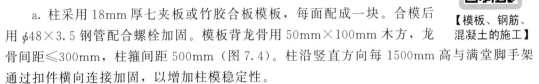

a. 柱采用 18mm 厚七夹板或竹胶合板模板，每面配成一块。合模后用 $\phi48\times3.5$ 钢管配合螺栓加固。模板背龙骨用 50mm×100mm 木方，龙骨间距≤300mm，柱箍间距 500mm（图 7.4）。柱沿竖直方向每 1500mm 高与满堂脚手架通过扣件横向连接加固，以增加柱模稳定性。

b. 模板安装工艺流程：弹柱位置线→抹找平层做定位墩→绑扎柱钢筋→安装柱模板→安装柱箍→安装拉杆或斜撑→办预检。

c. 模板的安装：在已浇筑好的楼面上弹出柱的四周边线及轴线后，在柱底钉一小木框，用以固定模板和调节柱模板的标高。每根柱子底部开一清扫孔，清扫孔的宽为柱子的宽度，高为 300mm。在模板支设好后将建筑杂物清扫干净，然后将盖板封好。模板初步固定后，先在柱子高出地面或楼面 300mm 的位置加一道柱箍，对模板进行临时固定，然后在柱顶吊铅垂线，校正柱子的垂直度，确定柱子垂直度达到要求之后，箍紧柱箍。再往上每隔 500mm 加设一道柱箍，每加设一道柱箍都要对柱模板进行垂直度的校正。

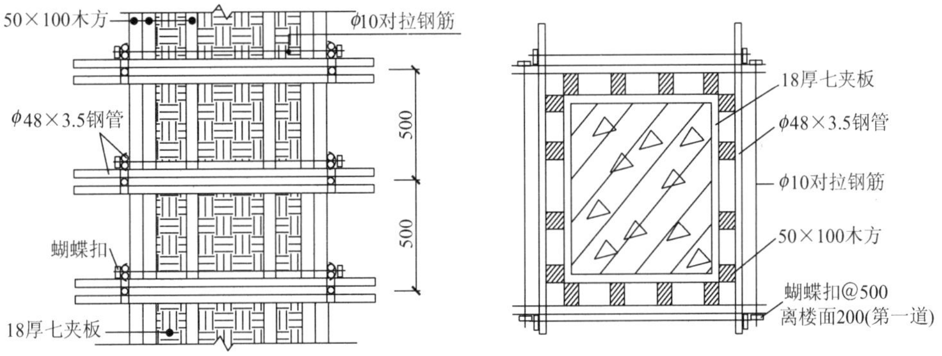

图 7.4 柱模板安装示意

B. 梁模板。

a. 梁模板采用 18mm 厚七夹板或竹胶合板，侧模及底模均用整片板，加固肋采用 50mm×100mm 木方。梁、板采用 $\phi48\times3.5$ 钢管搭设满堂脚手架作为支撑系统，各钢管通过扣件相连。梁底模支撑采用双排钢管架，双排钢管架横向间距根据梁宽而定，主梁纵向立杆间距为 0.8m，竖向步距为 1.5m，沿横向每挡与满堂脚手架相连，以加强其稳定性和整体刚度。

b. 梁模板安装（图 7.5）。

搭设排架：依照图纸，在梁下面搭设双排钢管，间距根据梁的宽度而定。立杆之间设立水平拉杆，互相拉撑成一整体，离楼地面 200mm 处设一道，以上每隔 1200mm（底层）设一道，2 层及以上每隔 1200m 设一道。在底层搭设排架时，应先将地基夯实，并在地面上垫通长垫板。

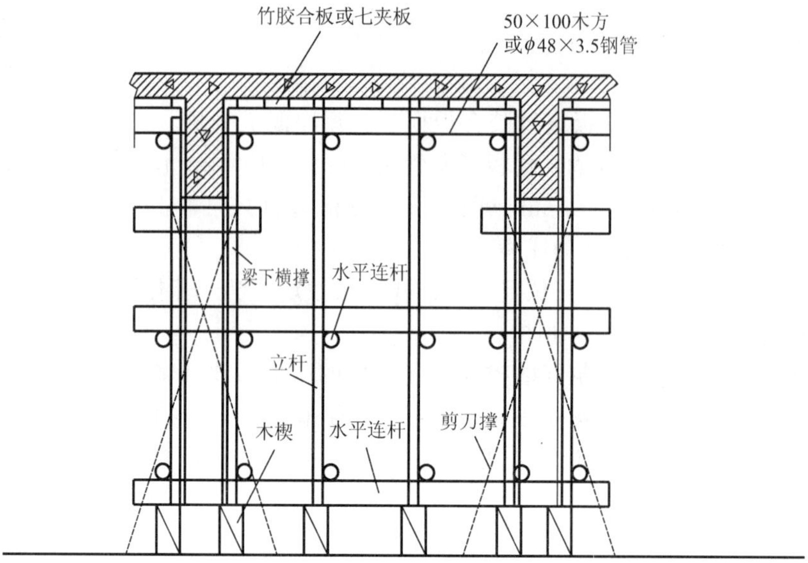

图 7.5　梁模板安装示意

梁底板的固定：将制作好的梁底板刷好脱模剂后，运至操作点，在柱顶梁缺口的两边沿底板表面拉线，调直底板，底板伸入柱模板中。调直后在底板两侧用扣件固定。

侧模板的安装：为了钢筋绑扎方便，侧模板安装前先放好钢筋笼，也可以先支好一侧模板后，绑扎钢筋笼，然后再安装另一侧模板。

将制作好的模板刷好脱模剂，运至操作点；侧模的下边放在底板的承托上，并包住底板，侧模不得伸入柱模，与柱模的外表面连接，用铁钉将连接处拼缝钉严，但决不允许影响柱模顶部的垂直度，即要保证柱顶的尺寸。在底板承托钢管上架立管固定侧板，再在立管上架设斜撑。立管顶部与侧模平齐，然后在立管上架设横挡钢管，使横挡钢管的上表面到侧模顶部的高度刚好等于一根钢管的直径（主要用于板模板支撑）。

C. 楼板模板。

a. 楼板模板采用 18mm 厚七夹板或竹胶合板，宽等于板底净尺寸，整块铺装。板模搁置在梁侧木方上。支撑选用 $\phi48\times3.5$ 钢管搭设满堂脚手架，立杆纵横向间距为 1200mm×1200mm，底部设扫地杆，距地小于 200mm，竖向步距 1200～1500mm，与梁支架相配合。

b. 沿板长跨方向，在小横挡钢管上满铺承托板模板的钢管平行于板的短跨。对于长跨较长的板，如果一块标准板铺不到位，应在中间加一根木横挡用于固定模板。在板与柱交接的地方，应在板上弹出柱的边线，弹线要垂直、清晰，尺寸要准确，做到一次到位。在支模板的过程当中，要时时校正梁上部的尺寸，二人配合工作，一个人控制梁上部的尺寸，另一人将板模板钉在四周梁侧模板上，使板的边沿与梁侧模的内表面在同一平面内，钉子间距为 300～500mm。板与柱交接处，将板模板钉在柱的模板上，要保证柱的尺寸，并做到接缝严密。

c. 模板上拼缝、接头处应封堵严密，不得漏浆；模板上小的孔洞以及两块模板之间的拼缝用胶布贴好。模板支好后，清扫一遍，然后涂刷脱模剂。

D. 支架的搭设。

依照图纸，在框架梁侧面搭设双排立管，间距按梁宽而定，设水平拉杆，间距为1200mm。离楼地面200mm处设一道。在底层搭设排架时，在地面上垫300mm×1200mm的垫板。纵横两方向的竖管均布置连续的剪刀撑。

楼板模板支架搭设高度为3m，立杆搭设尺寸为：纵距 b=1.2m，横距 l=1.2m，步距 h=1.2～1.50m。

E. 模板拆除。

a. 模板拆除的一般顺序。

先支后拆，后支先拆；先拆除非承重部分，后拆除承重部分。框架结构模板的拆除顺序，首先是柱模板，然后是楼板底模，梁侧模板，最后是梁底模板。多层楼板模板支架的拆除应按下列要求进行：上层楼板浇筑混凝土时，下层楼板支柱不得拆除，再下层楼板的支柱仅可拆除一部分；跨度4m及4m以上的梁下均应保留支柱，其间距不得大于3m。

b. 模板拆除的规定。

非承重模板（如侧板）应在混凝土强度能保证其表面及棱角不因拆除模板而受损坏时，方可拆除。

承重模板应在与结构同条件养护的试块达到表7.44规定的强度，方可拆除。

表7.44 拆模时所需的混凝土强度

项次	结构类型	结构跨度/m	设计混凝土强度的标准值百分率/%
1	板	≤2 2～8 >8	50 75 100
2	梁、拱、壳	≤8 >8	75 100
3	悬臂梁构件		100

② 钢筋工程。

A. 钢筋原材料要求。

a. 进场钢筋必须具有出厂合格证明、原材料质量证明书和试验报告单，并分批做力学性能试验。试验鉴定的抗拉强度必须大于设计强度，抗弯强度应符合相关规范要求。

b. 钢筋进场后应及时将验收合格的钢材运进堆场，堆放整齐，挂上标签，并采取有效措施，避免钢筋锈蚀或油污。

B. 钢筋加工（统一在场内加工厂加工）。

a. 钢筋加工工艺流程：材质复验及焊接试验→配料→调直→除锈→断料→焊接→弯曲成型→成品堆放。

b. 钢筋调直。采用卷扬机拉直设备，调直时要控制冷拉率：HPB300冷拉率不大于4%；HRB335、HRB400冷拉率不大于1%。

c. 钢筋切断采用钢筋切断机。钢筋弯曲成型采用钢筋弯曲机。

d. 钢筋加工应根据图纸及规范要求进行钢筋下料，钢筋加工按钢筋下料单加工，钢筋的形状、尺寸必须符合设计及现场施工规范要求。

C. 钢筋的连接。

a. 框架柱纵向钢筋采用电渣压力焊连接，两个接头间距大于 500mm 且大于 35d（d 表示钢筋直径）。对其他部位纵向钢筋，d<16mm 时采用绑扎连接；d≥16mm 时采用电弧焊。

b. 统一连接区段内，纵向钢筋搭接接头面积百分率应符合设计要求。当设计无具体要求时，应符合下列规定：对梁类、板类构件，不宜大于 25%；对柱类构件，不宜大于 50%。

c. 电渣压力焊。

焊机使用 BX3-1-500 型，每台焊机配备两副夹具。焊剂采用 J431，使用前经 250℃ 烘焙 2h。

工艺流程：检查设备、电源→钢筋端头制备→选择焊接参数→安装焊接夹具和钢筋→安放铁丝球→安放焊剂罐、填装焊剂→试焊、做试片→确定焊接参数→施焊→回收焊剂→卸下夹具→质量检查。

电渣压力焊操作要点：用夹具夹紧钢筋，使上下钢筋同心，轴线偏差不大于 2mm；在接头处放 10mm 左右的铁丝圈，作为引弧材料；将已烘烤合格的焊药装满焊剂盒，装填前应用缠绕的石棉绳封焊剂盒的下口，以防焊药泄漏。试焊时应按照可靠的“引弧过程”，充分的“电弧过程”、短而稳的“电渣过程”和适当的“挤压过程”进行，即借助铁丝圈引弧，使电弧顺利引燃，形成“电弧过程”，随着电弧的稳定燃烧，电弧周围的焊剂逐渐熔化，上部钢筋加速熔化，上部钢筋端部逐渐融入渣池，此时电弧熄灭，转入“电渣过程”，由于高温渣池具有一定的导电性，所以产生大量电阻热能，促使钢筋端部继续熔化，当钢筋熔化到一定程度时，在切断电源的同时，迅速顶压钢筋，并持续一定的时间，使钢筋接头稳固接合。必须检查电渣压力焊接头外观质量，焊包突出表面高度应满足规范要求。

D. 钢筋绑扎。

a. 柱钢筋绑扎。

按设计要求的箍筋间距和数量，先将箍筋按弯钩错开要求套进柱主筋，在主筋上用粉笔标出箍筋间距，然后将套好的箍筋向上移动，由上往下用铅丝绑扎。箍筋应与主筋垂直，箍筋转角与主筋交点均要绑扎。

b. 梁、板钢筋绑扎。

梁钢筋在底模上绑扎，先按设计要求的箍筋间距在模板上或梁的纵向钢筋上划线，然后按次序进行绑扎。框架梁钢筋应放在柱的纵向钢筋内侧，梁的上部贯通筋采用机械连接或焊接；板、次梁与主梁交叉处，板的钢筋在上，次梁的钢筋居中，主梁的钢筋在下。

c. 梁、柱节点钢筋绑扎。

现浇钢筋混凝土框架梁，柱节点的钢筋绑扎质量将直接影响结构的抗震性能，而且该部位又是钢筋加密区，因此应严格控制该部位的施工程序，即设有梁底模→穿梁底钢筋→套节点处柱箍筋→穿梁面筋。

柱、梁、板钢筋的接头位置、锚固长度、搭接长度应满足设计和施工规范要求，钢筋绑扎完成后应固定好垫块或撑铁，以防止出现露筋现象，同时要控制内外排钢筋的间距，防止钢筋保护层过大或过小。

E. 钢筋保护层施工。

钢筋保护层水平方向采用水泥砂浆垫块；垂直方向采用塑料环施工。水泥砂浆垫块的厚度等于保护层的厚度，其平面尺寸为50mm×50mm，间距为1000mm×1000mm。

③ 混凝土工程。

A. 混凝土选用。

主体结构采用商品混凝土。

B. 混凝土的运输。

地面运输采用混凝土搅拌运输车；楼面混凝土用汽车泵泵送。

C. 混凝土浇筑。

a. 柱混凝土浇筑。

柱混凝土在楼面模板安装后，楼面钢筋绑扎前进行。浇筑前先在柱根部浇筑50mm厚与混凝土同配合比的水泥砂浆。浇筑时要分层浇筑，且每层厚度不大于500mm，待混凝土沉积、收缩完成后，再进行第二次混凝土浇筑，但应在前层混凝土初凝之前，将次层混凝土浇筑完毕。振捣时振动棒不能触动钢筋，应一直浇筑到梁底面下20～30mm处，中间不留施工缝。

每层柱混凝土浇筑时，采用串筒下料，防止离析、漏振。

使用插入式振动器振捣，振捣时应快插慢拔，插点要均匀排列，逐点移动，按顺序进行，不得漏振，做到均匀振实。

b. 梁、板混凝土浇筑。

准备工作：浇筑前在板的四周模板上弹出板厚度水平线并钉上标记，在板跨中每1500mm焊接水平标志筋，并在钢筋端头刷上红漆，作为衡量板厚和水平的标尺。浇筑楼面混凝土采用“A”字凳搭设水平走桥，严禁施工人员碾压钢筋。

浇筑方法：梁混凝土应分层浇筑，厚度控制在300～400mm，后一层混凝土应在前一层混凝土浇筑后2h以内进行。采用插入式振动棒振实。混凝土浇筑到达楼板位置时，再与板混凝土一起浇筑，随着阶梯的不断延伸，梁板混凝土连续向前推进直至完成浇筑。浇筑板混凝土的虚铺厚度应略大于板厚，用平板振捣器垂直于浇筑方向来回振捣。振捣完毕后要用长木抹子压实抹平。

楼梯混凝土应沿梯段自下而上进行浇筑，先振实底板混凝土，达到踏步位置时再与踏步混凝土一起浇筑，连续向上推进，并用木抹子将踏步上表面抹平。

浇筑柱梁交叉处的混凝土时，因此处钢筋较密，宜采用小直径的ϕ35振动棒，必要时可以辅助同强度等级的细石混凝土浇筑，并用人工配合捣固。

浇筑悬臂板时应注意不使上部负弯矩筋下移，当铺完底层混凝土后应随即将钢筋提到设计位置，再继续浇筑。

施工缝留置：每层柱顶梁下留置一道水平施工缝；其余主次梁和楼板均不留施工缝。梁板混凝土浇筑前柱头表面要凿毛，并用水冲洗干净，之后浇一层水泥素浆，然后再浇筑混凝土并振捣密实，使之结合良好。

D. 混凝土养护。

采用保温保湿养护法。混凝土浇筑完毕后，12h以内应在混凝土表面覆盖农用塑料薄膜和浇水，浇水次数应能保持混凝土处于足够湿润状态。养护时间不少于7昼夜。

E. 拆模。

模板的拆除应在混凝土强度超过设计强度等级的70%以后进行。悬臂构件应达100%后拆模。模板拆除后，应设专人对模板进行清理，铲除黏滞的混凝土残渣，刷好隔离剂，按规格堆放整齐。

F. 质量标准。

混凝土原材料合格，强度达到设计要求；构件尺寸允许偏差如下：柱、梁轴线允许偏差：≤8mm；柱、梁截面尺寸允许偏差：−5～8mm；柱垂直度允许偏差：全高≤10mm；板表面平整度允许偏差：≤8mm。

3. 屋面工程施工方案

(1) 施工顺序

屋面工程施工顺序为：20mm厚1∶2水泥砂浆掺5%防水粉找平层→40mm厚现浇水泥膨胀珍珠岩→80mm厚黏土陶粒混凝土保温层→1∶3水泥砂浆找平层→30mm厚水泥聚苯乙烯塑料保温板→40mm厚C30细石混凝土找平层→改性沥青填缝。

(2) 屋面工程主要项目施工方法

① 水泥砂浆找平层。

先将屋面板清理干净，刷素水泥浆一遍，然后，做1∶2水泥砂浆（掺5%防水粉）找平层，同时，进行女儿墙内抹灰。

② 水泥膨胀珍珠岩保温层。

按水泥膨胀珍珠岩∶水为1∶2左右的比例配制而成，稠度以外观松散，手捏成团不散，只能挤出少量水泥浆为宜。施工时，以人工抹灰法进行。

③ 聚苯乙烯塑料保温板铺贴。

保温板缺棱掉角时，可用同类材料的粉末加适量的水泥填缝隙。保温板应紧贴基层铺设，铺平垫稳，找坡正确，上下两层板块缝应错开，表面两块相邻的板边厚度应一致，下层应错缝并填密实。铺设后的保温层不得直接推车行走或堆积重物。

④ 细石混凝土找平层施工。

按设计要求留好分隔缝，钢筋网铺设按设计要求，其位置以居中偏上为宜，保护层不小于10mm。分格缝处钢丝要断开。

浇筑混凝土前，应将表面浮渣、杂物清理干净；支好分格缝模板，标出混凝土浇筑厚度。混凝土浇筑时，按“先远后近、先高后低”的原则进行，一个分格缝内的混凝土应一次浇捣完成，不得留施工缝。

混凝土初凝后，及时取出分格条隔板，用铁抹子第二次压实抹光，并及时修补分格缝的缺损部分，做到平直整齐。待混凝土终凝前，进行第三次压实抹光。终凝后，立即进行养护。

4. 砌筑工程施工方案

填充墙施工顺序为：楼层清理→楼层放线→红砖垫底→加气混凝土块砌筑。

砌墙应遵守混凝土砌块规范的各项规定，同时应注意以下几点。

① 砌筑前应立好皮数杆，根据砌块尺寸和灰缝厚度计算砌块皮数和排数。砌筑时应

底面朝上砌筑，横竖灰缝砂浆饱满，上下错缝搭砌，搭接长度不小于150mm。灰缝宽（厚）度8～12mm。

② 框架柱的拉筋，应埋入砌体内不小于600mm。沿砌体高度每隔2～3皮砌块，在墙体内埋放2根ϕ6钢筋（通长），钢筋应平直不弯曲，与主体结构中预埋铁件焊接牢固，以免因砌筑过高而影响砌体质量。

③ 应按设计规定或施工所需要的孔洞打管道井沟槽和预埋件或脚手眼等，应在砌筑时预留、预埋或将砌块孔洞朝内侧砌。不得在砌筑好的砌体上打洞、凿槽。

④ 在门窗洞口两侧应采用预制素混凝土砌块砌筑，并在素混凝土砌块中预埋木砖，以便于固定门窗框。

⑤ 每天砌筑高度不宜超过一步架或1.5m。当砌筑到梁底或板底时，应留出200mm空隙，并应间隔7d以上，再用红砖斜砌塞紧，保证墙体顶部与梁紧密结合。

⑥ 所有不同墙体材料连接处，抹灰前加铺宽度不小于300mm的钢丝网，以减少抹灰层裂缝。

5. 装饰装修工程施工方案

（1）装修工程工艺流程

① 外部装修。

工艺流程：屋面工程→外墙面砖、外墙抹灰→拆外脚手架→室外台阶、散水。

② 室内装修。

工艺流程：立门窗框→天棚、内墙面抹灰→墙面釉面砖→楼地面抹灰→门窗扇安装→油漆→玻璃安装。

（2）装修工程主要项目施工方法

① 内墙抹灰施工（略）。

【内墙抹灰施工】

② 瓷砖饰面施工。

本工程卫生间墙面采用瓷砖饰面。工艺流程：基层处理→吊垂直套方→找规矩→贴灰饼→抹底层砂浆→排砖→浸砖→镶贴面砖→面砖勾缝与擦缝。

施工前墙面基层清理干净，脚手眼、窗台、窗套等应事先砌堵好，按面砖尺寸、颜色进行选砖，并分类存放备用。

瓷砖使用前应在清水中浸泡2～3h后（以瓷砖吸足水不冒泡为止），阴干备用。镶贴釉面砖时，先浇水湿润墙面。采用掺108胶水泥浆做黏结层，粘贴时一般从阳角开始，由上往下逐层进行。

③ 陶瓷地砖地面施工。

工艺流程：基层处理→找标高、弹线→抹灰饼和标筋→装挡→弹铺砖控制线→铺砖→勾缝、擦缝→养护→踢脚板安装。

A. 基层处理。将混凝土基层上的杂物清理掉，并用錾子刮掉砂浆落地灰，用钢丝刷刷净浮浆层。如基层有油污时，应用10%火碱水刷净，并用清水及时将其上的碱液冲净。

B. 找标高、弹线。根据墙上的+50cm水平标高线，往下量测出面层标高，并弹在墙上。

C. 抹灰饼和标筋。在已弹好的面层水平线复量至找平层上皮的标高（面层标高减去砖厚及黏结层的厚度)，抹灰饼间距 1.5m，灰饼上平就是水泥砂浆找平层的标高，然后从房间一侧开始抹标筋（又叫冲筋）。有地漏的房间，应由四周向地漏方向放射形抹标筋，并找好坡度。抹灰饼和标筋应使用干硬性砂浆，厚度不宜小于 2cm。

D. 装挡（即在标筋间装铺水泥砂浆）。清净抹标筋的剩余浆渣，涂一遍水泥浆（水灰比为 0.4～0.5）黏结层，要随涂刷随铺砂浆。然后根据标筋的标高，用小平铁锹或木抹子将已拌和的水泥砂浆（配合比为 1∶3～1∶4）铺装在标筋之间，用木抹子摊平、拍实，小木杆刮平，再用木抹子搓平，使用铺设的砂浆与标筋找平，并用大木杆横竖检查其平整度，同时检查其标高和泛水坡度是否正确，24h 后浇水养护。

E. 弹铺砖控制线。在找平层砂浆抗压强度达到 1.2MPa 时，开始上人弹砖的控制线。预先根据设计要求和砖板块规格尺寸，确定板块铺砌的缝隙宽度，当设计无规定时，紧密铺贴缝隙宽度不宜大于 1mm，虚缝铺贴缝隙宽度宜为 5～10mm。在房间中分纵、横两个方面配尺寸，但尺寸不足整砖倍数时，将非整砖用于边角处。根据已确定的砖数和缝宽，在地面上弹纵、横控制线（每隔 4 块砖弹一根控制线）。

F. 铺砖。为了找好位置和标高，应从门口开始，纵向先铺 2～3 行砖，以此为标筋拉纵横水平标高，铺时应从里向外退着操作，人不得踏在刚铺好的砖面上，每块砖应跟线，操作程序是：铺砌前将砖板块放入半截水桶中浸水湿润，晾干后表面无明水时，方可使用。找平层上洒水湿润，均匀涂刷素水泥浆（水灰比为 0～0.5），涂刷面积不要过大，铺多少刷多少。

G. 勾缝、擦缝。面层铺贴应在 24h 内进行擦缝、勾缝工作，并应采用同品种、同强度等级、同颜色的水泥。勾缝用 1∶1 水泥细砂浆，缝深度为砖厚的 1/3，要求缝内砂浆密实、平整、光滑。随勾随将剩余水泥砂浆清走、擦净。

④ 门窗框扇安装（略）。

⑤ 油漆、涂料施工（略）。

⑥ 外墙面砖施工。

工艺流程：基层处理→吊垂直套方→找规矩→贴灰饼→抹底层砂浆→弹线分格→排砖→浸砖→镶贴釉面砖→面砖勾缝与擦缝。

外墙砖施工应分隔控制均匀，纵横通顺，整齐清晰。其具体施工方法如下。

A. 基层处理。施工时墙面应提前清扫干净，洒水湿润。

B. 吊垂直套方、找规矩、贴灰饼。大墙面、四角及门窗口边，必须由顶层到底一次弹出垂直线，并确定面砖出墙尺寸，分层设点，做灰饼。横线以楼层为水平线交圈控制，竖向线则以四周大角和柱子为基线控制。每层打底时以此灰饼为基准点进行冲筋，使底层灰横平竖直。同时要注意找好突出檐口、窗台、雨篷等饰面的流水坡度。

C. 抹底层砂浆。先将墙面浇水湿润，然后用 6mm 厚 1∶3 水泥砂浆刮一道，接着用相同强度等级的砂浆与所冲的筋抹平，随即用木杆刮平，木抹搓毛，终凝后浇水养护。

D. 弹线分格。待基层灰达到六七成干时，即可按图纸要求进行分段、分格弹线，同时进行面层贴标准点的工作，以控制面层出墙尺寸及面层的垂直度、平整度。

E. 排砖。根据大样图及墙面尺寸进行横竖向排砖，以保证面砖缝隙均匀，符合设计图纸要求，注意大墙面、垛子要排整砖，以及在同一墙面上的横竖排列，均不得有一行以上的非整砖。非整砖行应排在次要部位，如窗间墙或阴角处等。但亦要注意一致和对称。

如遇有突出的卡件，应用整砖套割吻合，不得用非整砖随意拼凑镶贴。

F. 浸砖。釉面砖镶贴前，首先要将面砖清扫干净，放入净水中浸泡 2h 以上，取出待表面晾干或擦干后方可使用。

G. 镶贴釉面砖。镶贴应自上而下进行，墙较高时，可分段进行。在每一分段或分块内的面砖，均为自下而上镶贴。从最下一层砖下皮的位置线先稳好靠尺，以此托住第一批釉面砖。在面砖外皮上口拉水平通线，作为镶贴的标准。

H. 面砖勾缝与擦缝。勾缝用 1∶1 水泥砂浆掺 3%的铁黑（掺量根据需要确定）。勾完缝后，将砖表面的砂浆用棉纱擦干净后，用 10%的盐酸溶液擦洗，用净水冲洗干净。

6. 脚手架工程施工方案

（1）主要材料

① 钢管。采用直径为 48mm、壁厚为 3.5mm 的焊接钢管，用作立杆、大横杆、小横杆、斜撑、防护栏杆等。

② 扣件。主要有旋转扣、直角扣、对接扣；材料采用铸铁扣件。

③ 底座。用钢管与钢板焊成，用于立杆的垫脚，也可用不小于 5cm×20cm×300cm 的坚实木板做垫板。

④ 脚手板。选用竹串脚手板。竹串脚手板宜用直径 8～10mm 螺栓、间距 500～600mm 穿过并列竹片拧紧而成，板的厚度一般不小于 50mm。

（2）搭设顺序

搀设顺序为：放线定位→摆放扫地杆→逐根竖立立杆并与扫地杆扣牢→安第一步大横杆与立杆扣紧→安第一步小横杆与大横杆扣紧→安第二步大横杆→安第二步小横杆→加设斜撑杆与上端立杆或大横杆扣紧（在装设两道连墙杆后可拆除）→安第三步及以上立杆、大横杆、小横杆→安连墙杆→加设剪刀撑。架高 2m 以上逐层加设防护栏杆、挡脚板或围网。

（3）搭设要求

① 双排架的内外立杆的间距（横距）为 1.05m，纵距为 1.5m，内排立杆距墙面为 0.25～0.45m。立杆底部应垂直套在底座或竖立在长垫板上，刚搭一步架子时，为防止架子倾斜，搭设时可设临时支撑固定。立杆的接长应采取端部用对接扣件扣牢，并与相邻立杆错开一个步距，其接头距大横杆不大于步距的 1/3。大横杆用直角扣件与立杆扣牢，保持平直。里外排大横杆的接长应使用对接扣件，错开一个立杆纵距，并与相邻立杆的距离不大于纵距的 1/3；扣接不得遗漏或隔步设置。

② 大横杆的垂直步距。用于砌筑其垂直步距设为 1.2～1.4m，用于装饰其垂直步距设为 1.6～1.8m。当架高超过 30m 时，要从底部开始将相邻两步架的大横杆错开布置在立杆的内外侧，以减少立杆偏心受力情况。小横杆应尽量贴近立杆布置，用直角扣件扣于大横杆的上部。

③ 小横杆的水平间距。砌筑用其水平间距不大于 1m，装修（装饰）用其水平间距不大于 1.5m。双排架的小横杆挑向墙面的悬臂长度应不大于 0.4m（上面可铺一块架板），但其端部应距离墙面 50～150mm。单排架的小横杆伸入墙体部分不得小于 240mm，通过门窗洞口或过道或不允许入墙处，如小横杆的间距大于 1.5m 时，应绑扣吊杆，紧贴于洞口墙体内侧的墙面，吊杆中部应加设顶撑，保持垂直扣牢。

④ 剪刀撑（斜撑）。当架高不超过 7m 时，可将斜撑上端支撑于架子外侧的立杆或大横杆处，间距应不大于 6m，用旋转扣件扣牢，下端与地面呈 60°用木楔或桩头抵牢。当架

高超过 7m 时，应在架子外侧绑设剪刀撑，位置设于脚手架的端部及拐角处。中间部位则每隔 12～15m 加设一道，并用旋转扣件与 3～4 根立杆和小横杆扣牢。

⑤ 搭设剪刀撑，应将其斜杆扣在立杆上或扣在小横杆端部，斜杆两端的扣件与立杆和大横杆交汇点的距离不应大于 20cm，最下面的斜杆端部与立杆扣牢，扣接点与地面高差不大于 30cm。连墙杆应随施工进度设置，而且应设置在框架梁或楼板附近等具有较好抗水平推力作用的结构部位，并与脚手架里外立杆相连，其垂直间距不大于 4m，水平间距不大于 7m，搭设设计方案另有规定的按其规定。连墙杆的设置如从门窗洞穿过时，其杆件端部应用两根短钢管紧靠里外墙体竖向或横向用直角扣件扣牢（或与脚手架或柱、梁体扣牢）。

⑥ 护身栏杆、安全网。在脚手架的操作层外侧设置的护身栏杆高度为 1～1.2m，并在架子外侧架板上靠立杆设置不低于 18cm 高的挡脚板。如不设挡脚板，则在架体外侧立面用密目安全立网围护，在二层楼口的架子外侧挂设一道固定平网。支设平网应用钢管斜支撑与地面夹角呈 45°，与大横杆用扣件扣牢，平网应绑在里外大横杆上，外高里低呈 15°，不得用小横杆支撑平网，平网投影面积的宽度不小于 3m。在有斜坡屋面的外脚手架设置高度为 1.5m 的护栏，每道高 0.75m，共两道。

⑦ 脚手架满铺，端部用铁丝与小横杆绑扎稳固。脚手板错头搭设时，端部超过小横杆不少于 20cm；对头铺设时，端部、下部各设一根小横杆，两杆相距 30cm，但拐角处两个方向的脚手板应重叠放置，避免探头板及空挡现象的出现。高度 10m 以上的脚手架，除操作层铺满架板外，下面的一架也应满铺一层脚手板，其他处则每间隔不超过 12m 保留一层满铺脚手板。

7.2.6 施工进度计划

1. 控制工期

根据施工经验，初步确定各分部工程控制工期如表 7.45 所示。

表 7.45 各分部工程控制工期 单位：d

合同工期	土建工期				水电安装收尾工程	施工准备
	计划工期	基础工期	主体工程	装饰工程		
160	150	18	70	62	10	不占用工期

2. 分部工程进度计划的编制

本单位工程分为四个分部工程组织流水施工。

① 基础工程施工进度计划的编制。

A. 根据施工方案，基础工程按每栋划为一个流水段，3 栋为 3 个流水段，压桩施工选用“送桩”方案。施工流程为：压桩施工→土方开挖→桩承台、基础梁→回填土。选用固定节拍流水施工。

B. 确定工作队人数和流水节拍。施工过程持续时间计算见表 7.46。

C. 工期计算。

根据表 7.46，组织固定节拍流水施工。$m=3$，$n=6$，$k=t=2$，养护、拆模 $t_i=2$；$t_p=(3+6-1)\times2+2=18(\text{d})$（与基础工程控制工期相符）。

D. 绘制基础工程施工进度表（表 7.47）。

表 7.46 基础工程各施工过程持续时间计算

<table>
<tr><th>施工过程</th><th>名称</th><th>内容</th><th>工程量</th><th>时间定额</th><th>劳动量（或台班）</th><th>总劳动量（或台班）</th><th>每天工作人数</th><th>工种或设备名称</th><th>数量</th><th>持续时间/d</th></tr>
<tr><td>A</td><td colspan="2">ϕ400 管桩施工</td><td>384m</td><td>5.8 台班/(1000m)</td><td>(2.23)</td><td>(2)</td><td>13 人</td><td>静力压桩机</td><td>1 台</td><td>2</td></tr>
<tr><td rowspan="2">B</td><td colspan="2">挖土机挖土</td><td>208.75m^3</td><td>2.17 台班/(1000m^3)</td><td>(0.45)</td><td rowspan="2">(2)</td><td rowspan="2">5 人</td><td>单斗挖土机</td><td>1 台</td><td rowspan="2">2</td></tr>
<tr><td colspan="2">自卸汽车运余土（5km）</td><td>59.02m^3</td><td>0.44 台班/(10m^3)</td><td>(1.3)</td><td>自卸汽车</td><td>2 台</td></tr>
<tr><td rowspan="2">C</td><td colspan="2">平整场地</td><td>184.6m^2</td><td>2.86 工日/(100m^2)</td><td>5.3</td><td rowspan="2">10.57</td><td rowspan="2">5 人</td><td rowspan="2">普工</td><td rowspan="2">5 人</td><td rowspan="2">2</td></tr>
<tr><td colspan="2">人工挖土方</td><td>23.2m^3</td><td>0.227 工日/m^3</td><td>5.27</td></tr>
<tr><td rowspan="2">D</td><td colspan="2">截桩头</td><td>32 个</td><td>0.143 工日/个</td><td>4.6</td><td rowspan="2">8.41</td><td rowspan="2">4 人</td><td rowspan="2">普工</td><td rowspan="2">4 人</td><td rowspan="2">2</td></tr>
<tr><td colspan="2">桩头插钢筋</td><td>0.6t</td><td>6.35 工日/t</td><td>3.81</td></tr>
<tr><td rowspan="7">E</td><td colspan="2">桩承台垫层混凝土 C25</td><td>3.52m^3</td><td>0.357 工日/m^3</td><td>1.26</td><td rowspan="7">94.13</td><td rowspan="7">47 人</td><td rowspan="7">木工
钢筋
混凝土工</td><td rowspan="7">28 人
15 人
4 人</td><td rowspan="7">2</td></tr>
<tr><td rowspan="3">桩承台混凝土 C25</td><td>支模板</td><td>130m^2</td><td>2.56 工日/(10m^2)</td><td rowspan="3">50.43</td></tr>
<tr><td>绑钢筋</td><td>1.15t</td><td>6.352 工日/t</td></tr>
<tr><td>浇混凝土</td><td>36.32m^3</td><td>0.271 工日/m^3</td></tr>
<tr><td rowspan="3">基础梁混凝土 C25</td><td>支模板</td><td>133.2m^2</td><td>1.762 工日/(100m^2)</td><td rowspan="3">21.36</td></tr>
<tr><td>绑钢筋</td><td>1.3t</td><td>6.352 工日/t</td></tr>
<tr><td>浇混凝土</td><td>13.22m^3</td><td>0.813 工日/m^3</td></tr>
<tr><td>F</td><td colspan="2">回填土</td><td>172.9m^3</td><td>20.58 工日/(100m^3)</td><td>35.58</td><td>35.58</td><td>18 人</td><td>普工</td><td>18 人</td><td>2</td></tr>
</table>

表 7.47　基础工程施工进度计划

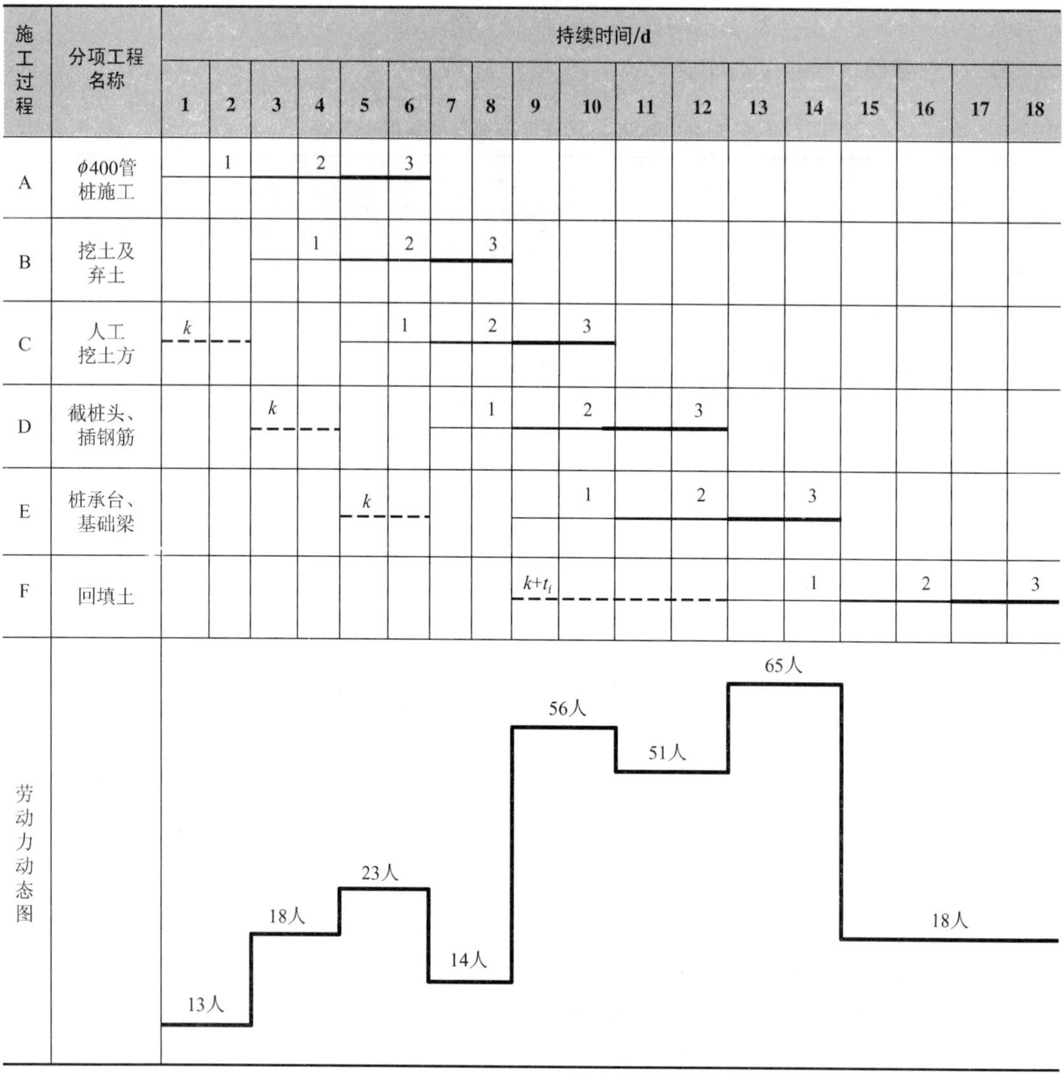
施工过程
分项工程名称
持续时间/d
1 2 3 4 5 6 7 8 9 10 11 12 13 14 15 16 17 18
A
ϕ400管桩施工
B
挖土及弃土
C
人工挖土方
D
截桩头、插钢筋
E
桩承台、基础梁
F
回填土
k
k+t_i
劳动力动态图
13人
18人
23人
14人
56人
51人
65人
18人

② 主体工程施工进度计划的编制。

A. 划分施工过程。

a. 本工程框架结构采用以下施工顺序：绑扎柱钢筋→支柱模板→支主梁模板→支次梁模板→支楼板模板→绑扎梁钢筋→绑扎板钢筋→浇筑柱混凝土→浇筑梁、板混凝土。

根据施工顺序和劳动组织，划分以下 4 个施工工程：绑扎柱钢筋、支模板、绑扎梁板钢筋和浇筑混凝土。

各施工过程中均包括楼梯间部分。

b. 主体结构施工工程中，除上述工序外，尚有搭脚手架、拆模板、混凝土养护、砌筑填充墙等施工过程，考虑到这些施工过程均属于平行穿插施工过程，只根据施工工艺要求，尽量搭接施工即可，因此，不纳入流水施工。

B. 划分施工段。

考虑结构的整体性和工程量的大小，本工程以每栋为一个流水施工段，$m=3$，但施

工过程数 $n=4$，此时，$m<n$，专业工作队会出现窝工现象。考虑到工地上尚有在建工程，因此，拟将主导施工过程连续施工。该工程各施工过程中，支模板比较复杂，且劳动量较大，所以，支模板为主导施工过程。

C. 确定主体工程各工作队人数和流水节拍。

表 7.48 为主体结构工程各施工过程持续时间计算表。表 7.49 为综合时间计算表。

表 7.48　主体结构（框架混凝土）工程各施工过程持续时间计算

序号	施工过程	工程名称	工程量 Q	时间定额	总劳动量/工日	每层劳动量/工日	每班人数/人	持续时间/d	工种	备注
1	A	绑扎柱筋	1.15t	4.98 工日/t	5.73	5.73	6	1	钢筋工	
2	B	支模板	310.657m^2	0.225 工日/m^2	69.90	69.90	23	3	木工	
3	C	绑扎梁板钢筋	3.77t	4.98 工日/t	18.77	18.77	10	2	钢筋工	
4	D	浇筑混凝土	41.98m^3	0.522 工日/m^3	21.91	21.91	22	1	混凝土工	
5	E	砌砖	246.42m^3	1.43 工日/m^3	352.38	58.73	20	3	瓦工	1层和天面梯间合计1层

表 7.49　综合时间计算

序号	分项工程名称	内容	工程量	时间定额	劳动量 P_i/工日	综合时间定额 $\overline{H}$
1	模板工程（1层）	矩形柱模板	108m^2	2.54 工日/(10m^2)	27.432	$\sum P_i = 69.78$ 工日 $\sum Q_i = 310.657m^2$ $\overline{H}=\dfrac{\sum P_i}{\sum Q_i}=\dfrac{69.78}{310.657}=0.225$(工日/$m^2$)
2		矩形梁模板	12.287m^2	2.6 工日/(10m^2)	3.195	
3		圈梁模板及水池（按10%计）	18.9m^2	2.55 工日/(10m^2)	4.82	
4		楼板模板	159.51m^2	1.98 工日/(10m^2)	31.58	
5		楼梯模板	11.96m^2	2.3 工日/(10m^2)	2.75	
6	混凝土工程（6层）	矩形柱混凝土（C30）	62.66m^3	0.823 工日/m^3	51.57	$\sum P_i = 131.37$ 工日 $\sum Q_i = 251.85m^3$ $\overline{H}=\dfrac{\sum P_i}{\sum Q_i}=\dfrac{131.37}{251.85}=0.522$(工日/$m^3$)
7		矩形梁混凝土（C25）	75.58m^3	0.33 工日/m^3	24.94	
8		圈梁混凝土（C25）	9.11m^3	0.712 工日/m^3	6.49	
9		楼板混凝土（C25）	81.96m^3	0.211 工日/m^3	17.29	
10		楼梯混凝土（C25）	11.14m^3	1.03 工日/m^3	11.47	
11		水池混凝土	11.4m^3	1.72 工日/m^3	19.61	

续表

序号	分项工程名称	内　容	工程量	时间定额	劳动量 P_i/工日	综合时间定额 $\overline{H}$
12	砌筑工程	零星砌筑	16.8m^3	1.81 工日/m^3	30.41	$\sum P_i = 352.4$ 工日 $\sum Q_i = 246.42m^3$ $\overline{H} = \frac{\sum P_i}{\sum Q_i} = \frac{352.4}{246.42} = 1.43$(工日/$m^3$)
13		外墙（190）实心砖墙	113.24m^3	1.44 工日/m^3	163.07	
14		内墙（120）实心砖墙	73.54m^3	1.38 工日/m^3	101.50	
15		内墙（180）实心砖墙	42.84m^3	1.34 工日/m^3	57.41	

D. 资源供应校核。

a. 浇筑混凝土的校核。

混凝土日最大浇筑量为 41.98m^3，采用商品混凝土，供应不存在问题。

b. 支模板的校核。

框架结构支模板包括柱、梁、板模板，根据经验一般需要 2～3d，本工程选取木工 23 人，流水节拍 3d；由劳动定额可知，支模板要求工人小组一般为 5～6 人，本方案木工工作队取 23 人，分 4 个小组进行作业，可以满足规定的木工人数条件。

c. 绑扎钢筋的校核。

绑扎钢筋按定额计算需 10 人，流水节拍 2d。由劳动定额知，绑扎梁、板钢筋工作要求工人小组一般为 3～4 人，本方案钢筋工工作队 10 人，可分为 3 个小组进行施工。

d. 工作面校核。

本工程各施工过程的工人队伍在楼层面上工作，不会发生人员过分拥挤现象，因此，不再校核工作面。但是，如砌砖流水节拍改为 2d，工作队变为 30 人，那么工作面人员过多，而且也不满足砌砖工作队一般为 15～20 人的组合要求。

E. 确定施工工期。

本工程采用间断式流水施工，因此，无法利用公式计算工期，必须采用分析计算法或作图法来确定施工工期，本工程拟用作图法来复核工期。

本工程考虑广东天气热，混凝土初凝时间快，1 层混凝土浇筑完后，养护 1d，即可上人作业。因此，混凝土养护间歇时间为 1d；同时，考虑“赶工期”，因此，在 3 层框架柱、梁、楼面施工后，开始插入填充墙砌筑。根据上述条件，绘制主体结构施工进度表（草图）。

查表 7.45，$T=77d>$主体工程控制工期 70d，考虑工期相差较小，不再做调整。

F. 绘制主体工程施工进度表（横道图）。

见附图 1 主体工程施工进度表。

③ 屋面工程施工进度计划的编制。

因本工程规模较小，屋面工程不组织流水施工，直接确定屋面工程的工期如下。

各施工过程持续时间计算见表 7.50。

表 7.50　各施工过程持续时间计算

分项工程名称	工程量/m^2	时间定额	劳动量/工日	每天人数/人	持续时间/d
屋面防水	166.33	0.2 工日/(10m^2)	3.33	3	1
保温隔热屋面	166.33	7.54 工日/m^2	125.41	10	13

考虑屋面工程尚有零星细部防水的工程量未计入，因此，可将总工日增加5%。因此，工期 $T=(1+13)\times1.05=14.7$(d)，取 15d。

屋面工程在天面混凝土浇筑后，可以安排施工，本工程安排屋面防水工程与结构砌砖平行作业，因此，不占用绝对工期。

④ 装饰工程施工进度计划的编制

本装饰工程分为室内装饰和室外装饰工程，根据工期要求及本工程的特点，采取室外装饰和室内装饰平行施工的方案。

A. 室外装饰工程进度计划的编制

主要分项工程的工程量及根据劳动定额查得的各分项工程的时间定额见表 7.51。

表 7.51　主要分项工程的工程量及时间定额

序　　号	名　　称	工程量/m^2	时间定额/(工日/m^2)
1	外墙 45mm×95mm 条砖饰面	1005.63	0.247
2	柱墙 45mm×95mm 条砖饰面	101.2	0.476
3	零星项目 45mm×95mm 条砖饰面	54	0.512

因考虑到室外散水、台阶以及窗台等处工程量均未计算，故将总用工量提高 10%。

总劳动量 $R=(1005.63\times0.247+101.2\times0.476+54\times0.512)\times1.10=(248.39+48.17+27.65)\times1.10=356.63$(工日)。

若安排 20 人施工，则室外装饰工期每栋为 T=356.63/20=17.83(d)，取 18d。

3 栋外装饰总工期 $\sum T=18\times3=54$(d) < 装饰工程控制工期 62(d)，符合要求。外装饰工程缩短工期 8d，正好填补主体工程增加的工期，$\sum T=18+77+54=149(\text{d})<T_p=150\text{d}$。

B. 室内装饰工程进度计划的编制。

a. 以一层为一个流水施工段，从顶层向底层流水施工，拟组织成倍节拍流水施工。

b. 天棚面、墙面刷乳胶漆，油漆栏杆、扶手以及安装玻璃等工作，须等待楼梯抹灰、饰面砖全部完成后，才能开始。同时，需等天棚、墙面抹灰层干燥后，才能刷乳胶漆，因此上述各工序不参与流水施工。

c. 室内装饰各施工过程持续时间见表 7.52。

表 7.52　室内装饰各施工过程持续时间

施工过程	名　称	工程量 Q	时间定额 H	劳动量 P_i	总劳动量 P	每天工作人数/人	持续时间/d	备　注
A	天棚抹灰	1445.99m^2	0.802 工日/(10m^2)	115.97 工日	618.52 工日	28	4	考虑门窗套处等零星位置抹灰量未计，将总用工增加5%
	内墙抹灰	2061.2m^2	0.893 工日/(10m^2)	184.1 工日				
	铝合金门窗、防盗门	500.7m^2	0.636 工日/m^2	318.45 工日				
B	首层地面	146.31m^2	0.22 工日/m^2	32.19 工日	498.62 工日	20	4	
	300mm×300mm 地砖楼地面	100.6m^2	0.228 工日/m^2	22.94 工日				
	500mm×500mm 地砖楼地面	658.96m^2	0.203 工日/m^2	133.77 工日				
	踢脚线 100mm 高	932.3m	0.74 工日/(10m)	68.99 工日				
	厨、卫瓷片内墙面	472.02m^2	0.51 工日/m^2	240.73 工日				
C	楼梯耐磨砖	56.16m^2	4.76 工日/(10m^2)	26.73 工日	26.73 工日	3	2	
D	天棚刷乳胶漆	1445.99m^2	0.41 工日/(10m^2)	59.28 工日	230.15 工日	19	2	
	内墙刷乳胶漆	2061.2m^2	0.32 工日/(10m^2)	65.96 工日				
	30mm×30mm 方钢栏杆	98.8t	0.5 工日/t	49.4 工日				
	镀锌钢管楼梯栏杆	35.01t	0.5 工日/t	17.51 工日				
	安装玻璃	342.34m^2	1.11 工日/(10m^2)	38.00 工日				

d. 施工过程 A、B、C 的流水节拍之间存在最大公约数 2，因此，可以组成成倍节拍流水，加快施工进度。

e. 工作队数计算。

通过以上分析可知：施工段 $m=6$，施工过程数 $n=3$，流水步距 $k=2$，A 工作队数$=4/2=2$，B 工作队数$=4/2=2$，C 工作队数$=2/2=1$，总工作队数 $n'=2+2+1=5$。

f. 工期计算。

由于施工过程 D 的持续时间是 12d；施工过程 C 是 6 个施工段，即一、二层间楼梯段看成一层的梯段；二、三层间楼梯段看成二层的梯段……六层和天面梯间楼梯段作为六层的梯段，则施工过程 C 的持续时间是 12d。

本工程室内装饰工程总工期为：$T=(m+n'-1)\times k+\sum t_i=(6+5-1)\times 2+12=32$(d)（满足控制工期要求）。

g. 室内装饰横道图进度计划（表 7.53）。

表 7.53　室内装饰横道图进度计划（一栋）

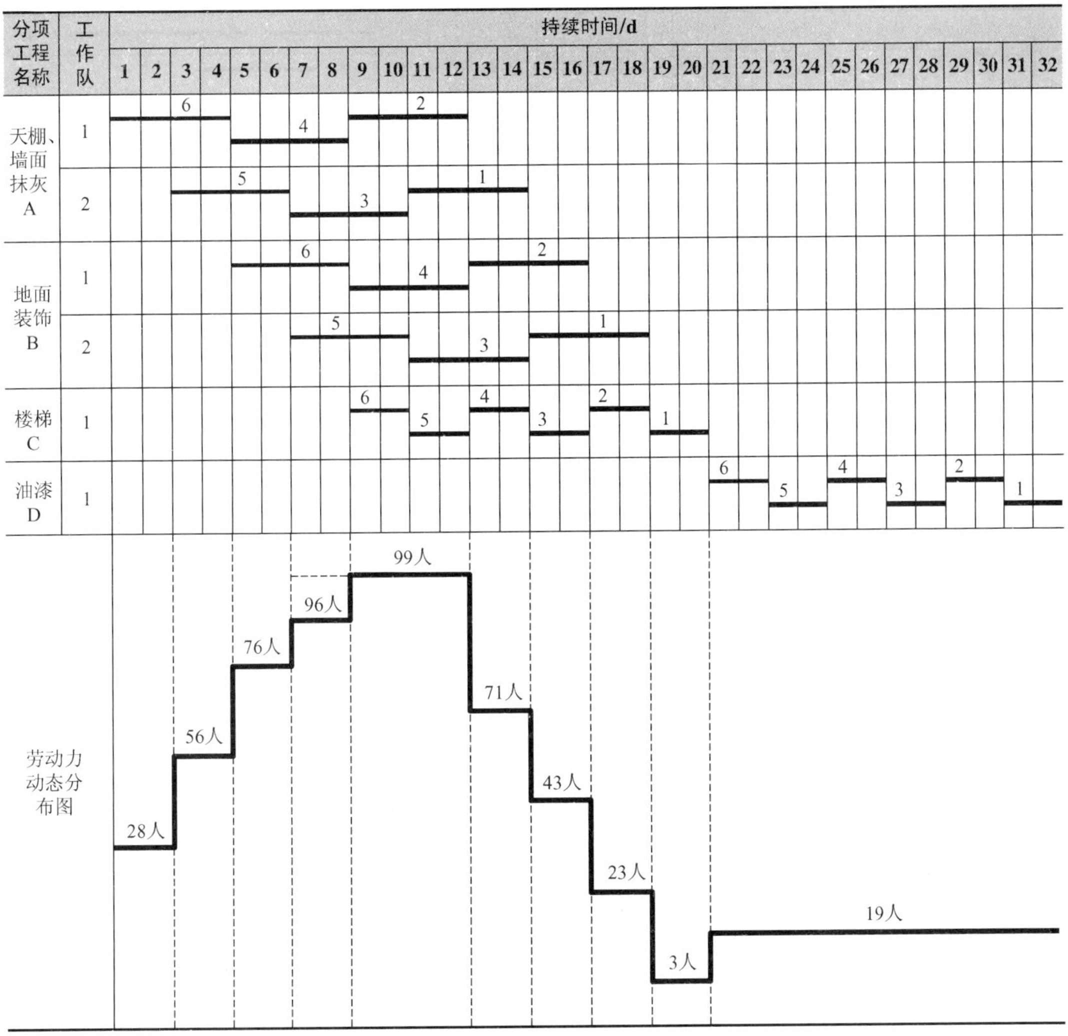

3. 单位工程施工进度计划表的编制

① 将基础工程、主体工程、装修工程这 3 部分施工进度计划进行合理搭接，并在基础工程与主体工程之间，加上搭（拆）脚手架的工序。在主体工程与装修工程之间，以围护工程作为过渡连接。最后把室外工程和其他扫尾工程考虑进去，形成单位工程的施工进度计划（表 7.54）。

② 单位工程施工进度计划表（横道图）。

表 7.54　单位工程施工进度计划表（横道图）

序号	分部(分项)工程名称	持续时间/d																																
		施工天数/d	5	10	15	20	25	30	35	40	45	50	55	60	65	70	75	80	85	90	95	100	105	110	115	120	125	130	135	140	145	150	155	160
1	基础工程	18																																
2	主体工程	51																																
3	砌砖工程	54																																
4	搭(拆)脚手架	130																																
5	屋面防水工程	45																																
6	外墙装饰工程	54																																
7	内墙装饰工程(含楼地面工程)	20																																
8	天棚墙面刷乳胶漆	12																																
9	水电安装工程	150																																
10	室外及收尾工程	10																																
11	竣工交工	0																																

③ 劳动力均衡测算。

a. 查进度计划表 R_{max}=99 人+4 人(架工)+2 人(水电)=105 人。

b. 总工日数=184.69(基础)+1051.58(主体)+128.74(屋面)+356.51(外装修)+1397.67(内装饰)+4×131(架工)+2×150(水电)=3943.19(工日)。

土建总工期 155d。平均人数 R_m=3943.19×3/155=76.32(人)≈76 人。

c. $K=R_{max}/R_m$=105/76=1.38<2，符合要求。

7.2.7 资源配置计划

1. 主要施工机械选择及设备计划

(1) 主要施工机械选择

① 垂直运输机械。

选用 3 台井架（配高速卷扬机）和一台塔式起重机，以解决材料垂直运输问题。

② 混凝土输送设备。

混凝土选用某搅拌站生产的商品混凝土，用多台混凝土搅拌车运至施工工地。采用带布料杆的汽车泵（型号为 SY5270THB，臂架形式为四段液压折叠式）直接泵送混凝土。

③ 钢筋加工机械。

钢筋加工在场内进行；现场配套钢筋加工设备：弯钩机 1 台，钢筋调直机 1 台，切断机 1 台，电焊机 1 台，闪光对焊机 1 台，套丝机 1 台。

④ 其他机械。

反铲挖土机 1 台，自卸汽车 3 台，静压桩机 1 台。

⑤ 其他设备。

挖掘机 1 台，汽车 3 台，压桩机 1 台。

(2) 施工设备计划（表 7.55）

表 7.55 主要机械设备需用量计划

序号	机械设备名称	规格型号	数量	单位	功率/kW 每台	功率/kW 小计	备注	备注
1	塔式起重机	德国 PEINE	1	台	150	150	自有（租赁）	臂长 60m
2	钢井架		3	座	13	39		主体施工及装修施工用
3	电焊机	BX3-120-1	2	台	9	18	自有设备	基础及主体施工用
4	钢筋弯曲机	GW40	1	台	3	3		
5	钢筋切断机	QJ40-1	1	台	5.5	5.5		
6	钢筋调直机	GT3/9	1	台	7.5	7.5		
7	电渣压力焊	17kV·A	1	台	3	3		
8	平板振动器	ZB11	1	台	1.1	1.1		
9	插入式振动器	ZX50	2	套	1.1	2.2		
10	木工圆盘锯	MJ114	1	台	3	3		
11	卷扬机	JJ1K	3	台	7	21		
12	打夯机	1.5kW	2	台	1.5	3		
13	自落式混凝土搅拌机	JD350	1	台	15	15		基础回填土用
14	经纬仪	J2	1	台				
15	水准仪	DS3	1	台				测量放线用
16	套丝机		1	台				
17	自卸汽车		3	台				土方工程施工用
18	静压桩机		1	台			租赁	基础工程用
19	挖土机	反铲	1	台			租赁	基础工程用

2. 劳动力需要量计划（表 7.56）

表 7.56 劳动力需要量计划

工种	木工	钢筋工	混凝土工	瓦工	抹灰工	油漆工	电焊工	电工	架工
最多人数/人	23	16	22	20	38	19	2	2	6

3. 主要材料需用量（略）

4. 预制构件需用量（略）

7.2.8 施工总平面图

1. 施工平面图说明

本工程包括：宿舍生活区、施工区、水电区、办公区、临时道路、围墙、大门、五牌一图。

① 办公区设施。1栋建筑面积为175m^2活动板房（二层），具体安排如表7.57所示。

表7.57 办公区设施具体安排

办公区	面积/m^2	备注
项目经理办公室	20	一间
技术负责人办公室	15	一间
资料兼档案室	20	一间
财务室	15	一间
施工管理人员宿舍	105	若干

② 施工区设施（表7.58）。

表7.58 施工区设施具体安排

设施名称	设备房名称	面积/m^2
生产辅助设施	木工房	46
	钢筋加工棚	48
	仓库	70
	水泥库	30
堆场	钢筋堆场	50
	模板堆场	30
	砂石堆场	42.66

注：生产辅助设施采用单层轻钢结构、压型钢板屋面。

③ 宿舍生活区设施。

A. 宿舍面积为200m^2、食堂面积为60m^2、冲凉房面积为10m^2。

B. 采用活动板房（二层）当作工人宿舍；食堂、冲凉房选用单层轻钢结构、压型钢板屋面。

④ 水电区设施。

包括变压器和水源。

⑤ 临时道路。

宽度为3.5m；做法：A. 碾压土路，用18t压路机碾压（铺粗砂或石渣）。B. 排水沟，采用300mm×300mm坡度为5‰的土明沟。

⑥ 围墙。

A. 材料采用单层压型彩钢板。

B. 高度h=1.8m。

⑦ 大门。

设宽度为 6m 的密闭钢板门。

⑧ 五牌一图。

五牌一图布置在办公室旁，采用七夹板制作。

2. 施工用水

（1）施工现场临时用水

① 现场工程用水。

$$q_1 = K_1 \sum \frac{Q_1 N_1}{T_1 t} \times \frac{K_2}{8 \times 3600}$$

框架结构工程施工最大用水量应选在混凝土浇筑与砌体工程同时施工之日。本工程由于采用商品混凝土，因此施工中混凝土工程用水主要考虑模板冲洗和混凝土养护用水。现场取混凝土自然养护的全部用水定额 $N_1=400\mathrm{L/m^3}$，冲洗模板为 $5\mathrm{L/m^2}$，砌筑全部用水为 $200\mathrm{L/m^2}$，日最大浇筑混凝土量为：$42\mathrm{m^3}$，标准层面积为 $160.1\mathrm{m^2}$，砌砖工程量为 $229.62\mathrm{m^2}$，故取：$Q_1=42\times400+160.1\times5+229.62\times200=63524.5(\mathrm{L})$；$K_1=1.05$，$K_2=1.5$，$T_1=1\mathrm{d}$，$t=1$，则

$$\begin{aligned} q_1 &= K_1 \sum \frac{Q_1 N_1}{T_1 t} \times \frac{K_2}{8 \times 3600} \\ &= 1.05 \times \frac{(42 \times 400 + 160.1 \times 5 + 229.62 \times 200) \times 1.5}{8 \times 3600} \\ &= 3.47(\mathrm{L/s}) \end{aligned}$$

② 施工机械用水。

$$q_2 = K_1 \sum Q_2 N_2 \times \frac{K_3}{8 \times 3600}$$

施工现场机械用水在结构施工高峰期内只有自卸汽车 3 台，查用水定额 $N_2=400\sim700\mathrm{L}$/台昼夜，取 $N_2=500\mathrm{L}$/台昼夜，查表 $K_3=2$，则

$$q_2 = K_1 \sum Q_2 N_2 \times \frac{K_3}{8 \times 3600} = \frac{1.05 \times 3 \times 500 \times 2}{8 \times 3600} = 0.11(\mathrm{L/s})$$

③ 施工现场生活用水。

$$q_3 = \frac{P_1 N_3 K_4}{t \times 8 \times 3600}$$

取 $K_4=1.5$，施工现场高峰昼夜人数 $P_1=93$ 人，N_3 一般为 20～60L/(人·班)，取 $N_3=40$L/(人·班)，每天工作班数 $t=1$，则

$$q_3 = \frac{P_1 N_3 K_4}{t \times 8 \times 3600} = \frac{93 \times 40 \times 1.5}{1 \times 8 \times 3600} = 0.2(\mathrm{L/s})$$

（2）生活区生活用水计算

取 $K_5=1.5$，生活区居民人数 $P_2=110$ 人（管理人员 17 人，工人 93 人），生活区全部用水定额 N_4 为 120L/(人·天)。

生活区用水量为

$$q_4 = \frac{P_2 N_4 K_5}{24 \times 3600} = \frac{110 \times 120 \times 1.5}{24 \times 3600} = 0.23(\mathrm{L/s})$$

（3）消防用水

查生活区消防用水为 $q_5=10\mathrm{L/s}$。

(4) 总用水量计算

因 $q_1+q_2+q_3+q_4\leqslant q_5$，且工地面积小于 $5hm^2$，因此 $Q=q_5=10L/s$；考虑管路漏水损失，应增加10%水量；所以总用水量 $Q=10\times1.1=11(L/s)$。

(5) 供水管路管径的计算

查表 $v=1.5m/s$，$d=\sqrt{\frac{4000Q}{\pi v}}=\sqrt{\frac{4\times1000\times11}{3.14\times1.5}}=96.65(mm)$。

所以选总管直径为100mm（铸铁管）；支管选用50mm（钢管）；按枝状管网布置，埋设在地下。

(6) 室外消防栓的布置

给水管直径100mm，沿道路边布置2个消防栓。

3. 施工供电

(1) 施工供电设备（表7.59）

表7.59　施工供电设备

序号	机械设备名称	规格型号	数量	单位	功率/kW		备　注
					每台	小计	
1	塔式起重机	德国PEINE	1	台	150	150	臂长60m
2	钢井架		3	座	13	39	主体施工及装修施工用
3	电焊机	BX3-120-1	2	台	9	18	基础及主体施工用
4	钢筋弯曲机	GW40	1	台	3	3	
5	钢筋切断机	QJ40-1	1	台	5.5	5.5	
6	钢筋调直机	GT3/9	1	台	7.5	7.5	
7	电渣压力焊	17kV·A	1	台	3	3	
8	平板振动器	ZB11	1	台	1.1	1.1	
9	插入式振动器	ZX50	2	套	1.1	2.2	
10	木工圆盘锯	MJ114	1	台	3	3	
11	卷扬机	JJ1K	3	台	7	21	
12	打夯机	1.5kW	2	台	1.5	3	
13	自落式混凝土搅拌机	JD350	1	台	15	15	

(2) 用电容量的计算

电动机额定功率 $P_1=(150+39+3+5.5+7.5+1.1+2.2+3+21+3+15)kW=250.3kW$。

电焊机额定容量 $P_2=(18+3)kW=21kW$。

室内照明容量 $P_3=(0.44+0.3+2.24+0.08)kW=3.06kW$。

室外照明容量 $P_4=0.36kW$。

$$P_{计}=\Phi\left(K_1\frac{\sum P_1}{\cos\varphi}+K_2\sum P_2+K_3\sum P_3+K_4\sum P_4\right)$$

$$=1.1\times\left(\frac{0.7\times250.3}{0.75}+0.6\times21+0.8\times3.06+0.36\right)$$

$$=273.92(kW)$$

(3) 变压器功率的计算

$$P_{变}=\frac{KP_{计}}{\cos\varphi}=\frac{1.05\times 273.92}{0.75}=383.49(\mathrm{kW})$$

通过查表，选用 SL7-400/10 型号的变压器。

(4) 施工区导线截面的选择

① 按机械强度选择。

查表得，选用铝线户外方式敷设，导线截面面积为 $10\mathrm{mm}^2$。

② 按允许电流选择。

三相四线制线路上的电流计算：$I=\frac{1000P_{计}}{U_{线}\cos\varphi\sqrt{3}}=\frac{273.92\times 1000}{1.732\times 380\times 0.75}=554.9(\mathrm{A})$

通过查配电导线持续允许电流表，选用 BLX 型铝芯橡皮线，截面面积为 $2.5\mathrm{mm}^2$。

③ 按允许电压降选择。

以钢筋加工场导线截面为例说明如下。

$$S=\frac{\sum PL}{C[\varepsilon]}=\frac{20746}{46.3\times 7\%}=6.4\%$$

综上所述，满足要求，选用导线截面面积为 $10\mathrm{mm}^2$。

(5) 生活区导线截面面积的选择

同施工区导线截面面积为 $10\mathrm{mm}^2$。

7.2.9 主要施工管理计划

【农田水利施工组织设计】

1. 质量管理计划

(1) 质量方针

创一流业绩，开拓市场；建精品工程，回报社会。

(2) 质量目标

工程质量等级：符合国家强制性标准和达到施工验收规范，确保合格，力争达市优工程。

(3) 项目质量管理的组织机构及职责范围（略）

(4) 质量管理措施

① 保证工程质量的组织措施（略）。

② 保证工程质量的技术措施（略）。

(5) 搞好质量预控工作（略）

(6) 项目质量通病防治办法（略）

2. 安全管理计划

(1) 安全管理组织机构及职责（略）

(2) 安全管理及安全教育培训制度（略）

(3) 安全技术措施（略）

3. 文明施工管理措施（略）

4. 环境管理计划（略）

5. 进度管理计划（略）

6. 成本管理计划（略）

7.2.10 雨季施工措施

1. 雨季施工准备工作（略）

2. 雨季施工技术措施（略）

【冬雨季施工准备】

7.2.11 图纸

1. 附图1为某职工宿舍（JB型）工程主体工程施工进度表（横道图）

2. 施工总平面布置图（附图2）

【实训小结】

本节以职工宿舍（JB型）工程为案例，系统讲解了单位工程施工组织设计的编制内容和编制方法，学生（读者）通过学习和实训后，应能够独立编制单位工程施工组织设计。

【实训考核】

某职工宿舍（JB型）工程施工组织设计考核评定见表7.60。

表7.60　某职工宿舍（JB型）工程施工组织设计考核评定

考核评定方式	评定内容	分值	得分
自评	学习态度及表现	5	
	单位工程施工组织设计编制方法的掌握情况	10	
	单位工程施工组织设计	10	
	封面装订、文本版式风格	5	
学生互评	学习态度及表现	5	
	单位工程施工组织设计编制方法的掌握情况	10	
	单位工程施工组织设计	10	
	封面装订、文本版式风格	5	
教师评定	学习态度及表现	5	
	单位工程施工组织设计编制方法的掌握情况	10	
	单位工程施工组织设计	20	
	封面装订、文本版式风格	5	

【综合实训任务】

某住宅楼工程施工组织设计实训任务书

第一章　设计题目

某住宅楼工程施工组织设计。

第二章　设计条件

1. 工程概况

本工程为某学院教师住宅楼，位于广州市郊区某学院内。本工程拟建3栋，每栋占地面积257.22m^2；建筑面积为488.5m^2，平面形状为矩形，标准层长25.5m，宽16.5m。该建筑物为6层，屋脊高21.83m、檐口高18.7m；其总平面图、立面图、平面图详见附录5。

本工程为现浇钢筋混凝土框架结构，基础采用预应力钢筋混凝土管桩基础，桩承台、地梁；钢筋混凝土柱、梁及现浇钢筋混凝土楼板，蒸压加气混凝土砌块填充墙。

屋面工程采用聚合物防水层，刚性上人屋面。外装饰采用釉面砖；内墙面采用石灰砂浆打底，乳胶漆面；地面铺耐磨砖。散水为无筋混凝土一次抹光。水电安装工程配合土建施工。

2. 地质条件

根据勘测报告，表层为2m厚耕植土；其下为：2m厚细砂层；10～13m厚黏土层；最下层为岩石。

3. 施工工期

本工程定于2018年4月1日开工，要求3栋工程必须在2018年11月30日竣工，总工期为8个月，日历工期为244d。

4. 气象条件

施工期间主导风向偏东，雨季为每年7—9月，冬季最低气温为+5℃。

5. 施工技术经济条件

① 施工任务由市建某公司承担，该公司分派一施工队负责。该队现有瓦工、木工、钢筋工、混凝土工均可以按计划满足工程需要，如有不足可从其他施工队调入。根据工程实际需要，有部分民工协助工作。职工及民工中午在工地吃饭，晚上不住宿。附近有已建家属宿舍可提供中午休息场所。

② 水从城市供水网中接引。供电可从工地附近高压线10kV引下，供电容量满足施工供电要求，现场需配备变压器。

③ 建筑材料及预制构件可用汽车运入工地。预应力混凝土管桩由预制厂制作（运距30km）；混凝土搅拌站负责商品混凝土供应（运距10km）。蒸压加气混凝土砌块、砂、石、水泥等建筑材料均从附近采购，可用汽车直接运入工地。基坑开挖余土外运至指定弃土场，运距5km。

④ 可供施工选用的塔式起重机（3台臂长40～60m）、井架起重机（5～6台）、自卸汽车（3台）、反铲挖土机（1台）、卷扬机、混凝土搅拌机、砂浆搅拌机、木工机械、混

凝土振动器、扣件式钢管脚手架、门式钢管脚手架、竹脚手板、手推车、七夹板、测量设备以及活动板房等，均可根据计划需要供应。

⑤ 其他施工需要的大型施工机械可向市建机械租赁站租赁。

第三章 设计核心内容及要求

1. 施工方案的选择

① 划分施工段，确定施工中流水的方向。

② 选择施工用起重机械的类型及台数，并校核其技术性能。

③ 选择脚手架的类型并安排其位置。

④ 确定施工顺序、施工方法和保证质量的技术措施。

2. 施工进度计划的编制

按所确定的施工顺序和可提供的各项资源，分工种分段组织流水施工，编制出单位工程施工进度计划。

3. 施工平面图设计

施工平面图设计包括以下几方面内容。

① 垂直运输设施的布置。

② 临时设施（仓库、办公室、宿舍、食堂、门卫、围墙等）以及材料堆场的布置。

③ 施工供水、供电的设计计算及布置。

④ 临时道路的布置。

第四章 课程设计成果

某住宅楼施工组织设计 1 份。

第五章 实训指导

见附录 4：某住宅楼工程施工组织设计实训指导书。

第六章 图纸

见附录 5：某住宅楼施工图。

附录 1　GB/T 50502—2009《建筑施工组织设计规范》

2009 年 5 月 13 日发布　2009 年 10 月 1 日实行

目　　录

1 总则

1.0.1 为规范建筑施工组织设计的编制与管理，提高建筑工程施工管理水平，制定本规范。
1.0.2 本规范适用于新建、扩建和改建等建筑工程的施工组织设计的编制与管理。
1.0.3 建筑施工组织设计应结合地区条件和工程特点进行编制。
1.0.4 建筑施工组织设计的编制与管理，除应符合本规范规定外，尚应符合国家现行有关标准的规定。

2 术语

2.0.1 施工组织设计（construction organization plan）

以施工项目为对象编制的，用以指导施工的技术、经济和管理的综合性文件。

2.0.2 施工组织总设计（general construction organization plan）

以若干单位工程组成的群体工程或特大型项目为主要对象编制的施工组织设计，对整个项目的施工过程起到统筹规划、重点控制的作用。

2.0.3 单位工程施工组织设计（construction organization plan for unit project）

以单位（子单位）工程为主要对象编制的施工组织设计，对单位（子单位）工程的施工过程起指导和制约作用。

2.0.4 施工方案（construction scheme）

以分部（分项）工程或专项工程为主要对象编制的施工技术与组织方案，用以具体指导其施工过程。

2.0.5 施工组织设计的动态管理（dynamic management of construction organization plan）

在项目实施过程中，对施工组织设计的执行、检查和修改的适时管理活动。

2.0.6 施工部署（construction arrangement）

对项目实施过程做出的统筹规划和全面安排，包括项目施工主要目标、施工顺序及空间组织、施工组织安排等。

2.0.7 项目管理组织机构（project management organization）

施工单位为完成施工项目建立的项目施工管理机构。

2.0.8 施工进度计划（construction schedule）

为实现项目设定的工期目标，对各项施工过程的施工顺序、起止时间和相互衔接关系所做的统筹策划和安排。

2.0.9 施工资源（construction resources）

为完成施工项目所需要的人力、物资等生产要素。

2.0.10 施工现场平面布置（construction site layout plan）

在施工用地范围内，对各项生产、生活设施及其他辅助设施等进行规划和布置。

2.0.11 进度管理计划（schedule management plan）

保证实现项目施工进度目标的管理计划，包括对进度及其偏差进行测量、分析，采取的必要措施和计划变更等。

2.0.12 质量管理计划（quality management plan）

保证实现项目施工质量目标的管理计划，包括制定、实施、评价所需的组织机构、职责、程序以及采取的措施和资源配置等。

2.0.13 安全管理计划（safety management plan）

保证实现项目施工职业健康安全目标的管理计划，包括制定、实施所需的组织机构、职责、程序以及采取的措施和资源配置等。

2.0.14 环境管理计划（environment management plan）

保证实现项目施工环境目标的管理计划，包括制定、实施所需的组织机构、职责、程序以及采取的措施和资源配置等。

2.0.15 成本管理计划（cost management plan）

保证实现项目施工成本目标的管理计划，包括成本预测、实施、分析，采取的必要措施和计划变更等。

3 基本规定

3.0.1 施工组织设计按编制对象，可分为施工组织总设计、单位工程施工组织设计和施工方案。

3.0.2 施工组织设计的编制必须遵循工程建设程序，并应符合下列原则。

1 符合施工合同或招标文件中有关工程进度、质量、安全、环境保护、造价等方面的要求；

2 积极开发、使用新技术和新工艺，推广应用新材料和新设备；

3 坚持科学的施工程序和合理的施工顺序，采用流水施工和网络计划等方法，科学配置资源，合理布置现场，采取季节性施工措施，实现均衡施工，达到合理的经济技术指标；

4 采取技术和管理措施，推广建筑节能和绿色施工；

5 与质量、环境和职业健康安全三个管理体系有效结合。

3.0.3 施工组织设计应以下列内容作为编制依据。

1 与工程建设有关的法律、法规和文件；

2 国家现行有关标准和技术经济指标；

3 工程所在地区行政主管部门的批准文件，建设单位对施工的要求；

4 工程施工合同或招标投标文件；

5 工程设计文件；

6 工程施工范围内的现场条件，工程地质及水文地质、气象等自然条件；

7 与工程有关的资源供应情况；

8 施工企业的生产能力、机具设备状况、技术水平等。

3.0.4 施工组织设计应包括编制依据、工程概况、施工部署、施工进度计划、施工准备与资源配置计划、主要施工方法、施工现场平面布置及主要施工管理计划等基本内容。

3.0.5 施工组织设计的编制和审批应符合下列规定。

1 施工组织设计应由项目负责人主持编制，可根据需要分阶段编制和审批。

2 施工组织总设计应由总承包单位技术负责人审批；单位工程施工组织设计应由施工单位技术负责人或技术负责人授权的技术人员审批；施工方案应由项目技术负责人审批；重点、难点分部（分项）工程和专项工程施工方案应由施工单位技术部门组织相关专家评审，施工单位技术负责人批准。

3 由专业承包单位施工的分部（分项）工程或专项工程的施工方案，应由专业承包单位技术负责人或技术负责人授权的技术人员审批；有总承包单位时，应由总承包单位项目技术负责人核准备案。

4 规模较大的分部（分项）工程和专项工程的施工方案应按单位工程施工组织设计进行编制和审批。

3.0.6 施工组织设计应实行动态管理，并符合下列规定。

1 项目施工过程中，发生以下情况之一时，施工组织设计应及时进行修改或补充。

① 工程设计有重大修改；

② 有关法律、法规、规范和标准实施、修订和废止；

③ 主要施工方法有重大调整；

④ 主要施工资源配置有重大调整；

⑤ 施工环境有重大改变。

2 经修改或补充的施工组织设计应重新审批后实施；

3 项目施工前，应进行施工组织设计逐级交底；项目施工过程中，应对施工组织设计的执行情况进行检查、分析并适时调整。

3.0.7 施工组织设计应在工程竣工验收后归档。

4 施工组织总设计

4.1 工程概况

4.1.1 工程概况应包括项目主要情况和项目主要施工条件等。

4.1.2 项目主要情况应包括下列内容。

1 项目名称、性质、地理位置和建设规模；

2 项目的建设、勘察、设计和监理等相关单位的情况；

3 项目设计概况；

4 项目承包范围及主要分包工程范围；

5 施工合同或招标文件对项目施工的重点要求；

6 其他应说明的情况。

4.1.3 项目主要施工条件应包括下列内容。

1 项目建设地点气象状况；

2 项目施工区域地形和工程水文地质状况；

3 项目施工区域地上、地下管线及相邻的地上、地下建（构）筑物情况；

4 与项目施工有关的道路、河流等状况；

5 当地建筑材料、设备供应和交通运输等服务能力状况；

6 当地供电、供水、供热和通信能力状况；

7 其他与施工有关的主要因素。

4.2 总体施工部署

4.2.1 施工组织总设计应对项目总体施工做出下列宏观部署。

1 确定项目施工总目标，包括进度、质量、安全、环境和成本等目标；

2 根据项目施工总目标的要求，确定项目分阶段（期）交付的计划；

3 明确项目分阶段（期）施工的合理顺序及空间组织。

4.2.2 对于项目施工的重点和难点应进行简要分析。

4.2.3 总承包单位应明确项目管理组织机构形式，并宜采用框图的形式表示。

4.2.4 对于项目施工中开发和使用的新技术、新工艺应做出部署。

4.2.5 对主要分包项目施工单位的资质和能力应提出明确要求。

4.3 施工总进度计划

4.3.1 施工总进度计划应按照项目总体施工部署的安排进度编制。

4.3.2 施工总进度计划可采用网络图或横道图表示，并附必要说明。

4.4 总体施工准备与主要资源配置计划

4.4.1 总体施工准备应包括技术准备、现场准备和资金准备等。

4.4.2 技术准备、现场准备和资金准备应满足项目分阶段（期）施工的需要。

4.4.3 主要资源配置计划应包括劳动力配置计划和物资配置计划等。

4.4.4 劳动力配置计划应包括下列内容。

1 确定各施工阶段（期）的总用工量；

2 根据施工总进度计划确定各施工阶段（期）的劳动力配置计划。

4.4.5 物资配置计划应包括下列内容。

1 根据施工总进度计划确定主要工程材料和设备的配置计划；

2 根据总体施工部署和施工总进度计划确定主要周转材料和施工机具的配置计划。

4.5 主要施工方法

4.5.1 施工组织总设计应对项目涉及的单位（子单位）工程和主要分部（分项）工程所采用的施工方法进行简要说明。

4.5.2 对脚手架工程、起重吊装工程、临时用水用电工程、季节性施工等专项工程所采用的施工方法进行简要说明。

4.6 施工总平面布置

4.6.1 施工总平面布置应符合下列原则。

1 平面布置科学合理，施工场地占用面积少；

2 合理组织运输，减少二次搬运；

3 施工区域的划分和场地的临时占用应符合总体施工部署和施工流程的要求，减少相互干扰；

4 充分利用既有建（构）筑物和既有设施为项目施工服务，降低临时设施的建造费用；

5 临时设施应方便生产和生活，办公区、生活区和生产区宜分开设置；

6 符合节能、环保、安全和消防等要求；

7 遵守当地主管部门和建设单位关于施工现场安全文明施工的相关规定。

4.6.2 施工总平面布置应符合下列要求。

1 根据项目总体施工部署，绘制现场不同阶段（期）的总平面布置图；

2 施工总平面布置图的绘制应符合国家相关标准要求并附必要说明。

4.6.3 施工总平面布置应包括下列内容。

1 项目施工用地范围内的地形状况；

2 全部拟建的建（构）筑物和其他设施的位置；

3　项目施工用地范围内的加工设施、运输设施、存储设施、供电设施、供水供热设施、排水排污设施、临时施工道路和办公、生活用房等；

4　施工现场必备的安全、消防、保卫和环境保护等设施；

5　相邻的地上、地下既有建（构）筑物及相关环境。

5　单位工程施工组织设计

5.1　工程概况

5.1.1　工程概况应包括工程主要情况、各专业设计简介和工程施工条件等。

5.1.2　工程主要情况应包括下列内容。

1　工程名称、性质和地理位置；

2　工程的建设、勘察、设计、监理和总承包等相关单位的情况；

3　工程承包范围和分包工程范围；

4　施工合同、招标文件或总承包单位对工程施工的重点要求；

5　其他应说明的情况。

5.1.3　各专业设计简介应包括下列内容。

1　建筑设计简介应依据建设单位提供的建筑设计文件进行描述，包括建筑规模、建筑功能、建筑特点、建筑耐火、防水及节能要求等，并应简单描述工程的主要装修做法；

2　结构设计简介应依据建设单位提供的结构设计文件进行描述，包括结构形式、地基基础形式、结构安全等级、抗震设防类别、主要结构构件类型及要求等；

3　机电及设备安装专业设计简介应依据建设单位提供的各相关专业设计文件进行描述，包括给水、排水及采暖系统、通风与空调系统、电气系统、智能化系统、电梯等各个专业系统的做法要求。

5.1.4　工程施工条件应参照本规范第 4.1.3 条所列主要内容进行说明。

5.2　施工部署

5.2.1　工程施工目标应根据施工合同、招标文件以及本单位对工程管理目标的要求确定，包括进度、质量、安全、环境和成本等目标。各项目标应满足施工组织总设计中确定的总体目标。

5.2.2　施工部署中的进度安排和空间组织应符合下列规定。

1　工程主要施工内容及其进度安排应明确说明，施工顺序应符合工序逻辑关系。

2　施工流水段应结合工程具体情况分阶段进行划分；单位工程施工阶段的划分一般包括地基基础、主体结构、装修装饰和机电设备安装三个阶段。

5.2.3　对于工程施工的重点和难点应进行分析，包括组织管理和施工技术两个方面。

5.2.4　工程管理的组织机构形式应按照本规范第 4.2.3 条的规定执行，并确定项目经理部的工作岗位设置及其职责划分。

5.2.5　对于工程施工中开发和使用的新技术、新工艺应做出部署，对新材料和新设备的使用应提出技术及管理要求。

5.2.6　对主要分包工程施工单位的选择要求及管理方式应进行简要说明。

5.3　施工进度计划

5.3.1　单位工程施工进度计划应按照施工部署的安排进行编制。

5.3.2 施工进度计划可采用网络图或横道图表示，并附必要说明；对于工程规模较大或较复杂的工程，宜采用网络图表示。

5.4 施工准备与资源配置计划

5.4.1 施工准备应包括技术准备、现场准备和资金准备等。

1 技术准备应包括施工所需技术资料的准备、施工方案编制计划、试验检验及设备调试工作计划、样板制作计划等。

① 主要分部（分项）工程和专项工程在施工前应单独编制施工方案，施工方案可根据工程进展情况，分阶段编制完成；对需要编制的主要施工方案应制定编制计划。

② 试验检验及设备调试工作计划应根据现行规范、标准中的有关要求及工程规模、进度等实际情况制定。

③ 样板制作计划应根据施工合同或招标文件的要求并结合工程特点制定。

2 现场准备应根据现场施工条件和工程实际需要，准备现场生产、生活等临时设施。资金准备应根据施工进度计划编制资金使用计划。

5.4.2 资源配置计划应包括劳动力配置计划和物资配置计划等。

1 劳动力配置计划应包括下列内容。

① 确定各施工阶段用工量；

② 根据施工进度计划确定各施工阶段劳动力配置计划。

2 物资配置计划应包括下列内容。

① 主要工程材料和设备的配置计划应根据施工进度计划确定，包括各施工阶段所需主要工程材料、设备的种类和数量。

② 工程施工主要周转材料和施工机具的配置计划应根据施工部署和施工进度计划确定，包括各施工阶段所需主要周转材料、施工机具的种类和数量。

5.5 主要施工方案

5.5.1 单位工程应按照GB 50300—2013《建筑工程施工质量验收统一标准》中分部、分项工程的划分原则，对主要分部、分项工程制定施工方案。

5.5.2 对脚手架工程、起重吊装工程、临时用水用电工程、季节性施工等专项工程所采用的施工方案应进行必要的验算和说明。

5.6 施工现场平面布置

5.6.1 施工现场平面布置图应参照本规范第4.6.1条和第4.6.2条的规定，并结合施工组织总设计，按不同施工阶段分别绘制。

5.6.2 施工现场平面布置图应包括下列内容。

1 工程施工场地状况；

2 拟建建（构）筑物的位置、轮廓尺寸、层数等；

3 工程施工现场的加工设施、存储设施、办公和生活用房等的位置和面积；

4 布置在工程施工现场的垂直运输设施、供电设施、供水供热设施、排水排污设施和临时施工道路等；

5 施工现场必备的安全、消防、保卫和环境保护等设施；

6 相邻的地上、地下既有建（构）筑物及相关环境。

6 施工方案

6.1 工程概况

6.1.1 工程概况应包括工程主要情况、设计简介和工程施工条件等。

6.1.2 工程主要情况应包括：分部（分项）工程或专项工程名称，工程参建单位的相关情况，工程的施工范围，施工合同、招标文件或总承包单位对工程施工的重点要求等。

6.1.3 设计简介应主要介绍施工范围内的工程设计内容和相关要求。

6.1.4 工程施工条件应重点说明与分部（分项）工程或专项工程相关的内容。

6.2 施工安排

6.2.1 工程施工目标包括进度、质量、安全、环境和成本等目标，各项目标应满足施工合同、招标文件和总承包单位对工程施工的要求。

6.2.2 工程施工顺序及施工流水段应在施工安排中确定。

6.2.3 针对工程的重点和难点，进行施工安排并简述主要管理和技术措施。

6.2.4 工程管理的组织机构及岗位职责应在施工安排中确定，并应符合总承包单位的要求。

6.3 施工进度计划

6.3.1 分部（分项）工程或专项工程施工进度计划应按照施工安排，并结合总承包单位的施工进度计划进行编制。

6.3.2 施工进度计划可采用网络图或横道图表示，并附必要说明。

6.4 施工准备与资源配置计划

6.4.1 施工准备应包括下列内容。

1 技术准备包括施工所需技术资料的准备、图纸深化和技术交底的要求、试验检验及测试工作计划、样板制作计划以及相关单位的技术交接计划等。

2 现场准备包括生产、生活等临时设施的准备以及与相关单位进行现场交接的计划等。

3 资金准备包括编制资金使用计划等。

6.4.2 资源配置计划应包括下列内容。

1 劳动力配置计划：确定工程用工量并编制专业工种劳动力计划表。

2 物资配置计划：包括工程材料和设备配置计划、周转材料和施工机具配置计划以及计量、测量和检验仪器配置计划等。

6.5 施工方法及工艺要求

6.5.1 明确分部（分项）工程或专项工程施工方法并进行必要的技术核算，对主要分项工程（工序）明确施工工艺要求。

6.5.2 对易发生质量通病、易出现安全问题、施工难度大、技术含量高的分项工程（工序）等应做出重点说明。

6.5.3 对开发和使用的新技术、新工艺以及采用的新材料、新设备应通过必要的试验或论证并制定计划。

6.5.4 对季节性施工应提出具体要求。

7 主要施工管理计划

7.1 一般规定

7.1.1 施工管理计划应包括进度管理计划、质量管理计划、安全管理计划、环境管理计划、成本管理计划以及其他管理计划等内容。

7.1.2 各项管理计划的制定，应根据项目的特点有所侧重。

7.2 进度管理计划

7.2.1 项目施工进度管理应按照项目施工的技术规律和合理的施工顺序，保证各工序在时间上和空间上顺利衔接。

7.2.2 进度管理计划应包括下列内容。

1 对项目施工进度计划进行逐级分解，通过阶段性目标的实现保证最终工期目标的完成；

2 建立施工进度管理的组织机构并明确职责，制定相应管理制度；

3 针对不同施工阶段的特点，制定进度管理的相应措施，包括施工组织措施、技术措施和合同措施等；

4 建立施工进度动态管理机制，及时纠正施工过程中的进度偏差，并制定特殊情况下的赶工措施；

5 根据项目周边环境特点，制定相应的协调措施，减少外部因素对施工进度的影响。

7.3 质量管理计划

7.3.1 质量管理计划可参照 GB/T 19001—2016《质量管理体系 要求》，在施工单位质量管理体系的框架内编制。

7.3.2 质量管理计划应包括下列内容。

1 按照项目具体要求确定质量目标并进行目标分解，质量指标应具有可测量性；

2 建立项目质量管理的组织机构并明确职责；

3 制定符合项目特点的技术保障和资源保障措施，通过可靠的预防控制措施，保证质量目标的实现；

4 建立质量过程检查制度，并对质量事故的处理做出相应的规定。

7.4 安全管理计划

7.4.1 安全管理计划可参照 GB/T 28001—2011《职业健康安全管理体系 要求》，在施工单位安全管理体系的框架内编制。

7.4.2 安全管理计划应包括下列内容。

1 确定项目重要危险源，制定项目职业健康安全管理目标；

2 建立有管理层次的项目安全管理组织机构并明确职责；

3 根据项目特点，进行职业健康安全方面的资源配置；

4 建立具有针对性的安全生产管理制度和职工安全教育培训制度；

5 针对项目重要危险源，制定相应的安全技术措施，对达到一定规模的危险性较大的分部（分项）工程和特殊工种的作业应制定专项安全技术措施的编制计划；

6 根据季节、气候的变化，制定相应的季节性安全施工措施；

7 建立现场安全检查制度，并对安全事故的处理做出相应规定。

7.4.3 现场安全管理应符合国家和地方政府部门的要求。

7.5 环境管理计划

7.5.1 环境管理计划可参照 GB/T 24001—2016《环境管理体系 要求及使用指南》，在施工单位环境管理体系的框架内编制。

7.5.2 环境管理计划应包括下列内容。

1 确定项目重要环境因素，制定项目环境管理目标；

2 建立项目环境管理的组织机构并明确职责；

3 根据项目特点，进行环境保护方面的资源配置；

4 制定现场环境保护的控制措施；

5 建立现场环境检查制度，并对环境事故的处理做出相应规定。

7.5.3 现场环境管理应符合国家和地方政府部门的要求。

7.6 成本管理计划

7.6.1 成本管理计划应以项目施工预算和施工进度计划为依据编制。

7.6.2 成本管理计划应包括下列内容。

1 根据项目施工预算，制定项目施工成本目标；

2 根据施工进度计划，对项目施工成本目标进行阶段分解；

3 建立施工成本管理的组织机构并明确职责，制定相应管理制度；

4 采取合理的技术、组织和合同等措施，控制施工成本；

5 确定科学的成本分析方法，制定必要的纠偏措施和风险控制措施。

7.6.3 必须正确处理成本与进度、质量、安全和环境等之间的关系。

7.7 其他管理计划

7.7.1 其他管理计划宜包括绿色施工管理计划、防火保安管理计划、合同管理计划、组织协调管理计划、创优质工程管理计划、质量保修管理计划以及对施工现场人力资源、施工机具、材料设备等生产要素的管理计划等。

7.7.2 其他管理计划可根据项目的特点和复杂程度加以取舍。

7.7.3 各项管理计划的内容应有目标，有组织机构，有资源配置，有管理制度和技术、组织措施等。

条文说明摘要

施工组织设计在投标阶段通常被称为技术标，但它不是仅包含技术方面的内容，同时也涵盖了施工管理和造价控制方面的内容，是一个综合性的文件。

对于已经编制了施工组织总设计的项目，单位工程施工组织设计应是施工组织总设计的进一步具体化，直接指导单位工程的施工管理和技术经济活动。

2.0.4 施工方案在某些时候也被称为分部（分项）工程或专项工程施工组织设计，但考虑到通常情况下施工方案是施工组织设计的进一步细化，是施工组织设计的补充，施工组织设计的某些内容在施工方案中不需赘述，因而本规范将其定义为施工方案。

2.0.5 建筑工程具有产品的单一性，同时作为一种产品，又具有漫长的生产周期。施工组织设计是工程技术人员运用以往的知识和经验，对建筑工程的施工预先设计的一套运作程序和实施方法，但由于人们知识经验的差异以及客观条件的变化，施工组织设计在实际执行中，难免会遇到不适用的部分，这就需要针对新情况进行修改或补充。同时，作为施工指导书，又必须将其意图贯彻到具体操作人员，使操作人员按指导书进行作业，这是一个动态的管理过程。

2.0.6 施工部署是施工组织设计的纲领性内容，施工进度计划、施工准备与资源配置计划、施工方法、施工现场平面布置和主要施工管理计划等施工组织设计的组成内容都应该围绕施工部署的原则编制。

2.0.7 项目管理组织机构是施工单位内部的管理组织机构，是为某一具体施工项目而设立的，其岗位设置应和项目规模匹配，人员组成应具备相应的上岗资格。

2.0.8 施工进度计划要保证拟建工程在规定的期限内完成，保证施工的连续性和均衡性，节约施工费用。编制施工进度计划需依据建筑工程施工的客观规律和施工条件，参考工期定额，综合考虑资金、材料、设备、劳动力等资源的投入。

2.0.9 施工资源是工程施工过程中所必须投入的各类资源，包括劳动力、建筑材料和设备、周转材料、施工机具等。施工资源具有有用性和可选择性等特征。

2.0.10 施工现场就是建筑产品的组装厂，由于建筑工程和施工场地的千差万别，使得施工现场平面布置因人、因地而异。合理布置施工现场，对保证工程施工顺利进行具有重要意义，施工现场平面布置应遵循方便、经济、高效、安全、环保、节能的原则。

2.0.11 施工进度计划的实现离不开管理上和技术上的具体措施。另外，在工程施工进度计划执行过程中，由于各方面条件的变化，经常使实际进度脱离原计划，这就需要施工管理者随时掌握工程施工进度，检查和分析进度计划的实施情况，及时进行必要的调整，保证施工进度总目标的完成。

2.0.12 工程质量目标的实现需要具体的管理和技术措施，根据工程质量形成的时间阶段，工程质量管理可分为事前管理、事中管理和事后管理，质量管理的重点应放在事前管理。

2.0.13 建筑工程施工安全管理应贯彻“安全第一、预防为主”的方针。施工现场的大部分伤亡事故是由于没有安全技术措施、缺乏安全技术知识、不做安全技术交底、安全生产责任制不落实、违章指挥、违章作业造成的。因此，必须建立完善的施工现场安全生产保证体系，才能确保职工的安全和健康。

2.0.14 建筑工程施工过程中不可避免地会产生施工垃圾、粉尘、污水以及噪声等环境污染，制定环境管理计划就是要通过可行的管理和技术措施，使环境污染降到最低。

2.0.15 由于建筑产品生产周期长，造成了施工成本控制的难度。成本管理的基本原理就是把计划成本作为施工成本的目标值，在施工过程中定期地进行实际值与目标值的比较，通过比较找出实际支出额与计划成本之间的差距，分析产生偏差的原因，并采取有效的措施加以控制，以保证目标值的实现或减小差距。

3.0.1 建筑施工组织设计还可以按照编制阶段的不同，分为投标阶段施工组织设计和实施阶段施工组织设计。本规范在施工组织设计的编制与管理上，对这两个阶段的施工组织设计没有分别规定，但在实际操作中，编制投标阶段施工组织设计，强调的是符合招标文件要求，以中标为目的；编制实施阶段施工组织设计，强调的是可操作性，同时鼓励企业技术创新。

3.0.2 我国工程建设程序可归纳为以下4个阶段：投资决策阶段、勘察设计阶段、项目施工阶段、竣工验收和交付使用阶段。本条规定了编制施工组织设计应遵循的原则。

1　在目前市场经济条件下，企业应当积极利用工程特点，组织开发、创新施工技术和施工工艺；

2　为保证持续满足过程能力和质量保证的要求，国家鼓励企业进行质量、环境和职业健康安全管理体系的认证制度，且目前该三种管理体系的认证在我国建筑行业中已较普及，并且建立了企业内部管理体系文件，编制施工组织设计时，不应违背上述管理体系文件的要求。

3.0.3　本条规定了施工组织设计的编制依据，其中技术经济指标主要指各地方的建筑工程概预算定额和相关规定。虽然建筑行业目前使用了清单计价的方法，但各地方制定的概预算定额在造价控制、材料和劳动力消耗等方面仍起一定的指导作用。

在《建设工程安全生产管理条例》（国务院第393号令）中规定：对下列达到一定规模的危险性较大的分部（分项）工程编制专项施工方案，并附安全验算结果，经施工单位技术负责人、总监理工程师签字后实施。

① 基坑支护与降水工程；

② 土方开挖工程；

③ 模板工程；

④ 起重吊装工程；

⑤ 脚手架工程；

⑥ 拆除、爆破工程；

⑦ 国务院建设行政主管部门或者其他有关部门规定的其他危险性较大的工程。

对前款所列工程中涉及深基坑、地下暗挖工程、高大模板工程的专项施工方案，施工单位还应当组织专家进行论证、审查。

除上述《建设工程安全生产管理条例》中规定的分部（分项）工程外，施工单位还应根据项目特点和地方政府部门有关规定，对具有一定规模的重点、难点分部（分项）工程进行相关论证。有些分部（分项）工程或专项工程，如主体结构为钢结构的大型建筑工程，其钢结构分部规模很大且在整个工程中占有重要的地位，需另行分包，遇有这种情况的分部（分项）工程或专项工程，其施工方案应按施工组织设计进行编制和审批。

3.0.6　本条规定了施工组织设计动态管理的内容。

1　施工组织设计动态管理的内容之一就是对施工组织设计的修改或补充。

① 当工程设计图纸发生重大修改时，如地基基础或主体结构的形式发生变化、装修材料或做法发生重大变化、机电设备系统发生大的调整等，需要对施工组织设计进行修改；对工程设计图纸的一般性修改，视变化情况对施工组织设计进行补充；对工程设计图纸的细微修改或更正，施工组织设计则不需调整。

② 当有关法律、法规、规范和标准开始实施或发生变更，并涉及工程的实施、检查或验收时，施工组织设计需要进行修改或补充。

③ 由于主客观条件的变化，施工方法有重大变更，原来的施工组织设计已不能正确地指导施工，需对施工组织设计进行修改或补充。

④ 当施工资源的配置有重大变更，并且影响到施工方法的变化或对施工进度、质量、安全、环境、造价等造成潜在的重大影响时，需对施工组织设计进行修改或补充。

⑤ 当施工环境发生重大改变，如施工延期造成季节性施工方法变化，施工场地变化

造成现场布置和施工方式改变等，致使原来的施工组织设计已不能正确地指导施工时，需对施工组织设计进行修改或补充。

2 经过修改或补充的施工组织设计原则上需经原审批级别重新审批。

4.2.1 施工组织总设计应对项目总体施工做出下列宏观部署。

建设项目通常是由若干个相对独立的投产或交付使用的子系统组成；如大型工业项目有主体生产系统、辅助生产系统和附属生产系统之分，住宅小区有居住建筑、服务性建筑和附属性建筑之分；可以根据项目施工总目标的要求，将建设项目划分为分期（分批）投产或交付使用的独立交工系统；在保证工期的前提下，实行分期分批建设，既可使各具体项目迅速建成，尽早投入使用，又可在全局上实现施工的连续性和均衡性，减少建设工程数量，降低工程成本。

根据上款确定的项目分阶段（期）交付计划，合理地确定每个单位工程的开竣工时间，划分各参与施工单位的工作任务，明确各单位之间分工与协作的关系，确定综合的和专业化的施工组织，保证先后投产或交付使用的系统都能够正常运行。

4.2.3 项目管理组织机构形式应根据施工项目的规模、复杂程度、专业特点、人员素质和地域范围确定，大中型项目宜设置矩阵式项目管理组织，远离企业管理层的大中型项目宜设置事业部式项目管理组织，小型项目宜设置直线职能式项目管理组织。

4.2.4 根据现有的施工技术水平和管理水平，对项目施工中开发和使用的新技术、新工艺应做出规划，并采取可行的技术、管理措施来满足工期和质量等要求。

4.4.2 技术准备包括施工过程所需技术资料的准备、施工方案编制计划、试验检验及设备调试工作计划等；现场准备包括现场生产、生活等临时设施，如临时生产、生活用房，临时道路、材料堆放场，临时用水、用电和供热、供气等的计划；资金准备应根据施工总进度计划编制资金使用计划。

4.4.4 劳动力配置计划应按照各工程项目工程量，并根据总进度计划，参照概（预）算定额或者有关资料确定。目前施工企业在管理体制上已普遍实行管理层和劳务作业层的两层分离，合理的劳动力配置计划可减少劳务作业人员不必要的进、退场或避免窝工状态，进而节约施工成本。

4.4.5 物资配置计划应根据总体施工部署和施工总进度计划确定主要物资的计划总量及进、退场时间。物资配置计划是组织建筑工程施工所需各种物资进、退场的依据，科学合理的物资配置计划既可保证工程建设的顺利进行，又可降低工程成本。

4.5 主要施工方法

施工组织总设计要制定一些单位（子单位）工程和主要分部（分项）工程所采用的施工方法，这些工程通常是建筑工程中工程量大、施工难度大、工期长，对整个项目的完成起关键作用的建（构）筑物以及影响全局的主要分部（分项）工程。

制定主要工程项目施工方法的目的是进行技术和资源的准备工作，同时也为了施工进程的顺利开展和现场的合理布置，对施工方法的确定要兼顾技术工艺的先进性和可操作性以及经济上的合理性。

5.2 施工部署

5.2.1 当单位工程施工组织设计作为施工组织总设计的补充时，其各项目标的确立应同时满足施工组织总设计中确立的施工目标。

5.2.2 施工部署中的进度安排和空间组织应符合下列规定。

1 施工部署应对本单位工程的主要分部（分项）工程和专项工程的施工做出统筹安排，对施工过程的里程碑节点进行说明；

2 施工流水段划分应根据工程特点及工程量进行合理划分，并应说明划分依据及流水方向，确保均衡流水施工。

5.2.3 工程的重点和难点对于不同工程和不同企业具有一定的相对性，某些重点、难点工程的施工方法可能已通过有关专家论证成为企业工法或企业施工工艺标准，此时企业可直接引用。重点、难点工程的施工方法选择应着重考虑影响整个单位工程的分部（分项）工程，如工程量大、施工技术复杂或对工程质量起关键作用的分部（分项）工程。

5.5 主要施工方案

应结合工程的具体情况和施工工艺、工法等按照施工顺序进行描述，施工方案的确定要遵循先进性、可行性和经济性兼顾的原则。

5.6 施工现场平面布置

5.6.1 单位工程施工现场平面布置图一般按地基基础、主体结构、装饰装修和机电设备安装几个阶段分别绘制。

6.3 施工进度计划

6.3.1 施工进度计划的编制应内容全面、安排合理、科学实用，在进度计划中应能反映出各施工区段或各工序之间的搭接关系、施工期限和开始、结束时间。同时，施工进度计划应能体现和落实总体进度计划的目标控制要求；通过编制分部（分项）工程或专项工程进度计划进而体现总进度计划的合理性。

6.5 施工方法及工艺要求

6.5.1 施工方法是工程施工期间所采用的技术方案、工艺流程、组织措施、检验手段等。它直接影响施工进度、质量、安全以及工程成本。本条所规定的内容应比施工组织总设计和单位工程施工组织设计的相关内容更细化。

6.5.3 对于工程中推广应用的新技术、新工艺、新材料和新设备，可以采用目前国家和地方推广的，也可以根据工程具体情况由企业创新；对于企业创新的技术和工艺，要制定理论和试验研究实施方案，并组织鉴定评价。

6.5.4 根据施工地点的实际气候特点，提出具有针对性的施工措施。在施工过程中，还应根据气象部门的预报资料，对具体措施进行细化。

7.3 质量管理计划

7.3.1 施工单位应按照《质量管理体系 要求》建立本单位的质量管理体系文件。可以独立编制质量计划，也可以在施工组织设计中合并编制质量计划的内容。质量管理应按照PDCA循环模式，加强过程控制，通过持续改进提高工程质量。

7.3.2 本条规定了质量管理计划的一般内容。

1 应制定具体的项目质量目标，质量目标应不低于工程合同明示的要求；质量目标应尽可能地量化和层层分解到最基层，建立阶段性目标。

2 应明确质量管理组织机构中各重要岗位的职责，与质量有关的各岗位人员应具备与职责要求匹配的相应知识、能力和经验。

3　应采取各种有效措施，确保项目质量目标的实现；这些措施包含但不局限于：原材料、构配件、机具的要求和检验，主要的施工工艺、主要的质量标准和检验方法，夏期、冬期和雨期施工的技术措施，关键过程、特殊过程、重点工序的质量保证措施，成品、半成品的保护措施，工作场所环境以及劳动力和资金保障措施等。

4　按质量管理八项原则中的过程方法要求，将各项活动和相关资源作为过程进行管理，建立质量过程检查、验收以及质量责任制等相关规定，对质量检查和验收标准做出规定，采取有效的纠正和预防措施，保障各工序和过程的质量。

7.4　安全管理计划

7.4.1　安全管理计划应在施工单位安全管理体系的框架内，针对项目的实际情况编制。

7.4.2　建筑施工安全事故（危害）通常分为七大类：高处坠落、机械伤害、物体打击、坍塌倒塌、火灾爆炸、触电、窒息中毒。安全管理计划应针对项目具体情况，建立安全管理组织，制定相应的管理目标、管理制度、管理控制措施和应急预案等。

附录 2　施工组织设计的版式风格与装帧

一、施工组织设计的版式风格

(一) 纸张大小

采用 A4 幅面纸张，规格为：210mm×297mm。

(二) 排版规定

1. 页眉

横线左上方打印“资料名称”。

横线右上方打印“资料第×章名称”。

采用仿宋体、小五号字，印刷在横线上方，详见“附录 2 示例”。

2. 页脚

横线左下方打印“编制单位全称”。

横线右下方打印“页码”。例如：a－b，第一个字母“a”表示每章序号，第二个字母“b”表示本章页码。

0－2

目录 | 第 2 页　　（页脚 0－2 表示“目录”第 2 页）

采用仿宋体、小五号字，印刷在横线下方，详见“附录 2 示例”。

3. “目录”的页码编制

“目录”——采用仿宋体，小二号，加黑；

“每一章的名称”(简称：章名)——采用仿宋体、四号字，加黑；

“每一节的名称”(简称：节名)——采用仿宋体、小四号字；

“章节名”的“页码”——采用仿宋体、小四号字；

“页码”与“章节名”用细点画线相连接。

详见“附录 2 示例”：“目录”。

4. 排版要求

① 排版印刷规格为 153.3mm×247mm。

② 页边距。左边 31.7mm、上下和右边均为 25mm。

③ 实例。详见附图 2.1 排版规格。

5. 字体、字号和行距

“资料正文”页的编制按如下规定执行。

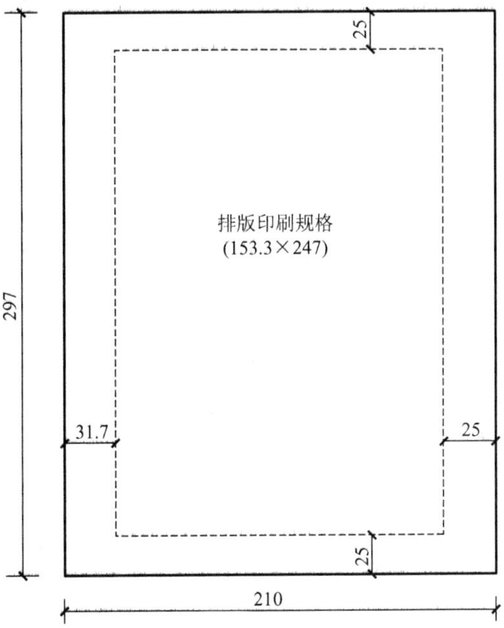

附图 2.1 排版规格

①“每一章名”。

采用隶书体、小二号字，加黑。

②“每一节名”。

※字体：——选用仿宋体；

※字号：——选用四号字，加黑；

※行距：——选用 1.5 倍行距。

③“每页正文内容”。

※字体——选用仿宋体；

※字号——选用小四号字体；

※行距——选用 1.5 倍行距。

详见“附录 2 示例”：“第四章”。

6. 篇、章、节间的安排

施工组织设计资料一般分为篇、章、节和附录，每“篇”之间和“附录”与“章”之间（特殊情况下，每章之间）可用不同的彩页来分开，加上该“篇”或“附录”名称，这样可以给人一种变化和一张一弛的节奏感。

7. 章节内的层次

一般来讲，篇、章、节题要居中。文章中的各种小标题应该醒目。常用的标题层次和格式见附表 2.1。

附表 2.1　常用标题层次及格式

第 1 种	第 2 种
第一章 ×××× (居中) 第一节 ×××× (居中) 一、××××× (占一行) (一) ×××× (占一行) 1. ×××× (接排或不接排) (1) ×××× (接排或不接排) 1) ×××× (接排或不接排)	一、×××× (居中) (一) ×××× (占一行) 1. ××××× (接排或不接排) (1) ×××× (接排或不接排) 1) ×××× (接排或不接排) A×××××× (接排)
第 3 种	**第 4 种**
第 1 章×××× (居中) 1.1××××× (占一行) 1.1.1×××× (占一行) 1.1.1.1×××× (占一行或接排) (1) ××××× (接排) 1) ××××× (接排)	1. ×××× (居中) 1.1×××× (占一行) 1.1.1×××× (占一行) 1.1.1.1××××(占一行或接排) (1) ×××× (接排) 1) ××××× (接排)

8. 插图

建筑资料编制时，正文编号如遇有插图，按以下规定办理。

① 插图应放在靠近相关正文的地方。

② 插图应有图题和编号，图号和图题写在图下居中，字号可比正文小一号。图号可全篇统一编号，也可按篇、章、节编号。

③ 字体、字号。

A. 编号：图 A－B

第 A 章　图 B 号

B. 图名选用仿宋体，五号字；

C. 附注或说明：仿宋体，小五号字；

D. 实例：

第三章　图2　仿宋体、五号字

图3-2　施工平面总布置图

仿宋体、小五号字

注：①图中尺寸单位为mm；②框边宽度为35mm。

④ 插图的画法和尺寸符号的标注，应符合制图规定。

⑤ 同一份资料的插图风格、体例、名词、术语、字母、符号要前后统一，并且要与正文呼应。

9. 表格

建筑资料编制时，正文编号如插有“表”时，应按如下规定办理。

① 表格应放在靠近相关正文的地方。

② 每个表格须有表名和表序号。表名居中填写，表序号写在表右角上。表序号可全

篇统一编号，也可按篇、章、节编号。

③ 表注写在表下。若表注为表中某个特定项目的说明，须采用呼应注。

④ 表内同一栏或行中的数据为同一单位时，单位应在表头内表示。表内数据对应位要对齐，数据暂缺时，应空出；不填写数据时，应画一短横线。

⑤ 表内文字可比正文小一号，表内文字末尾不用标点。

⑥ 字体、字号。

A. 编号：表 A - B。

第 A 章　“表” B 号

B. 表格名称选用仿宋体、五号字；

C. 表内文字选用仿宋体、五号字。

D. 表格附注或说明：仿宋体、小五号字。

⑦ 示例：

仿宋体、五号　　第五章　表10

预埋件和预留孔洞的允许偏差　　表5-10

序号	项目	允许偏差/mm
1	预埋钢板中心线位置	3
2	预埋管、预留孔中心线位置	3

注：本表摘自《混凝土工程施工验收规范》。

仿宋体、小五号

⑧ 资料为阅读方便，可以专门设置附页，如需表明“篇”“附录”时，应采用颜色纸作为分隔页。页面书写要求及字体如附图 2.2 所示。

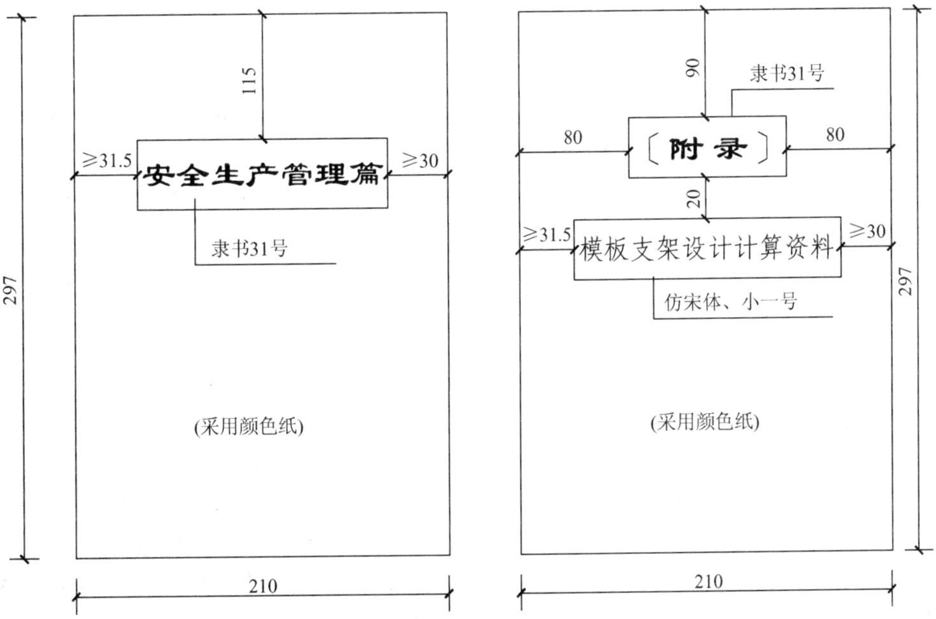

附图 2.2 “篇”“附录”排版图

二、施工组织设计资料的文稿要求

(一) 文字

不要乱用不规范的简化字、自造字、别字(如“零件”写为“另件”等)、繁体字。对于电脑打字容易出现的错误要加强检查,防止遗漏。

(二) 数字

① 统计数字、各种计量(包括分数、倍数、百分数等)及图表编号等各种顺序号,一般均用阿拉伯数字。

② 世纪、年代、年、月、日和时刻均用阿拉伯数字并一律用全称。例如:

“1999 年”不能写作“一九九九年”和“99 年”;

“1995—1999 年”不能写作“1995—99 年”;

“20 世纪 90 年代”不能写作“二十世纪九十年代”。

(三) 外文符号

代表纯数和标量的外文字母,一般写成斜体。用外文缩写表示的一些函数和算符,如三角函数 sin、cos 等计量单位符号,如温度单位符号℃、K,国标和部标代号,产品型号,零件及产品牌号,如钢筋牌号 HRB 等,外文人名、书名、地名及机关团体和各种缩写等,一般用正体字。

全篇采用的符号应前后统一,力求避免两个不同概念采用同一符号或同一概念用不同符号表示。

三、施工组织设计的装帧

施工组织设计的装帧,体现一本施工组织设计的整体风格,体现了一个企业的文化传承和审美观点,展示着一个企业的素质。因此,对施工组织设计的装帧必须给予重视。一般应考虑以下问题。

(一) 封面设计

封面设计应该与企业的 CI(企业识别)系统一致,体现自己企业的文化。对于投标施工组织设计有特殊要求必须隐去单位的,也可以在封面颜色、格式及图案等方面给予体现。封面的设计既要吸引人的目光,给人以美感,又不能太花哨,让人觉得华而不实。

(二) 印刷

若施工组织设计对图片的要求较高,如装饰施工组织设计或园林施工组织设计,可部分或全部采用彩色印刷。当然成本会高,但效果会很好。对于一般施工组织设计,可以把一些特别的图片,如施工总平面图、网络图等采用彩色印刷以增强效果,而其他则普通印刷。

(三) 装订

对于施工组织设计的装订,有两种途径。一种是采用已经定制好的封面夹,对打印好的施工组织设计打孔或穿线,与封面夹结合好即可。这种做法简单,成本低,但不是很整齐。另一种方法是直接进装订厂装订。这样出来的施工组织设计装订精美,切边整齐。这会给人良好的印象,在投标中将会占有额外的优势。

〔示 例〕

《高层住宅土建工程施工组织设计编制实例》

隶书体、35号(双行排列)

高层住宅土建工程
施工组织设计编制实例

(2017年标准版)

隶书体、18号

××市××建设有限公司

二〇一七年八月一日

隶书体、三号

仿宋体、小五号

高层住宅土建工程施工组织设计编制实例　　25mm　　目录

目　　录
CONTENTS

仿宋体、四号、加黑　　仿宋体、小二号、加黑　　仿宋体、小四号

31.7mm

25mm

仿宋体、小四号

××市××建设有限公司编制　　25mm　　0-1

仿宋体、小五号

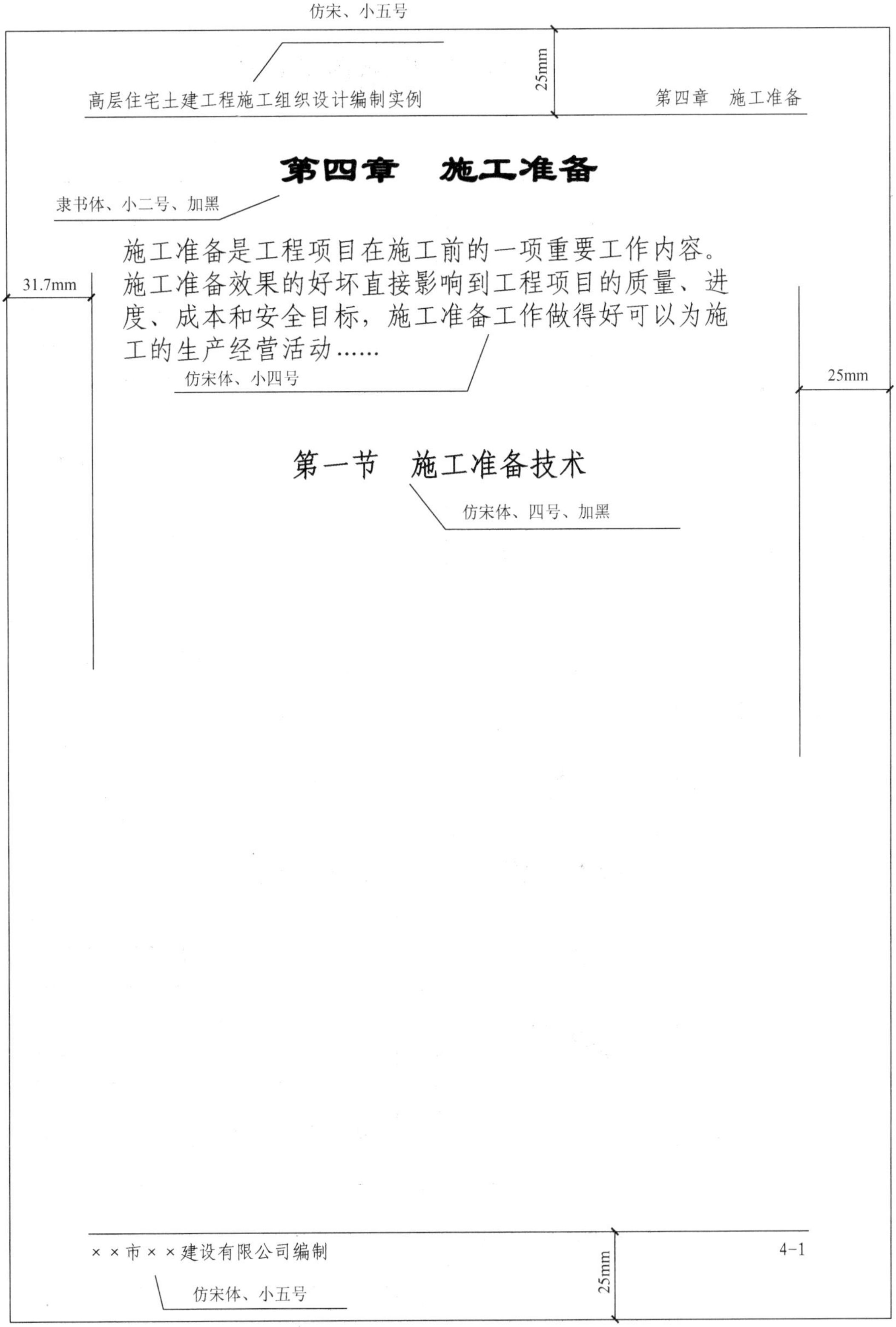
仿宋、小五号
高层住宅土建工程施工组织设计编制实例
25mm
第四章　施工准备
第四章　施工准备
隶书体、小二号、加黑
施工准备是工程项目在施工前的一项重要工作内容。施工准备效果的好坏直接影响到工程项目的质量、进度、成本和安全目标，施工准备工作做得好可以为施工的生产经营活动……
31.7mm
仿宋体、小四号
25mm
第一节　施工准备技术
仿宋体、四号、加黑
××市××建设有限公司编制
4-1
25mm
仿宋体、小五号

附录3　施工平面图图例

项目	序号	名称	图例
地形及控制点	1	三角点	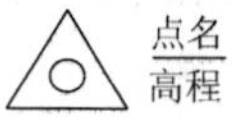
	2	水准点	
	3	原有房屋	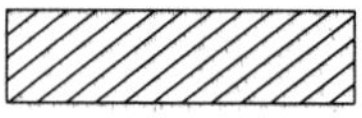
	4	窑洞：地上、地下	
	5	蒙古包	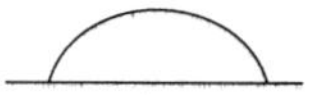
	6	坟地、有树坟地	
	7	石油、盐、天然气井	
	8	竖井、矩形、圆形	
	9	钻孔	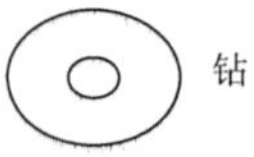
	10	浅深井、试坑	
	11	等高线：基本的、补助的	
	12	土堤、土堆	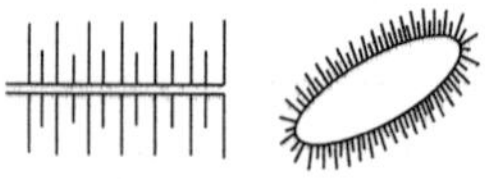
	13	坑穴	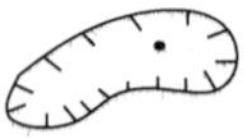
	14	断崖（2.2为断崖高度）	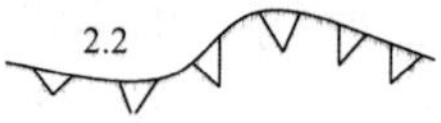
	15	滑坡	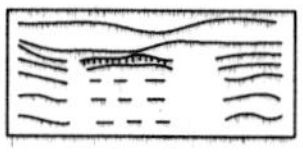
	16	树林	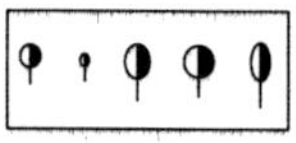
	17	竹林	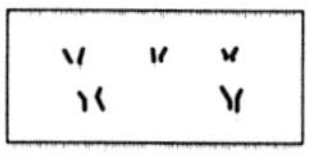
	18	耕地：稻田、旱地	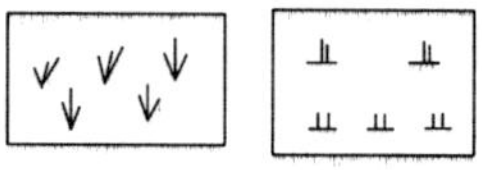
建筑物、构筑物	1	拟建正式房屋	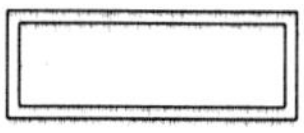
	2	施工期间利用的拟建正式房屋	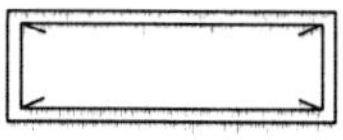
	3	将来拟建正式房屋	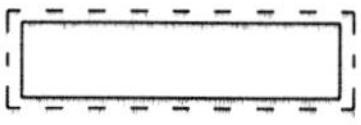
	4	临时房屋：密闭式 敞篷式	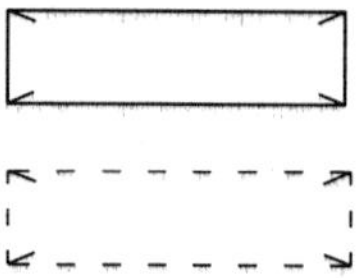
	5	拟建的各种材料围墙	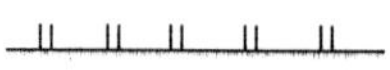
	6	临时围墙	
	7	建筑工地界线	

续表

项目	序号	名称	图例
建筑物、构筑物	8	工地内的分区线	
	9	烟囱	
	10	水塔	
	11	房角坐标	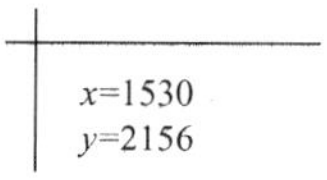
	12	室内地面水平标高	
交通运输	1	现有永久公路	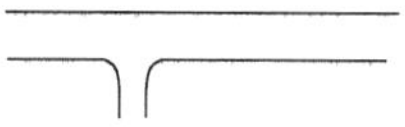
	2	拟建永久道路	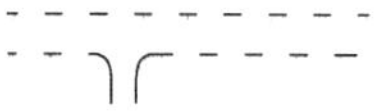
	3	施工用临时道路	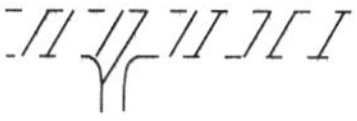
	4	现有大车道	
	5	现有标准轨铁路	
	6	拟建标准轨铁路	
	7	施工期间利用的拟建标准轨铁路	
	8	现有的窄轨铁路	
	9	施工用临时窄轨铁路	
	10	转车盘	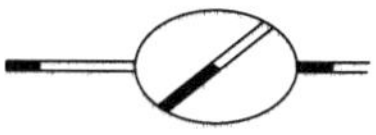

项目	序号	名称	图例
交通运输	11	道口	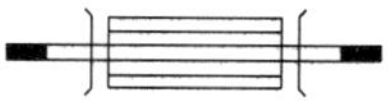
	12	涵洞	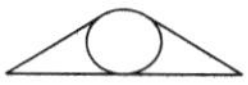
	13	桥梁	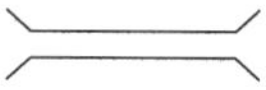
	14	铁路车站	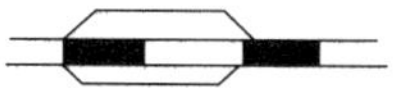
	15	索道（走线滑子）	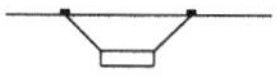
	16	水系流向	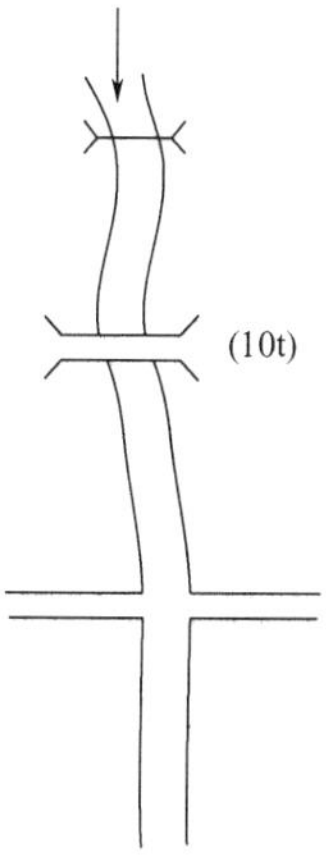
	17	人行桥	
	18	车行桥	
	19	渡口	
	20	码头 顺岸式 趸船式 堤坝式	
	21	船只停泊场	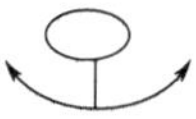
	22	临时岸边码头	
	23	桩式码头	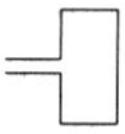
	24	趸船船头	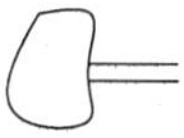

续表

项目	序号	名称	图例
材料、构件堆场	1	临时露天堆场	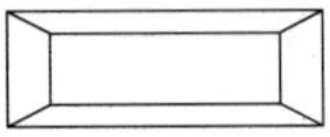
	2	施工期间利用的永久堆场	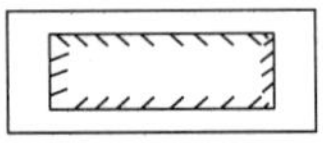
	3	土堆	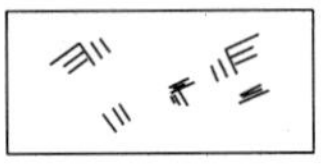
	4	砂堆	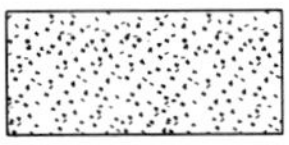
	5	砾石、碎石堆	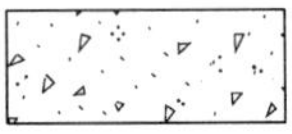
	6	块石堆	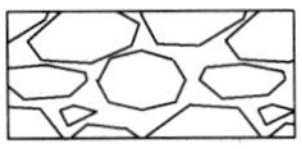
	7	砖堆	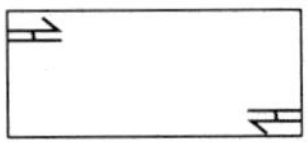
	8	钢筋堆场	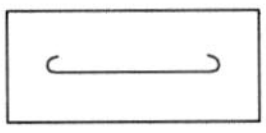
	9	型钢堆场	
	10	铁管堆场	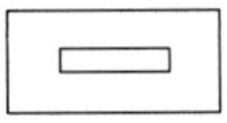
	11	钢筋成品场	
	12	钢结构场	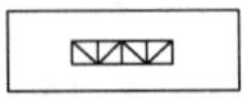
	13	屋面板存放场	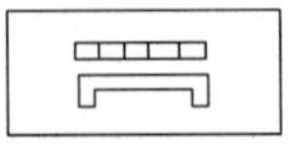
	14	砌块存放场	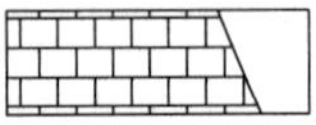
	15	墙板存放场	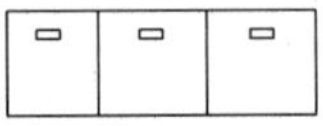
材料、构件堆场	16	一般构件存放场	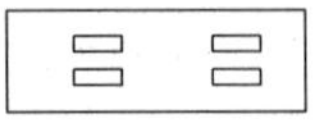
	17	原木堆场	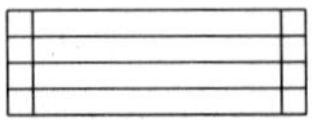
	18	锯材堆场	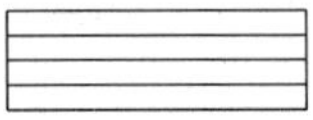
	19	细木成品场	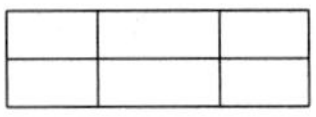
	20	粗木成品场	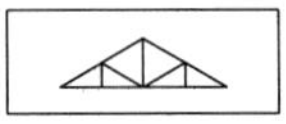
	21	矿渣、灰渣堆	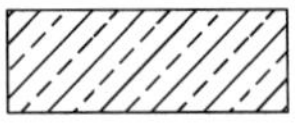
	22	废料堆场	
	23	脚手架、模板堆场	
动力设施	1	临时水塔	
	2	临时水池	
	3	储水池	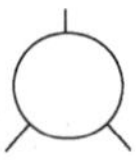
	4	永久井	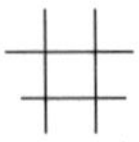
	5	临时井	
	6	加压井	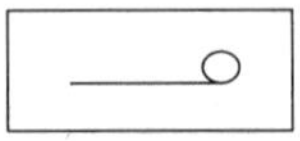
	7	原有的上水管线	

续表

项目	序号	名称	图例	项目	序号	名称	图例
动力设施	8	临时给水管线	—— S —— S ——	动力设施	24	总降压变电站	
	9	给水阀门（水嘴）			25	发电站	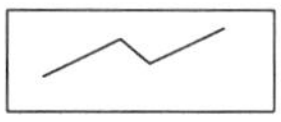
	10	支管接管位置			26	变电站	
	11	消火栓（原有）			27	变压器	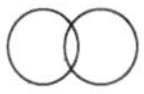
	12	消火栓（临时）			28	投光灯	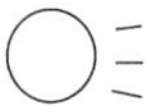
	13	消火栓			29	电杆	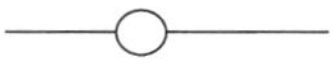
	14	原有上下水井	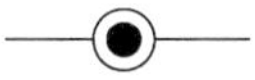		30	现有高压6kV线路	——WW—— WW——
	15	拟建上下水井	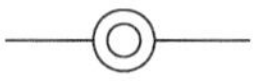		31	施工期间利用的永久高压6kV线路	——LWW—— LWW——
	16	临时上下水井	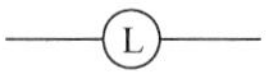		32	临时高压3～5kV线路	—— W —— W ——
	17	原有的排水管线	—— \ —— \ ——		33	现有低压线路	——VV—— VV ——
	18	临时排水管线	—— P ——		34	施工期间利用的永久低压线路	——LVV —— LVV——
	19	临时排水沟			35	临时低压线路	—— V —— V ——
	20	原有化粪池			36	电话线	—— -O- —— -O- ——
	21	拟建化粪池	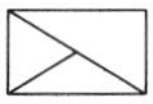		37	现有暖气管道	══ T ══ T ══
	22	水源			38	临时暖气管道	—— Z ——
	23	电源	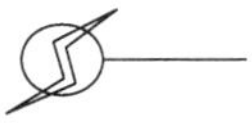		39	空压气站	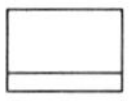
					40	临时压缩空气管道	——YS——

续表

项目	序号	名称	图例	项目	序号	名称	图例
施工机械	1	塔轨	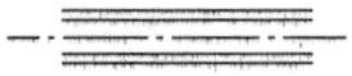	施工机械	15	推土机	
	2	塔式起重机			16	铲运机	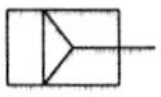
	3	井架	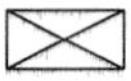		17	混凝土搅拌机	
	4	门架	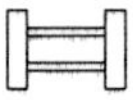		18	灰浆搅拌机	
	5	卷扬机	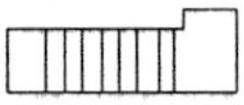		19	洗石机	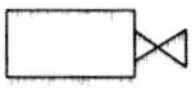
	6	履带式起重机	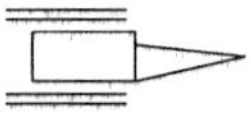		20	打桩机	
	7	汽车式起重机	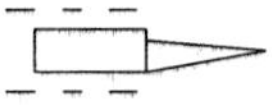		21	水泵	
	8	缆式起重机	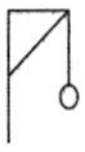		22	圆锯	
	9	铁路式起重机	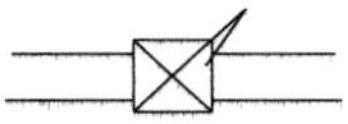	其他	1	脚手架	
	10	皮带运输机	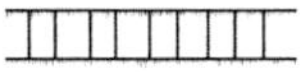		2	壁板插放架	
	11	外用电梯			3	淋灰池	
	12	少先吊			4	沥青锅	
	13	挖土机：正铲 反铲 抓铲 拉铲	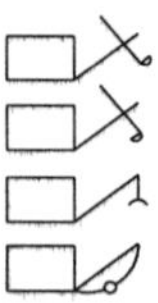		5	避雷针	
					6		
	14	多斗挖土机	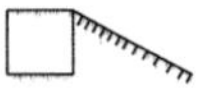		7		
					8		

附录4　某住宅楼工程施工组织设计实训指导书

一、实训教学的目的

通过对某住宅楼施工组织设计的编制，使学生掌握单位工程施工组织设计的基本原理和编制方法。通过实训达到能独立编制单位工程施工组织设计的目的。

二、实训指导书

1. 教学方法

采用"能力迁移训练模式"进行实训教学。即教师分章节讲解职工宿舍（JB型）工程施工组织设计的编制方法。学生按施工组织设计8部分内容，以某住宅楼工程为对象，同步进行训练，从而达到学生能独立编制单位工程施工组织设计的目的。

2. 职工宿舍（JB型）工程施工组织设计讲授要点

详见训练7.2——职工宿舍（JB型）工程施工组织设计，应重点讲解施工方案、施工进度计划编制、施工平面图设计等内容。

3. 某住宅楼工程施工组织设计实训指导

（1）工程概况的编写

可参考本教材项目7训练7.1的相关表格，结合工程实际情况，进行删减编制成表格，然后根据施工图纸填写表格。用列表方式来说明拟建工程名称、性质、规模、地点特征、建筑面积、建筑及结构特点，施工工期、自然条件、施工条件等。

（2）施工部署的编写

① 根据施工合同、招标文件以及本单位要求，确定工期目标、质量目标、安全目标及其他管理目标。

② 根据本工程的实际情况，确定施工顺序，划分流水施工段。

③ 根据本工程的实际情况，确定工程管理的组织机构形式及其职责。

④ 拟定本工程使用的新技术、新工艺。

（3）施工方案的编写

① 选择土方工程施工方案。

a. 确定土方开挖方案。

b. 如选用机械挖土，应选择土方开挖和运输机械类型、型号和数量。

c. 计算土方工程量（包括预留回填土土方量和运出土方量）。

d. 在平面图上标出土方开挖方向，画出土方开挖图。

e. 本工程地下水位低，因此不必编写降水方案。

② 选择基础工程施工方案。

a. 选择预应力管桩的施工方法（锤击法还是静压法）。

b. 按照选择的施工方法，确定施工机械型号、数量以及施工工艺、质量标准、安全要求。

c. 桩承台、基础梁施工工艺及质量要求。

③ 选择主体工程施工方案。

a. 确定主体结构工程施工顺序和施工方法，其中，应重点阐述模板工程、钢筋工程、混凝土工程的施工顺序和施工方法。

b. 选择1根主梁进行模板设计并进行强度和稳定性验算。

c. 填充墙砌筑应根据不同性质的材料，选择砌筑方法、组砌形式、留槎形式和要求，以及与框架柱的拉接措施。

d. 选择装饰工程施工方案。确定装饰工程施工顺序、施工方法、工艺要求和质量标准。

e. 脚手架工程施工方案

外墙脚手架选用扣件式钢管双排落地式脚手架；内墙采用门式脚手架。在确定以上工程施工方案时，可以采用两种或两种以上可行的施工方案，进行技术经济比较，从中选出技术上可行、经济上合理的最优方案。

(4) 编写施工进度计划

① 根据施工合同确定甲方给定的工期；根据合同工期、结合自身的施工实践经验，确定控制工期，并使控制工期小于合同工期。

② 按各流水段的工程量，通过施工定额计算，确定各项施工过程的作业时间。

③ 在确定的控制工期和开竣工日期条件下，初步编排单位工程施工进度计划（横道图）和标准层主体结构施工进度计划（网络图）。

④ 对横道图和网络图进行优化，形成正式的单位工程施工进度计划（横道图）和标准层主体结构施工进度计划（网络图）。

⑤ 在横道图上绘制劳动力动态曲线图。

⑥ 以拟定的施工进度计划为依据，编制各项资源需要量计划表（含劳动力需要量计划、主要材料需要量计划、施工机具需要量计划，其中劳动力需要量计划应分工种进行统计汇总）。

(5) 设计施工平面布置图

① 按使用功能划分区域：施工区、办公区、生活区。

② 设计围墙、大门。

a. 围墙选用压型钢板围挡、高度 $h \geqslant 1.8$m；钢管柱间距 3m；围墙应沿道路周边布置。

b. 大门选用钢板大门、宽 6m、双扇密闭门，门头上设企业标志，门上书写企业名称；大门可设一处也可设两处或三处，由设计者自定。但是，从安全角度应尽可能少设大门，同时，可减少门卫人数及设施数量。

c. 设置门卫值班室。门卫、值班室按 6～8m^2/人考虑。

③ 施工区平面图设计。

a. 设计内容。内容包括垂直运输设施、混凝土搅拌站、砂浆搅拌站、钢筋加工棚、木工房、仓库、砂石堆放场。

b. 垂直运输设施布置。

如选用塔式起重机，位置应尽量靠近墙面，距离不宜超过 6m；塔式起重机臂长的选择应覆盖范围大，尽可能减少建筑物“死角”；同时，要能覆盖钢筋加工场和砂浆搅拌站。在选择塔式起重机臂长和安装位置时，要特别注意与 110kV 高压线保持一定的安全距离；与 10kV 高压线最好能保持安全距离，如有困难时，也可以采取绝缘保护措施。

选用井架时，方位宜与墙面平行并尽量布置在建筑物长边方向；卷扬机棚与井架距离应大于 10m；井架搭设高度以高出屋面 3～5m 为宜。

c. 混凝土搅拌站、砂浆搅拌站。

因工程使用商品混凝土，因此，现场混凝土搅拌量较少，据此可以确定混凝土搅拌站 $25m^2$；砂浆搅拌站 $15m^2$；养护室 $15m^2$。

④ 临时生产性用房。

a. 钢筋加工场、木工房等临时生产性用房按《建筑工程施工组织设计》项目 7 表 7-5、表 7-6 计算面积。

b. 生产性用房采用敞开式轻钢结构、石棉瓦屋面。

⑤ 办公区平面设计。

a. 设计内容。内容包括会议室、办公室、医务室、档案资料室、食堂、厕所。

b. 设计标准。根据项目经理部组织机构进行设计，原则上项目经理、技术负责人、副经理应设置单间办公室；其他机构以部门为单位来划分办公室，按 $3～4m^2$/人计算面积；档案资料室、医务室应设置单独房间；会议室应设置单间，且不小于 $30m^2$，面积视开会人数确定；办公室选用活动板房（二层）；位置宜设在工地出入口附近、远离塔式起重机的安全范围内选址。办公室附近宜设置“五牌一图”并布置宣传栏，地面应硬化，同时应适当布置绿化区。

⑥ 生活区平面设计。

a. 本工程不设宿舍区，甲方安排职工及民工在附近已建的家属宿舍中午休息。

b. 食堂。

本工程因不设生活区，职工及民工均回家居住，仅中午在工地吃饭，因此，工地应设置食堂。食堂面积按 $0.5～0.8m^2$/人乘以工地高峰期职工及民工人数计算。采用轻钢结构、压型瓦屋面，跨度按 4～9m 选用。选址宜在下风侧，且距厕所、垃圾站最少 15m 距离。

c. 厕所。

设男女厕所标准：男厕每 50 人设 1 个蹲位；设 1m 长小便槽。女厕每 25 人设 1 个蹲位。厕所内设置简易自动冲便器，以保证清洁。

d. 小卖部。

可附设在食堂一侧，宜单间布置。

⑦ 道路。

a. 干道 5～6m，支线≥3.5m。

b. 采用碾压砂土的简易做法，修简易土明沟排水。

⑧ 施工用水及污水排放。

a. 水源。选用城市供水，现场已有水源接驳点。

b. 用水量。按工程用水、施工机械用水、施工现场生活用水和工地消防用水，计算总用水量及选择管径。

c. 管线采用统一干管从水源接驳并安装水表，然后，按枝状管网布置管线；选用钢管暗铺方式。

d. 消防用水及消防栓应按规范要求布置，其中，木工房附近应设置 1 个消火栓。

e. 污水应引入污水井，再排入市污水管网。厕所应设置化粪池处理后，再排入污水井。

⑨ 施工供电。

a. 电源。从 10kV 高压线引入，设变压器。

b. 用电容量计算。根据施工需用设备查表计算。

c. 选择变压器及导线截面面积。根据用电容量经计算确定。

d. 按枝状布置线路，25m 设置一根木杆。

e. 按 TN－S 系统布置导线，设置三级配电系统（变电所总配电箱—分配电箱—开关箱），每台设备配备 1 台开关箱，开关箱内设置闸刀开关和漏电开关。

⑩ 施工平面图设计参考资料。

a. 常用施工机械台班产量。

塔式起重机：120 次/台班（综合）；井架：84 次/台班。

混凝土搅拌机：J－250 型为 20m^3/台班；J－350 型为 36m^3/台班。

砂浆搅拌机：10m^3/台班。

b. 一次提升材料数量。

红砖：0.5m^3；砂浆：0.325m^3；混凝土：0.5m^3。

c. 材料数量计算数据。

每立方米砌体需要红砖 535 块，砂浆 0.23m^3；每 100m^2 抹灰面积需要砂浆 2.2m^3。

d. 建筑工地道路与构筑物最小距离见附表 4.1。

附表 4.1　道路与构筑物最小距离

构筑物名称	至行车道边最小距离/m
建筑物墙壁（无汽车入口）外墙表面	1.5
建筑物墙壁（有汽车入口）外墙表面	7.0
围墙	1.5
铁路轨道外侧缘	3.0

（6）主要施工管理计划的编写

① 编写内容。

本工程施工组织设计应编写进度管理计划、质量管理计划、安全管理计划、环境管理计划、文明施工管理计划。

② 编写要求。

A. 进度管理计划。

a. 总进度计划逐级分解的阶段性目标（含桩基工程、±0.000 以下基础工程、主体结构封顶日期、外架拆除日期、装饰工程完成日期以及工程竣工验收日期）；

b. 针对不同施工阶段的特点，制定进度管理的相应措施（包括施工组织措施、技术措施和合同措施）。

B. 质量管理计划。

a. 按照项目要求确定质量目标并进行目标分解，质量指标应具有可测性；

b. 建立项目质量管理的组织机构并明确职责；

c. 制定符合项目特点的技术保障和资源保障措施，通过可靠的预防控制措施，保证质量目标的实现；

d. 建立质量过程检查制度，并对质量事故的处理做出相应规定。

C. 安全管理计划。

a. 确定项目重要危险源，制定安全管理目标；

b. 建立安全管理组织机构并明确职责；

c. 针对项目重要危险源，制定安全技术措施；

d. 制定雨季施工安全措施。

D. 环境管理计划。

a. 制定环境管理目标；

b. 制定现场环境保护的控制措施。

E. 文明施工管理计划。

a. 制定文明施工管理目标；

b. 制定文明施工管理措施。

(7) 计算技术经济指标

单位工程施工组织设计技术经济指标主要包括：施工场地占地面积、施工工期、劳动量、劳动力不均衡系数，采用合理施工方案和先进技术的成本节约指标等。

三、实施性施工组织设计的设计成果

① 施工组织设计说明书1份（包括封面、会签评语页、设计任务书、目录、正文）；

② 单位工程施工进度计划（横道图）；

③ 标准层主体结构进度计划（网络图）；

④ 施工现场平面布置图（主体工程施工阶段）。

四、实施性施工组织设计的书写要求

① 施工组织设计说明书要求文字表达清楚，章节安排合理，排版规范；文本的具体格式、字体、排版应符合《课程设计书写规范》的要求打印并装订。

② 设计说明书要求3000～5000字，其中必须有施工方案选择的理由、模板设计分析计算过程，单位工程施工进度表和施工平面图的说明，并附有必要的简图。

③ 图纸必须按国家制图标准绘制，且图面整洁、比例合适、尺寸正确、图框、图标、字体应符合要求，线条粗细分明，并附有必要的图注和说明。图标位于图纸右下角，图标中应有图纸名称、签名。其中施工进度表采用2号或2号加长图纸；施工平面图采用2号图纸，比例1∶300。

④ 装订顺序为：封面、设计任务书、目录、施工组织设计正文部分、附图表；装订时，图纸按标准方式折叠装订后放入课程设计资料中。

五、设计参考资料

① GB/T 50502—2009《建筑施工组织设计规范》；
② JGJ/T 188—2009《施工现场临时建筑物技术规范》；
③ 现行施工及验收规范；
④《建筑施工手册》；
⑤ 广东省建筑工程预算定额；
⑥《全国建筑安装统一劳动定额》；
⑦《建筑施工工程师手册》；
⑧《建筑施工组织设计》；
⑨《建筑施工组织实训》。

六、课程设计时间分配表

总课时：40 课时。
具体分配表见附表 4.2。

附表 4.2　课程设计时间分配

序号		工作内容	学时
1		布置设计任务书，熟悉和审核施工图纸，编写工程概况	2
		学生编写某住宅楼工程概况	(2)
2	A	基础工程施工方案	4
		教师讲述职工宿舍土方及桩基施工方案	(2)
		学生编写某住宅楼土方及桩基施工方案	(2)
	B	主体工程施工方案	6
		教师讲述职工宿舍主体工程施工方案	(2)
		学生编写某住宅楼主体工程施工方案	(4)
	C	屋面工程施工方案及脚手架工程施工方案	4
		教师讲述屋面工程防水施工方法及扣件式脚手架方案	(2)
		学生编写某住宅楼屋面工程施工方案	(2)
	D	装饰工程施工方案	4
		教师讲述职工宿舍装饰工程施工方案	(1)
		学生编写某住宅楼装饰工程施工方案	(3)
3		施工进度计划的编写	4
		教师讲解施工定额及施工进度计划编写方法	(2)
		学生编写某住宅楼施工进度计划	(2)

续表

序号	工 作 内 容	学　　时
4	设计布置施工平面图	6
	教师讲解施工平面图设计要点	(2)
	学生进行某住宅楼施工平面图设计	(4)
5	主要管理计划编写、计算技术经济指标	4
	学生编写主要管理计划及计算技术经济指标	(4)
6	整理施工组织设计文稿，打印、装订并提交	2
7	答辩	4

注：表中括号内容代表分项内容，数值相加等于括号上方不加括号数值。

七、投标施工组织设计实训的组织与实施（建议）

为了提高学生学习的兴趣，建议采用模拟企业“技术标”竞标方式组织实训，具体办法如下。

① 教师代表建设单位发布“招标书”。招标文件包括招标书及附件，可将实训任务书修改为附件。

② 学生以每5～8人为一组分别代表××公司参与投标。

A. 按实训内容编制“技术标”。

B. “技术标”以学生为主编制，教师指导“技术标”的编制。

③ 评标答辩。

A. 要求每组参与竞标单位采用PPT简单做汇报（时间不超过10min；重点内容为施工方案选择、施工进度安排、施工平面图设计、单位工程施工组织设计技术经济指标）。

B. 答辩。由建设方（教师）和评委进行提问。

C. 评委由5名随机抽取的学生组长代表组成（有条件时，可聘请企业专家和非任课老师）。

D. 答辩评分以百分制记分（评分标准由教师制定）。去掉最高分、最低分，取平均分记分。

④ 实训总结。由教师宣布中标单位并针对实训情况总结经验。

八、施工组织设计实训评分标准

① 施工组织设计卷面评分占50%，由教师负责评定；设计答辩评分占30%，以学生评分为准；实训期间学习态度及表现占20%；最后，将综合评分百分制，再折算为“五级记分”。

② 由教师根据学生的实训考勤、实训表现、实训分数写出评语。

附录5　某住宅楼施工图

5.1　建筑设计说明

1. 工程概况

① 本项目为住宅楼。

② 建筑层数：六层。

③ 建筑耐火等级为二级，屋面防水等级为Ⅱ级。

2. 建筑定位

建筑定位详见工程总平面图，室内±0.000标高为相对标高。

3. 建筑墙体

① 本工程为钢筋混凝土框架结构，内墙和外墙及隔墙厚度详见建筑施工图。

② 墙体开洞、砖砌体、结构主体拉接、门窗过梁做法、墙体砌筑和砂浆强度等级等，均详见结构施工图。

③ 室内墙、柱阳角均设1500mm高，两边各宽25mm，20mm厚1∶3水泥砂浆护角。

④ 钢筋混凝土柱和砖墙连接处均按构造配置拉结筋，详见结构说明。

⑤ 墙身防潮层设于室内地面下60mm处（此处若为钢筋混凝土构件时除外），防潮层为20mm厚1∶2水泥砂浆（内掺5%防水剂）。

⑥ 外墙做法如下。

A. 3mm厚1∶1水泥砂浆加水重20%的108胶镶贴45mm×95mm色条形面砖，纯水泥浆勾缝。

B. 5mm厚水泥浆抹面（毛面）。

C. 15mm厚1∶3水泥砂浆打底、扫毛。

D. 砖墙（或混凝土梁柱刷素水泥浆一道）。

⑦ 内墙面做法如下。

A. 刮白色乳胶腻子，扫白色乳胶漆两道。

B. 5mm厚1∶0.5∶3水泥石灰砂浆面。

C. 15mm厚1∶1∶6水泥石灰砂浆打底、扫毛。

4. 楼、地面

① 卫生间、厨房等宜受水浸房间的楼地面及阳台面比同层相邻房间和部位的楼地面低50mm（厨房和餐厅未做分隔的除外），并做泛水，坡向地漏，其房间四周（或管井壁）及空调搁板沿立墙处须用素混凝土反高150mm（门洞处除外）。室外踏步，平台面比相邻

房间楼地面低 30mm。

② 当管道穿过有水浸的楼面时，采用预埋套管，具体做法详见设备说明。管道井门槛高 150mm，其内有管道穿越就位后，每 2 层用 80mm 厚现浇钢筋混凝土板封隔。

③ 楼面做法如下。

A. 3mm 厚 1∶1 水泥细砂浆贴 500mm×500mm 黄色耐磨砖。

B. 20mm 厚 1∶2 水泥砂浆找平、扫毛。

C. 纯水泥砂浆一道。

D. 现浇钢筋混凝土楼面。

④ 卫生间、厨房做法如下。

A. 3mm 厚 1∶1 水泥细砂浆贴 300mm×300mm 黄色耐磨砖。

B. 20mm 厚 1∶3 水泥砂浆找平层。

C. 2mm 厚聚氨酯防水涂膜周边上翻 300mm。

D. 20～50mm 厚 C20 细石混凝土向地漏找坡。

E. 纯水泥砂浆一道。

F. 现浇楼板。

⑤ 地面做法如下。

A. 3mm 厚 1∶1 水泥细砂浆贴 500mm×500mm 黄色耐磨砖。

B. 20mm 厚 1∶3 水泥砂浆找平层。

C. 120mm 厚 C20 素混凝土。

D. 素土分层夯实。

5. 屋面

① 上人及不上人平屋面，排水坡度均为 2%。

② 平屋面排水。屋面排水除注明外均采用建筑找坡做出排水沟的排水方式，雨水沟排水纵坡为 1%。施工中需严格按照有关规定及时与有关工种协调配合，避免渗漏，确保排水畅通。平屋面构造做法详见 99J201－1 有关节点及说明。

③ 主体建筑均为块瓦坡屋面，构造做法详见 00J202－1 坡屋面建筑构造（一）图集，有关做法详见相关节点及说明，要求施工单位仔细核对排气道风帽等出屋面构件，以免错漏。

④ 凡上人屋面、露台的女儿墙顶或防护栏杆高度为 1100mm，起算点为设栏杆处屋面面层临空部位的最高点，其余各点净高均大于 1100mm。

⑤ 屋面防水做法见图注并按所选标准图集及 GB 50345—2004《屋面工程技术规范》有关要求施工。

⑥ 屋面做法如下。

屋面 1：不上人屋面（保温）。

A. 1.5mm 厚氯化聚乙烯橡胶防水卷材。

B. 20mm 厚 1∶3 水泥砂浆找平。

C. 60mm 厚预制憎水珍珠岩保温层。

D. 2mm 厚聚氨酯防水涂膜。

E. 20mm 厚水泥砂浆找平层。

F. 1∶6 水泥焦渣找坡，最薄处 30mm 厚。

G. 现浇钢筋混凝土屋面板。

屋面 2：块瓦屋面（建议选用英红瓦）（保温）参考 00J202－1。

注：保温层为 60mm 厚预制憎水珍珠岩，卷材为氯化聚乙烯橡胶防水卷材。找平层为 20mm 厚 1∶3 水泥砂浆。

6. 门窗

① 本工程建筑外立面门窗均选用塑钢门窗，分格见门窗立面详图，色彩为墨绿色，玻璃选用窗为 5mm 厚的白玻璃，门为 6mm 厚的白玻璃。施工前需实测洞口尺寸，统一调整后再安装施工。

② 外窗窗台距地、楼面低于 0.9m 时，均加护窗栏杆。

③ 户内门为木门，门洞宽：厨房、卫生间为 800mm，其他房间为 900mm，门洞高均为 2100mm。

④ 外墙窗台窗楣、雨篷、压顶及突出墙面的腰线，均需上做流水坡，下做滴水线。

7. 油漆及防腐措施

① 所有预埋件均需做防腐防锈处理，预埋木砖、木构件需柏油防腐，露明铁件及金属套管，均刷红丹一度，防锈漆两度，对颜色有特殊要求见设计图。

② 木门满刮腻子，分户门采用树脂清漆，一底二面。其余木门采用调和漆，一底二面。

8. 其他

① 本设计图除注明外，标高以米（m）为单位，尺寸以毫米（mm）为单位。建筑图所注地面、楼面、楼梯平台、阳台、踏步面等标高均为建筑粉刷面标高，平屋面、露台为结构板面标高，坡屋面为块瓦面标高。

② 配电箱、消火栓墙面留洞，洞深为墙厚时，则背面均做钢板网粉刷，并增加 50mm 厚岩棉板防火。钢板网大于孔洞边均为 200mm，粉刷做法均同相邻房间墙面。

③ 厨房、卫生间排气道必须严格按图施工。排气道及风帽均采用成品，产品标准及施工要求详见建筑标准设计图集及《住宅厨房卫生间变压式Ⅱ型排气道》03ZJ903。其排气道位置、尺寸详见施工标准图集，要求内壁平整、密实、不透风，以利烟气排放通畅。风帽参照相关节点施工安装。

门表

序号	门编号	标准图编号	洞口尺寸/mm		数量								备注
			宽度	高度	架空层	一层	二层	三层	四层	五层	六层	合计	
1	M-1		1500	2100	1							1	单元防盗门(甲方自理)
2	M-2		1500	2000	1							1	架空层防盗门(甲方自理)
3	M-3		1000	1800	12							12	钢门(甲方自理)
4	M-4		1000	2100		2	2	2	2	2	2	12	入户保安门(甲方自理)
5	M-5		1500	2400		2	2	2	2	2	2	12	塑钢推拉门详本图
6	M-6		2100	2400		2	2	2	2	2	2	12	塑钢推拉门详本图

窗表

序号	门编号	标准图编号	洞口尺寸/mm		数量								备注
			宽度	高度	架空层	一层	二层	三层	四层	五层	六层	合计	
1	C-1		600	500	4							4	塑钢窗，详见本图
2	C-2		1200	500	4							4	塑钢窗，详见本图
3	C-3		1500	500	6							6	塑钢窗，详见本图
4	C-4		1800	500	2							2	塑钢窗，详见本图
5	C-5		800	500		2	2	2	2	2	2	12	塑钢窗，详见本图
6	C-6		600	1500		4	4	4	4	4	4	24	塑钢窗，详见本图
7	C-7		1200	1500		4	4	4	4	4	4	24	塑钢窗，详见本图
8	C-8		1500	1500		4	4	5	5	5	4	27	塑钢窗，详见本图
9	C-9		2400	1500		2	2	2	2		2	10	塑钢窗，详见本图
10	C-10		1500	1200			1					1	塑钢窗，详见本图
11	C-11		1500	2500							1	1	塑钢窗，详见本图
12	C-12		2400	1200						2		2	塑钢窗，详见本图

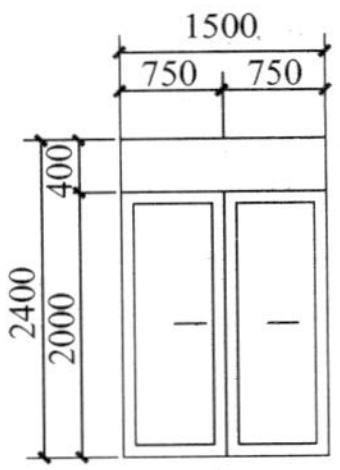

M-5　1∶50

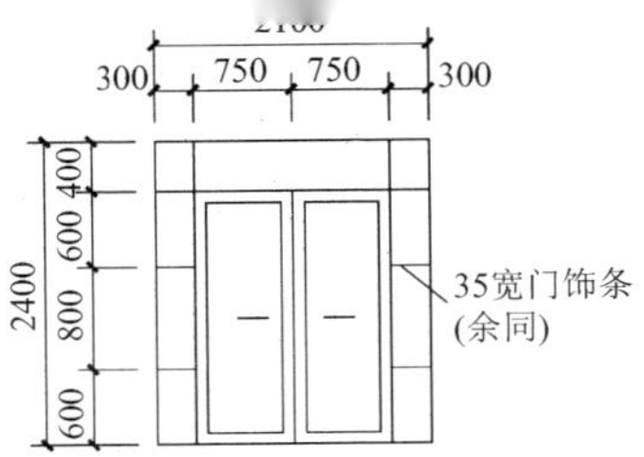

M-6　1∶50

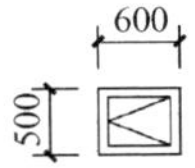

C-1　1∶50

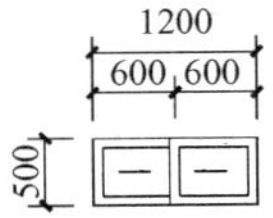

C-2　1∶50

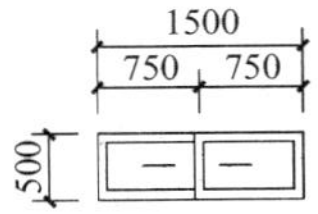

C-3　1∶50

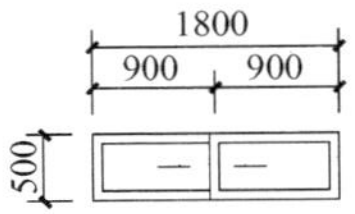

C-4　1∶50

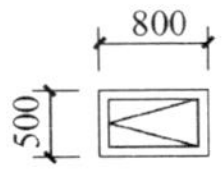

C-5　1∶50

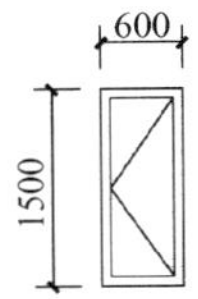

C-6　1∶50

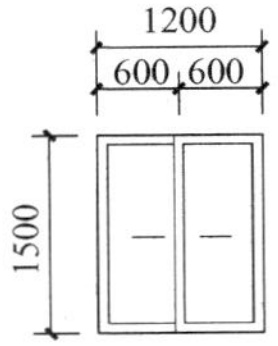

C-7　1∶50

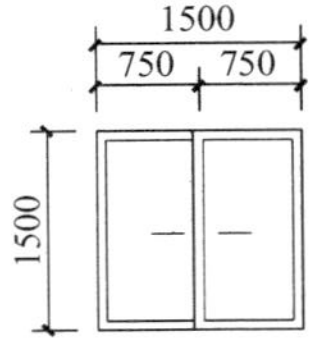

C-8　1∶50

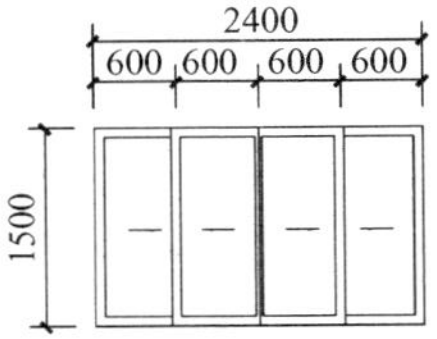

C-9　1∶50

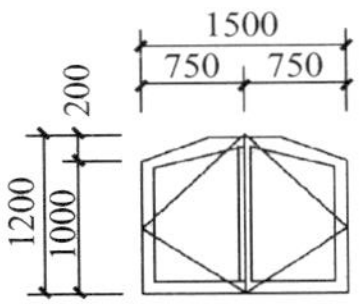

C-10　1∶50

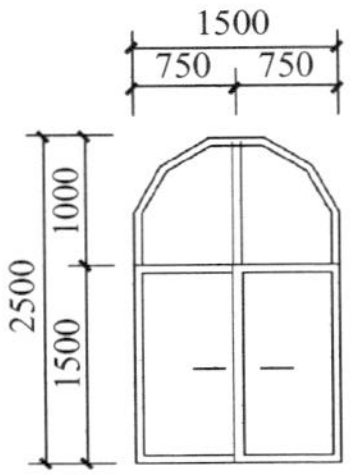

C-11　1∶50

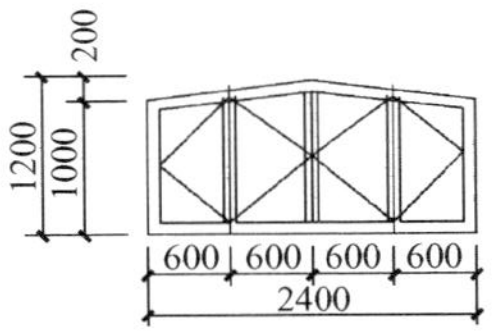

C-12　1∶50

注：

1. 门窗为洞口尺寸，门窗樘尺寸经实测后则应做相应调整。
2. 所有外(塑钢)门窗框均为墨绿色，内(塑钢)门窗框均为白色，门窗饰条材质、颜色同门窗。
3. 架空层外窗均设护窗栅。

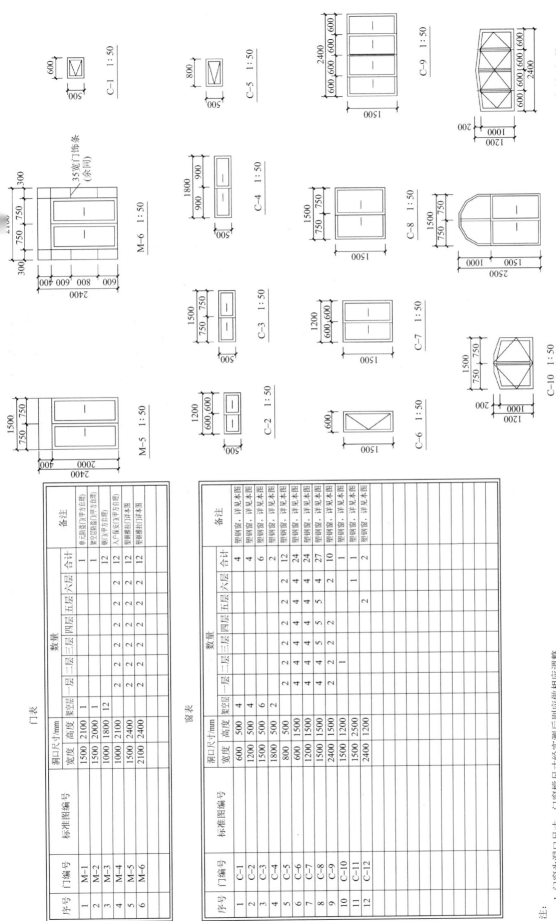

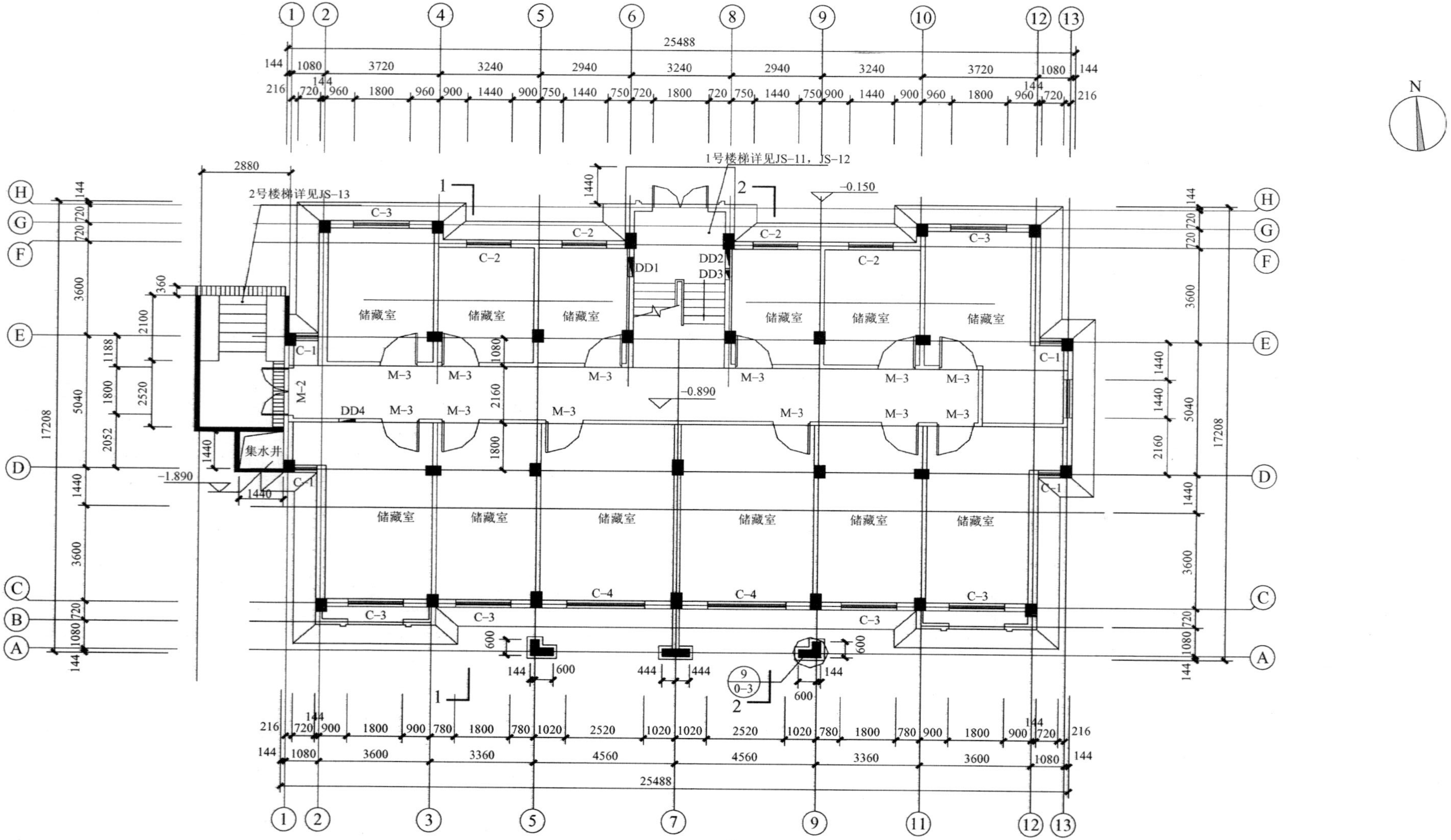

注：

1. 建筑物占地面积257.2m²，建筑面积1488.5m²，架空层面积241.8m²。
2. DD1指预留950mm×110mm×150mm(深)电洞，下沿贴圈梁。
3. DD2指预留600mm×800mm×130mm(深)电洞，下沿贴圈梁。
4. DD3指预留300mm×400mm×130mm(深)电洞，下沿贴圈梁。

架空层平面图　1:100

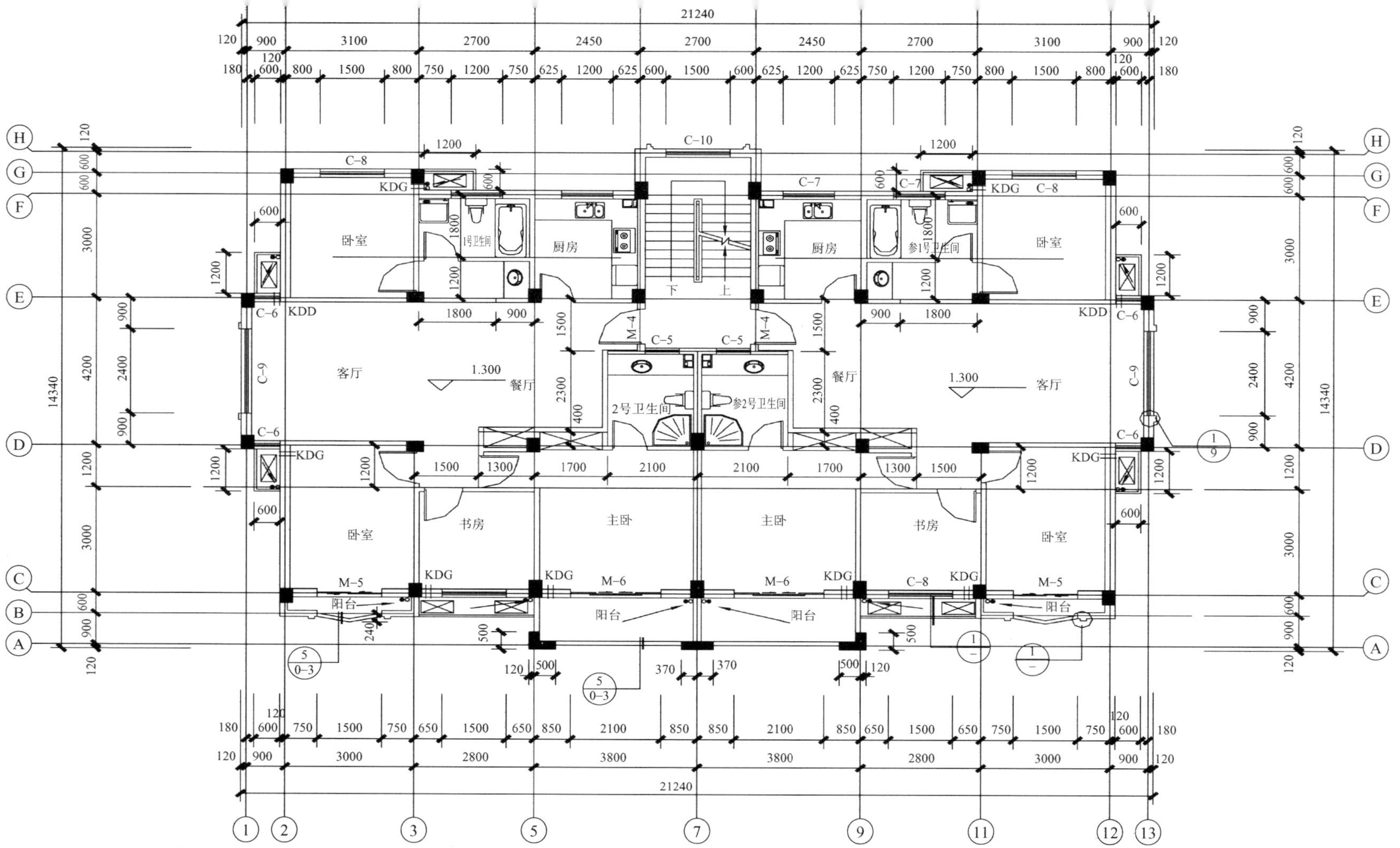

一层平面图　1:100

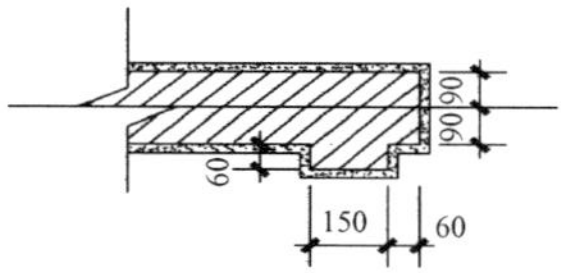

① 1:20

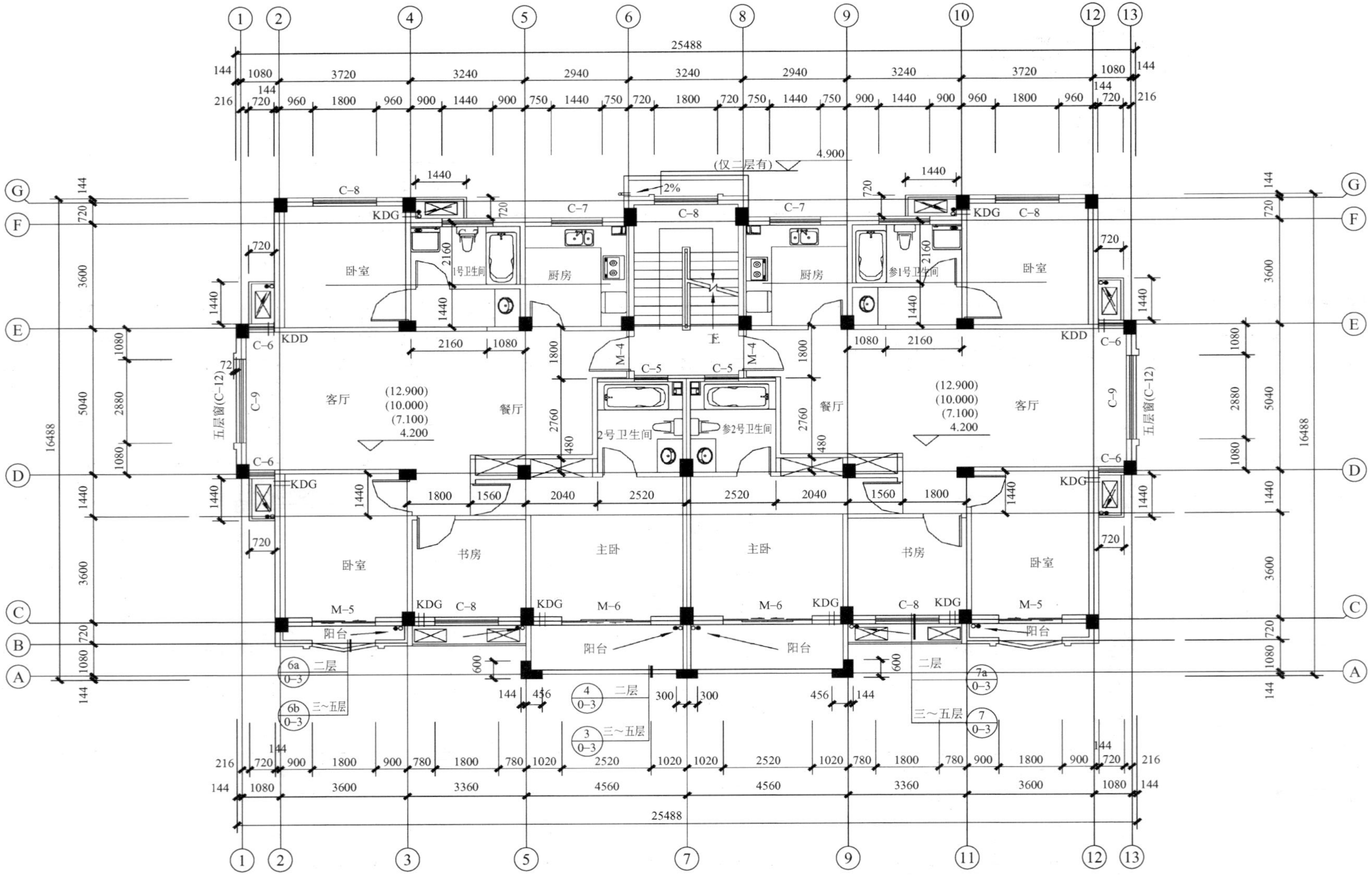
卧室
客厅
餐厅
厨房
1号卫生间
参1号卫生间
2号卫生间
参2号卫生间
书房
主卧
阳台
五层窗(C-12)
(仅二层有)
二层
三~五层
(12.900)
(10.000)
(7.100)
4.200
4.900
25488
16488

标准层平面图　1∶100

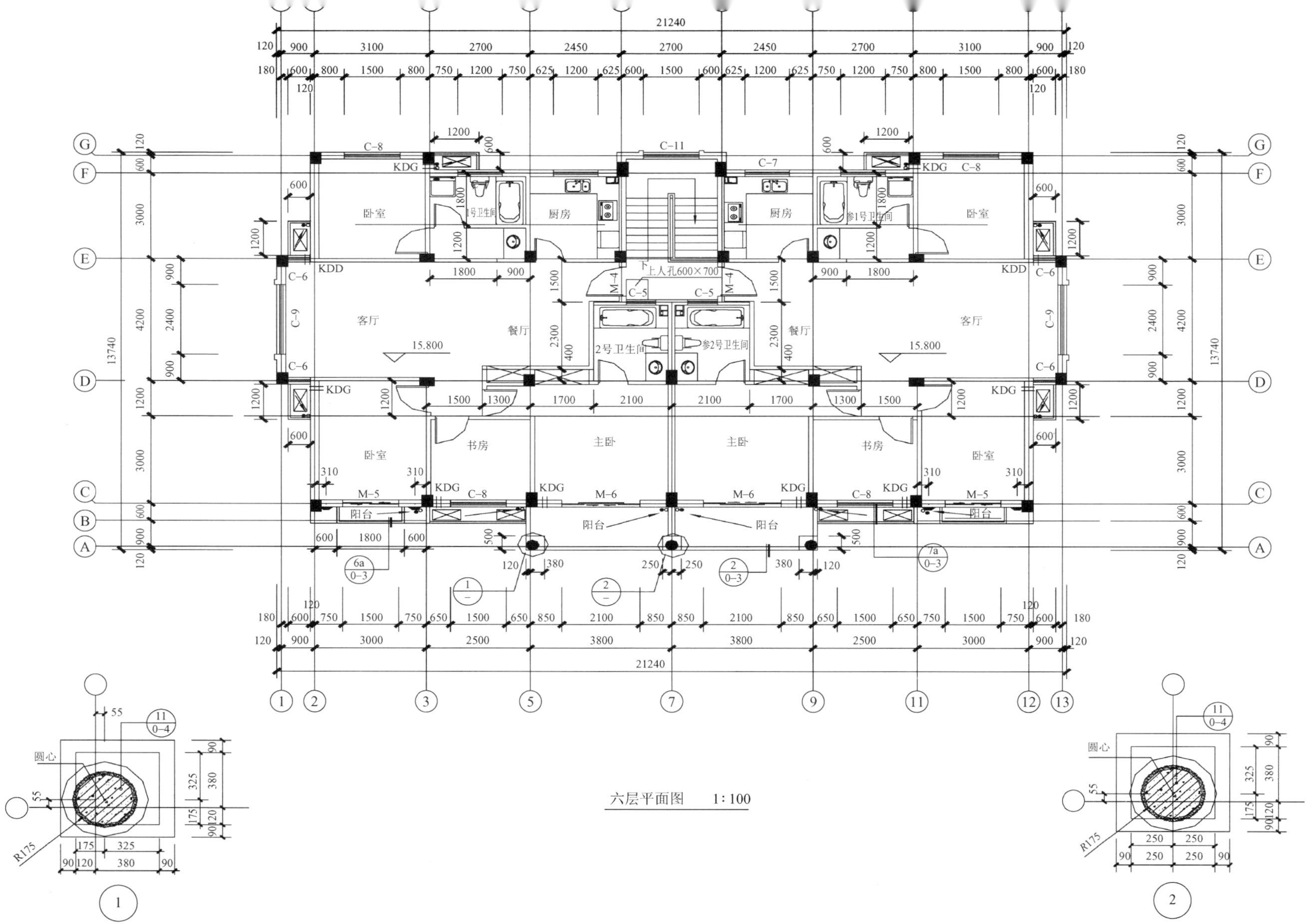
卧室
厨房
客厅
餐厅
书房
主卧
阳台
1号卫生间
参1号卫生间
2号卫生间
参2号卫生间
上人孔600×700
15.800
21240
13740
圆心
R175

六层平面图　1∶100

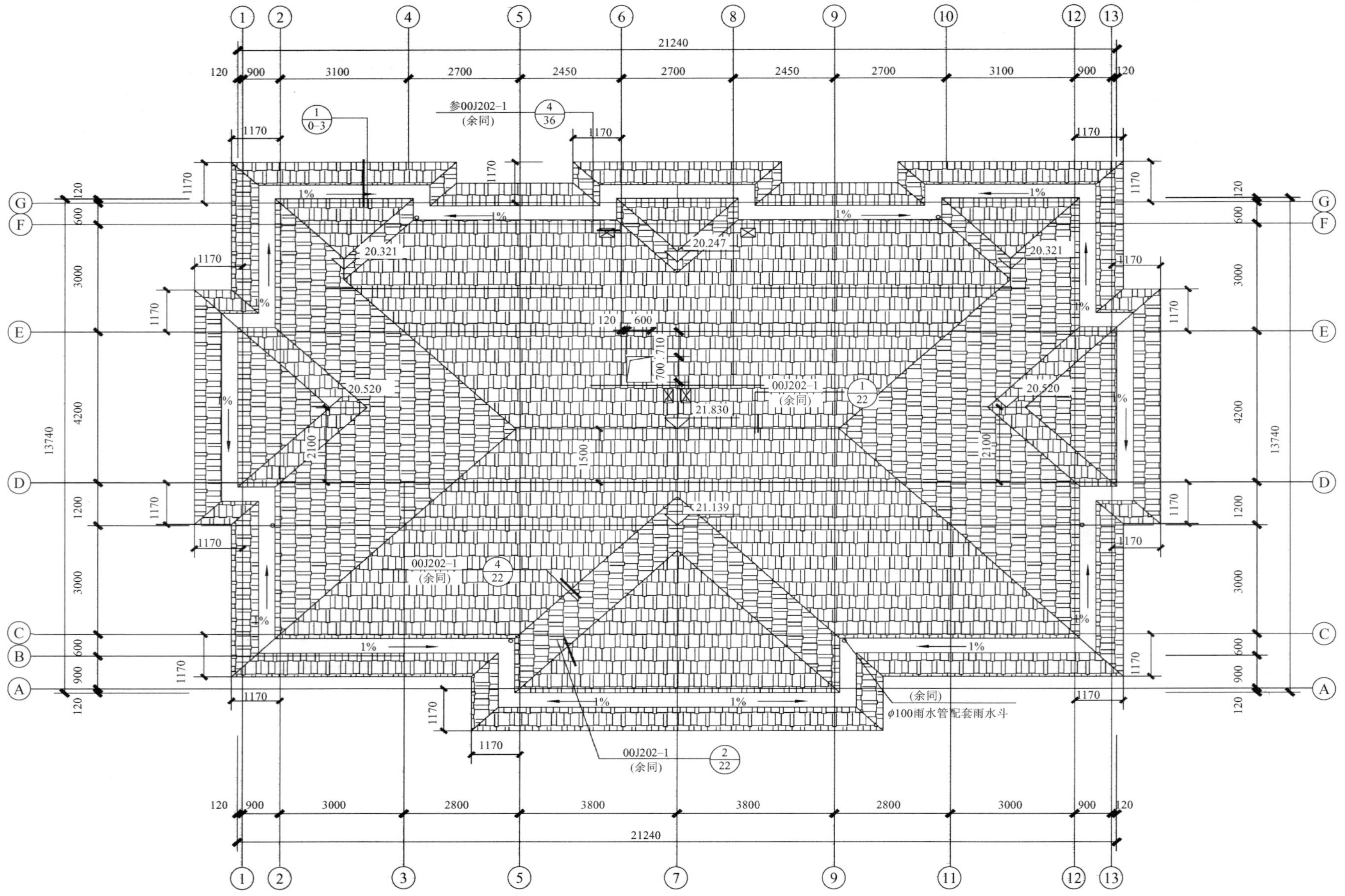
21240
120
900
3100
2700
2450
3000
2800
3800
1200
600
4200
13740
1170
1%
20.321
20.247
20.520
21.830
21.139
120
600
700
710
1500
2100
参00J202-1
(余同)
00J202-1
(余同)
ϕ100雨水管配套雨水斗
(余同)

①～⑬立面图 1∶100

注：

1. 屋顶檐口线脚为外墙1。
2. 其他线脚及窗套为外墙3。
3. 屋面屋脊标高为建筑标高。

⑬～① 立面图 1:100

注：

1. 屋顶檐口线脚为外墙1。
2. 其他线脚及窗套为外墙3。

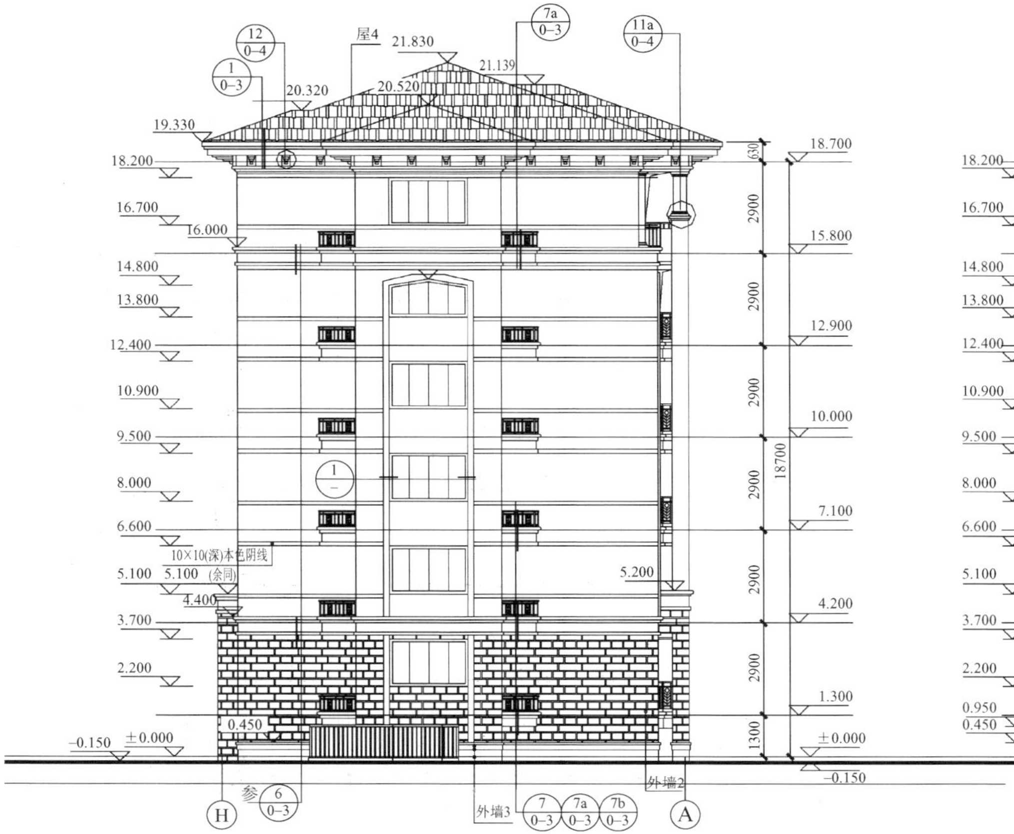

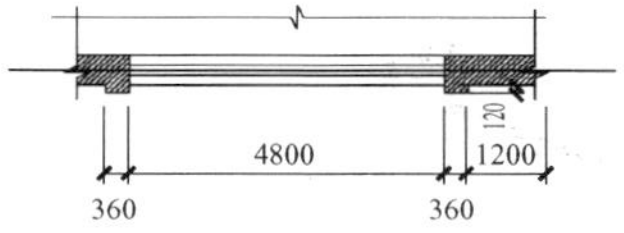

① 1∶50

Ⓗ～Ⓐ立面图　1∶100

注：

1. 屋顶檐口线脚为外墙1。
2. 其他线脚及窗套为外墙3。
3. 屋面屋脊标高为建筑标高。

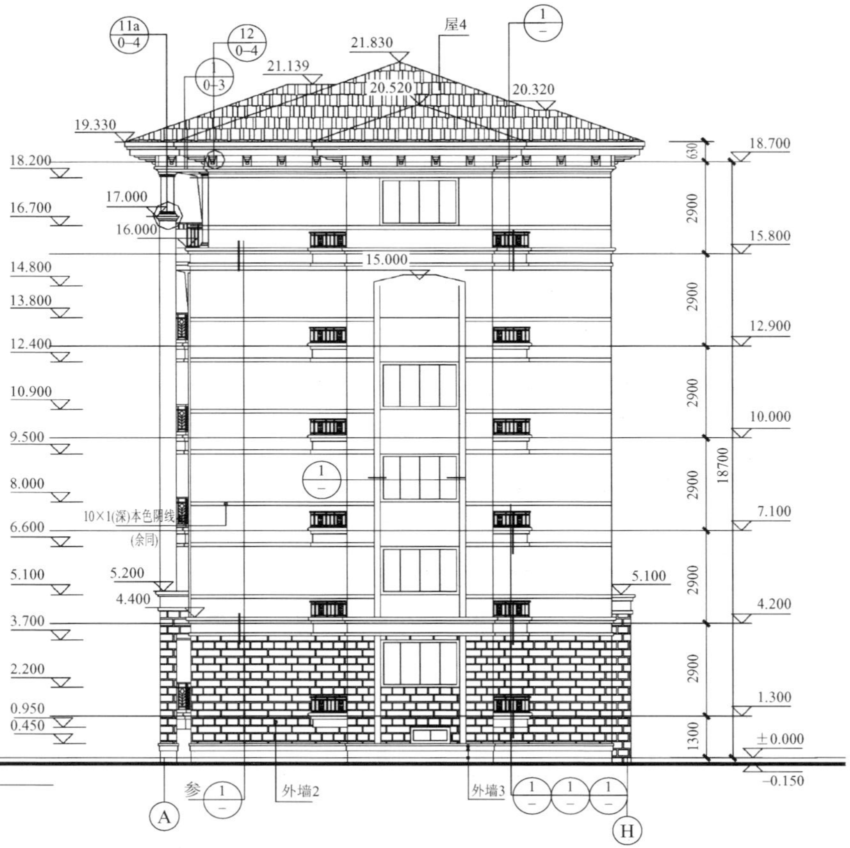

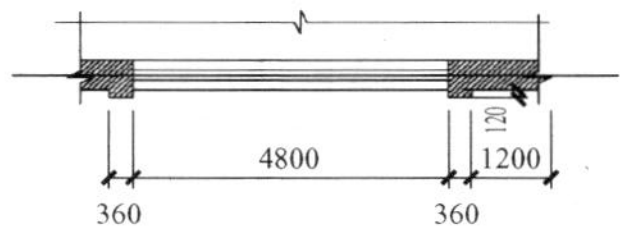

① 1∶50

Ⓐ～Ⓗ立面图　1∶100

注：

1. 屋顶檐口线脚为外墙1。
2. 其他线脚及窗套为外墙3。
3. 屋面屋脊标高为建筑标高。

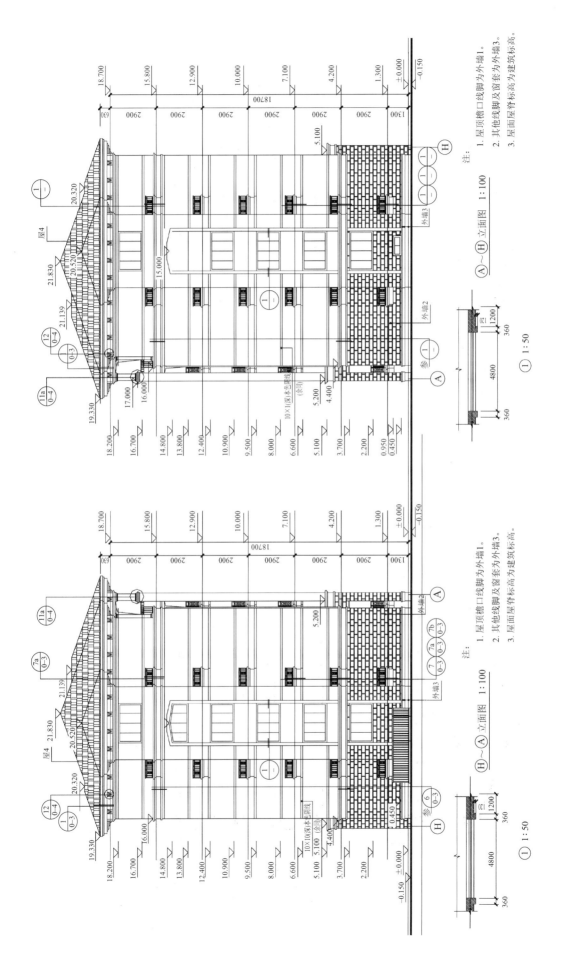

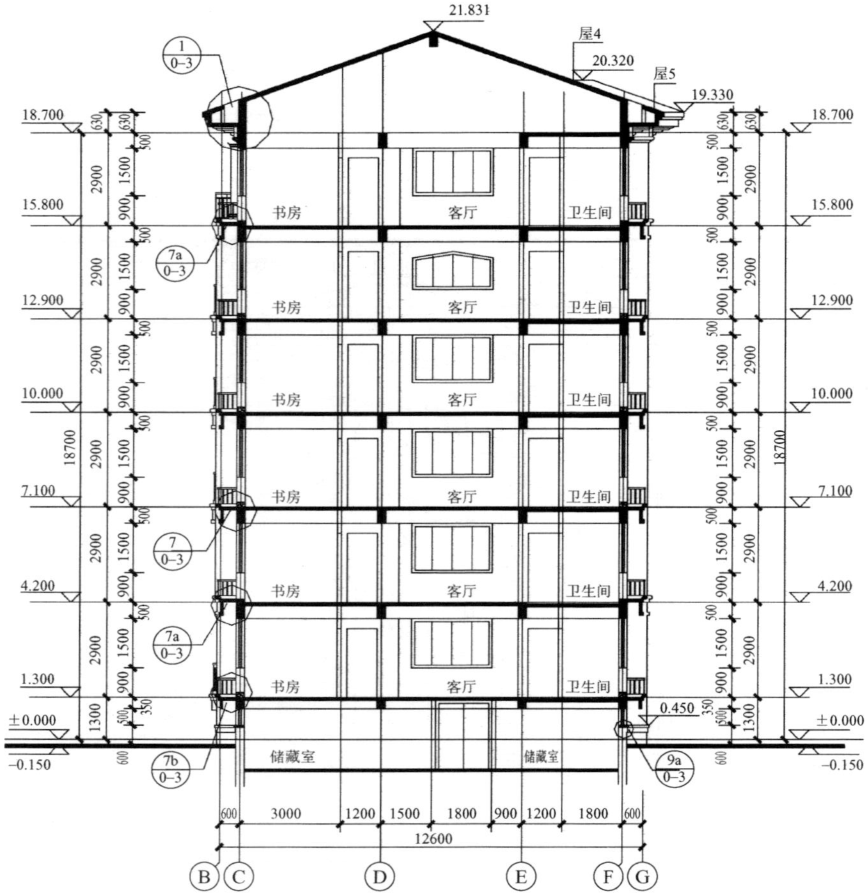

1—1剖面图 1:100

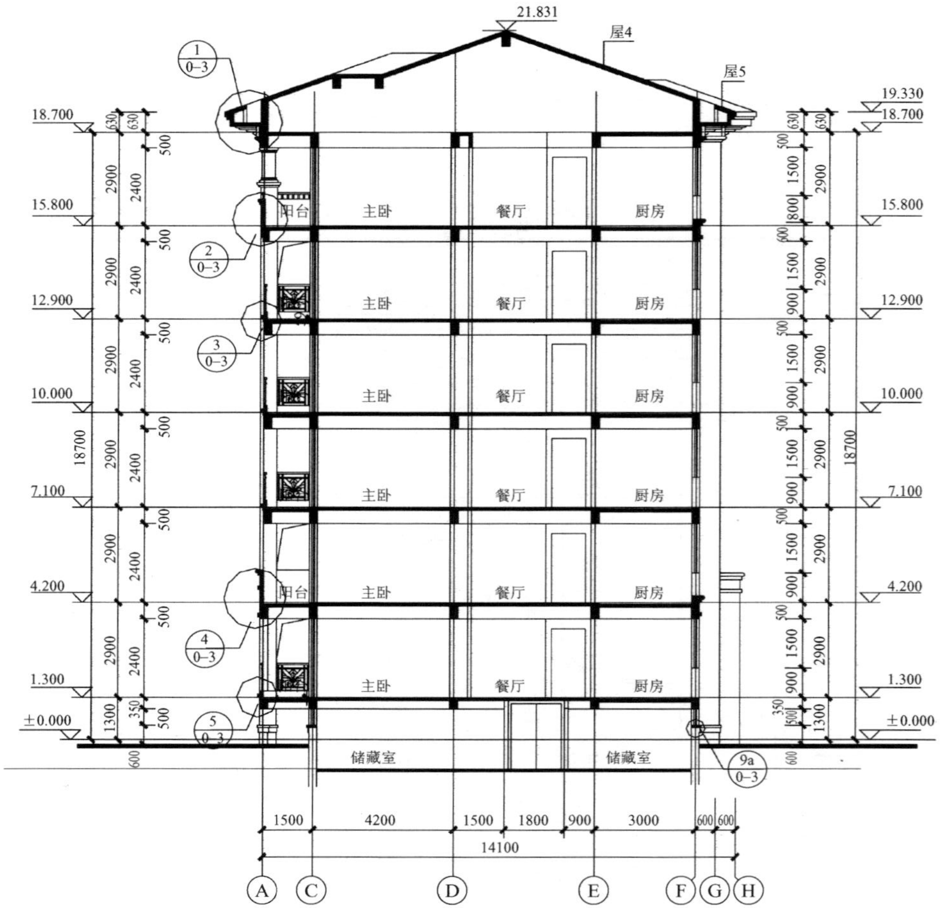

2—2剖面图 1:100

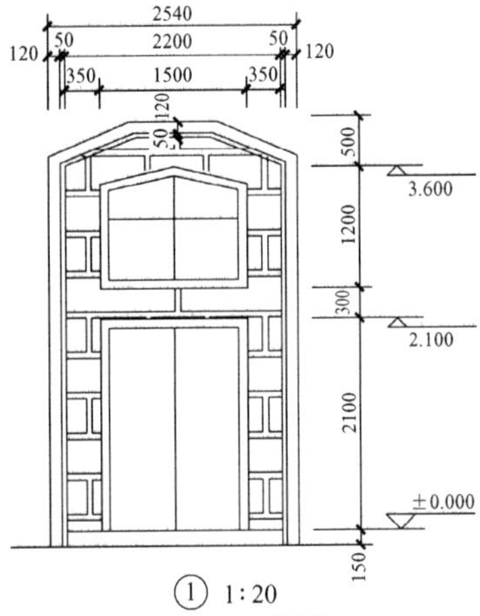

① 1∶20

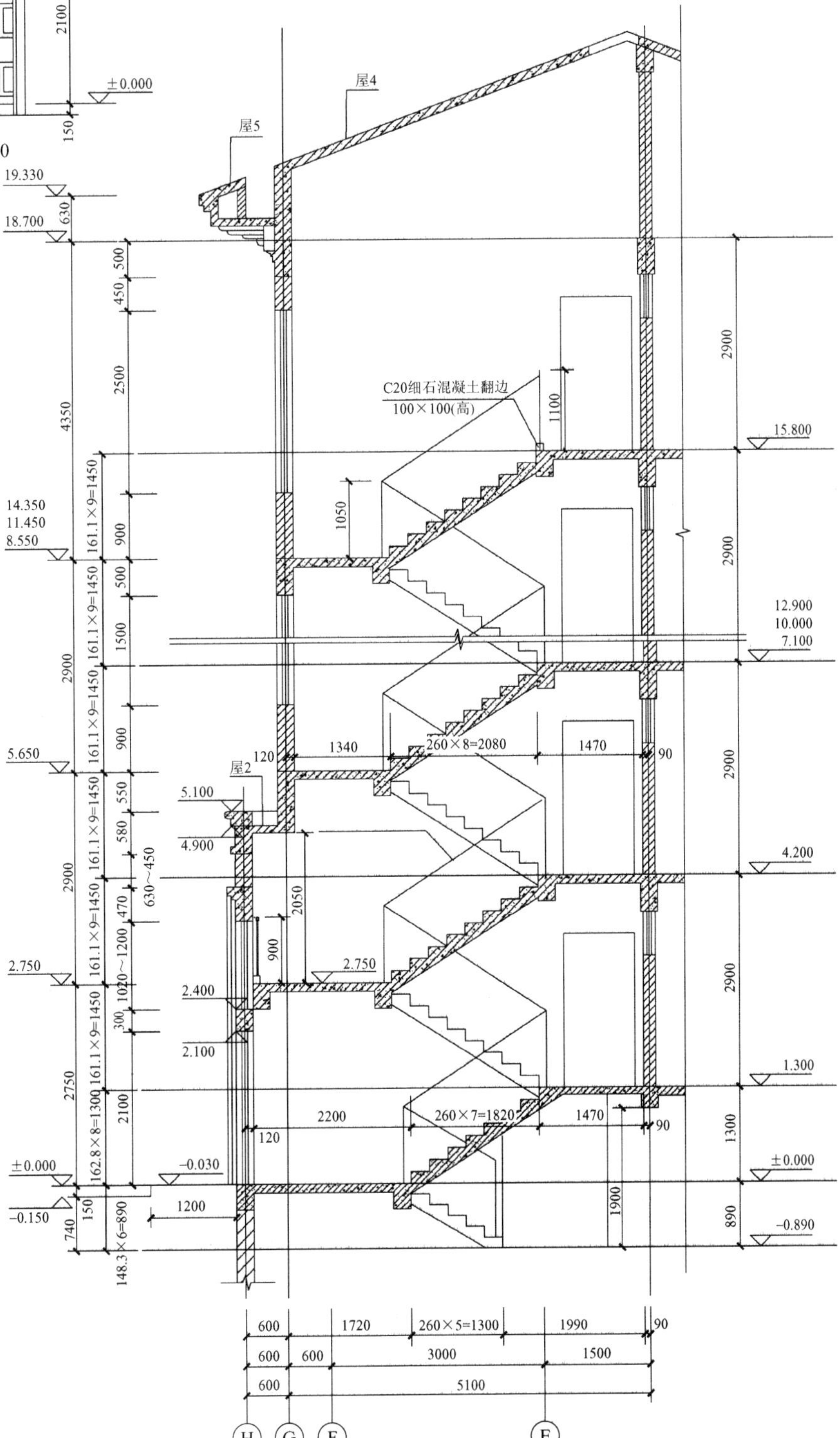

A—A剖面图 1∶50

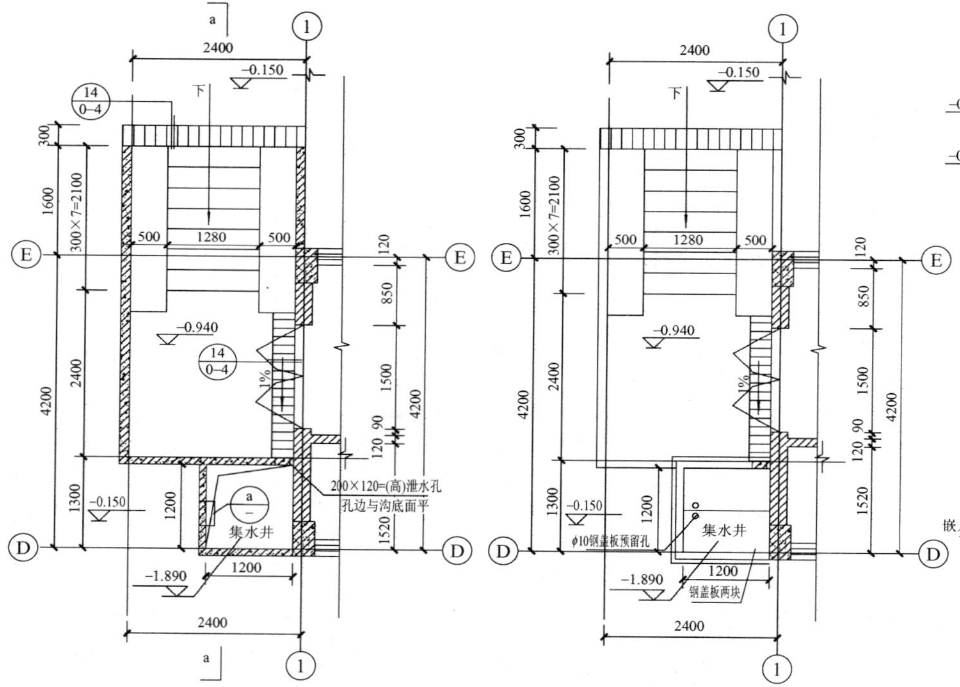

2号楼梯平面图　1∶50

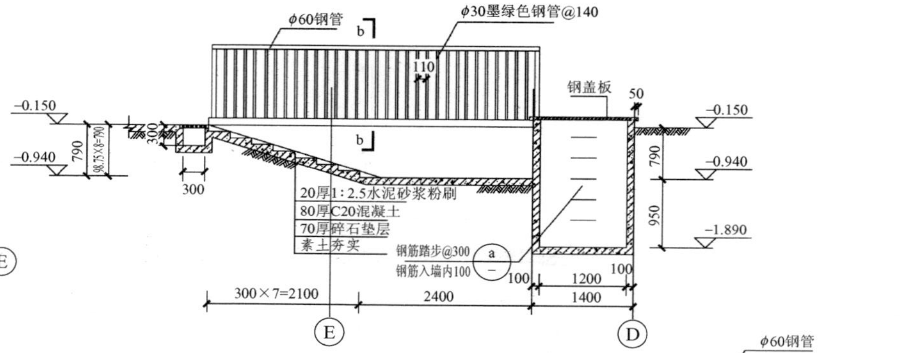

a—a剖面图　　1∶25

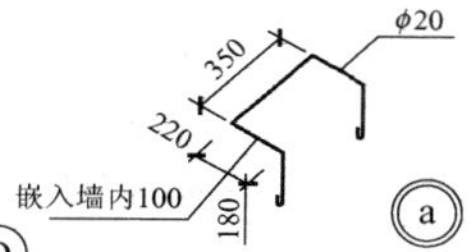

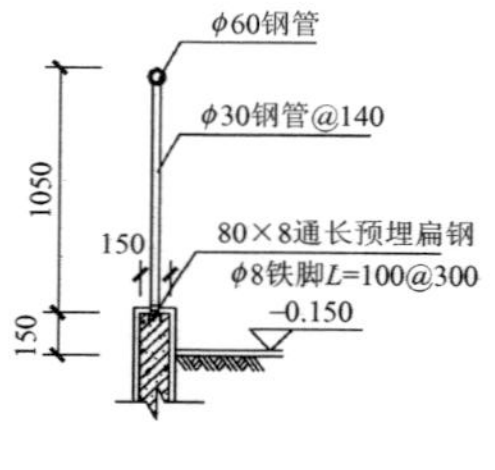

b—b剖面图　　1∶25

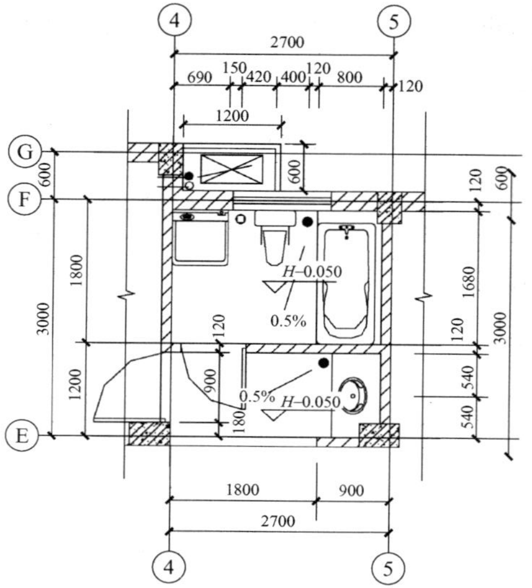

1号卫生间详图　1∶50

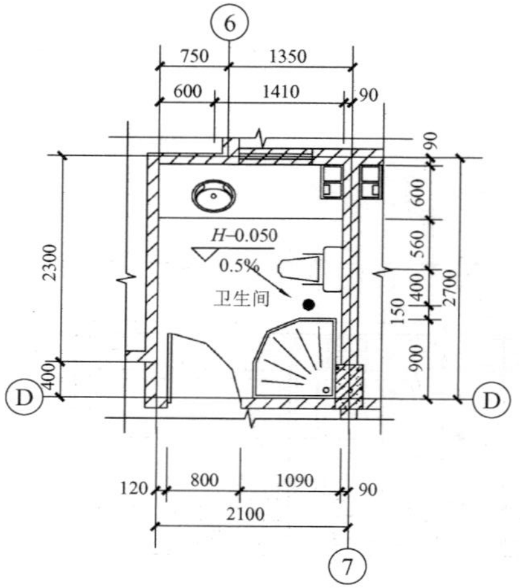

2号卫生间详图　1∶50

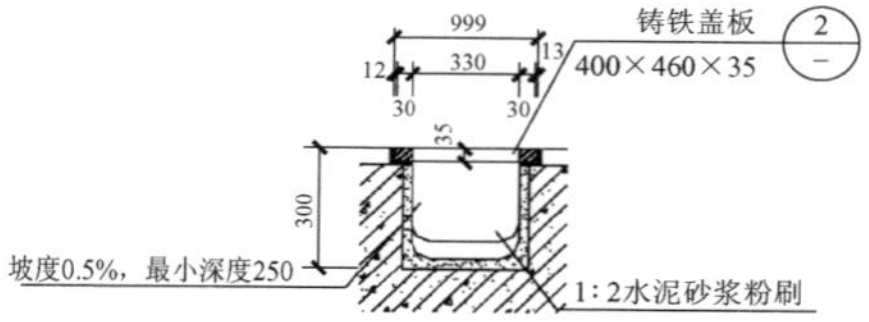

a—a剖面　1∶20

①

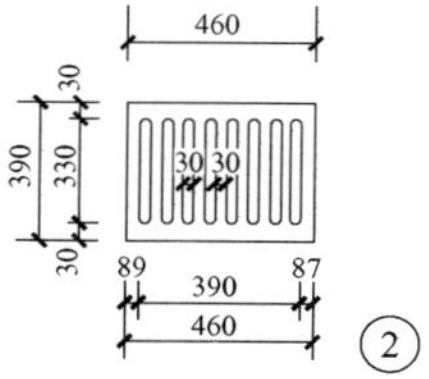

②　1∶20

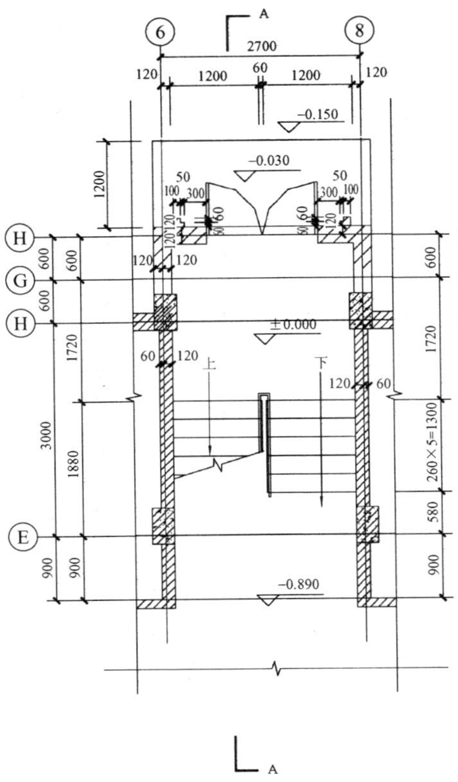

架空层平面图 1:50

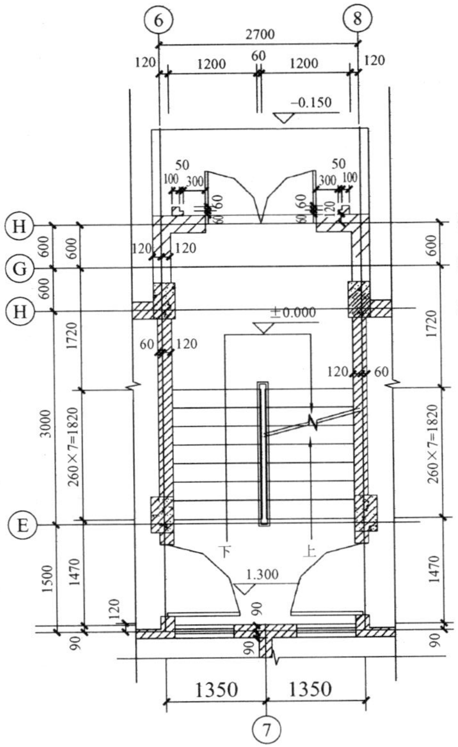

一层平面图 1:50

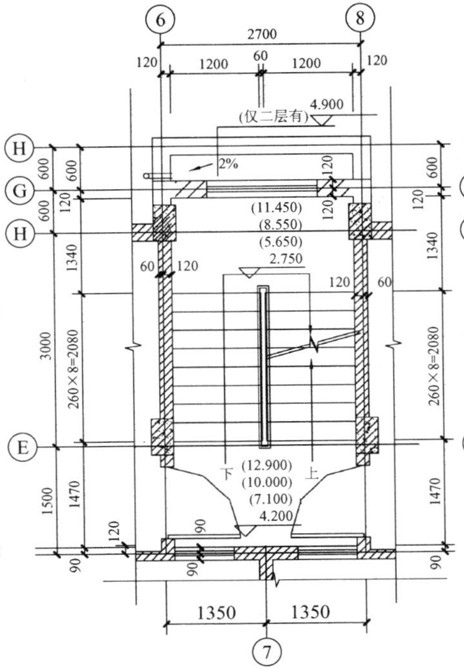

二～五层平面图 1:50

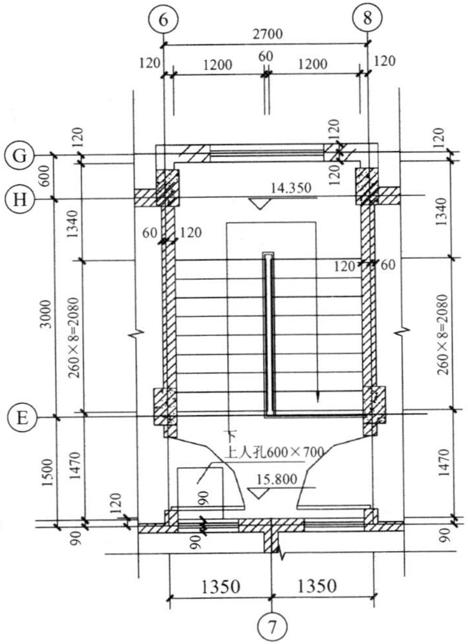

六层平面图 1:50

5.2 结构设计说明

1. 一般说明

① 本工程室内设计标高±0.000 相当于绝对标高，见总平面图。

② 本工程图中所注尺寸以 mm 为单位，标高以 m 为单位。

③ 本工程依据《混凝土结构施工图平面整体表示方法制图规则和构造详图 16G101－3》，总说明中未详部分按 16G101－1 图集施工。

④ 施工时应严格按图施工，不得擅自更改，如发现问题及时与设计院联系共同商榷解决。

⑤ 本说明未尽之处按现行规范执行。

⑥ 本工程为框架结构。

⑦ 本工程结构设计年限为 50 年，建筑结构安全等级为二级。

⑧ 本工程按 6 度抗震烈度设防。

2. 材料

① 混凝土强度等级为 C25（文中注明的除外）。

② 钢筋。ϕ 表示 HPB300，ⴔ 表示 HRB335；型钢采用 Q235 钢材。

③ 焊条。HPB300 之间，HPB300 与 HRB335 之间采用 E43 型电焊条（E4301、E4303 等），HRB335 钢之间焊接采用 E50 型电焊条（E5001、E5003、E5011 等）。

④ 砌体材料。±0.000 以下除单独说明外均采用蒸压灰砂砖，M10 水泥砂浆砌筑，同等级砂浆双面粉刷 20mm 厚（多孔砖需用水泥砂浆灌实），±0.000 以上砌体除单独设计标明外，外墙均采用多孔砖，M5 混合砂浆砌筑，内墙均采用加气混凝土砌块，M5 混合砂浆砌筑，砌体等级为 B 级。

3. 结构构件基本规定

（1）现浇钢筋混凝土板构造

① 板跨度 $L\geqslant 4$m 时模板起拱 $1/400L$。

② 板上开洞≤300mm 时钢筋绕洞穿过，300mm＜洞口＜800mm 时需配置加强筋，洞口≥800mm 时洞口设边梁。

③ 双向板板底钢筋短向放在下面，长向放在上面。板面钢筋长向放在下面，短向放在上面。

④ 单向板的分布筋须满足单位宽度上受力钢筋截面面积的 15%及该方向板截面面积 0.15%，取二者较大值并大于 ϕ6@250。

⑤ 钢筋接头位置：板底钢筋在支座处，板面钢筋在 1/3～1/2 板跨处。

⑥ 悬挑板转角处须附加板面放射筋。

（2）现浇钢筋混凝土梁构造

① 梁跨度 $L>6$m（悬挑梁跨度 $L\geqslant 2$m）时模板起拱 $1/500L$。

② 梁截面高度 $h\geqslant 800$mm 时，箍筋直径 $d_{\min}\geqslant 8$mm；$h<800$mm 时，箍筋直径 $d_{\min}\geqslant$

6mm（注明者除外）。

③ 梁腹板高度 $h_w \geqslant 450$mm 时须在梁两侧设置腰筋，除注明外腰筋面积 $A_s \geqslant 0.1\% b \times h_w$ 且≥2Φ12，间距≤200mm。

（3）现浇混凝土柱构造

① 柱中纵向受力钢筋除注明外，直径 $d_{min} \geqslant 12$mm，净距≥500mm，中间距非震区≤300mm，抗震区≤200mm。

② 箍筋最小直径≥(1/4)d_{max}且≥6mm，柱中全部纵向受力筋的配筋率≥3%，箍筋最小直径≥8mm，间距 $a \leqslant 10d_{min}$且≤200mm。

③ 柱截面短边尺寸>400mm 且各向纵向钢筋多于 3 根或截面短边尺寸<400mm，且各边纵向钢筋多于 4 根时，应设置复合筋。

④ 抗震区，抗震等级为一、二级角柱箍筋沿全高加密，当层净高与柱截面最大边之比 $H_0/h_{max} \leqslant 4$ 时箍筋全长加密。

4. 其他规定

① 荷载。卧室、客厅、厨房、餐厅、露台选用 2.0kN/m^2，阳台选用 2.5kN/m^2，不上人屋面选用 0.5kN/m^2，上人屋面选用 2.0kN/m^2。

② 施工中如需修改设计，必须经设计单位同意，由设计单位发出修改通知书，以此为依据进行施工。

③ 本设计图应同有关各专业图纸密切配合。施工单位须组织技术交底，按国家有关验收规范进行施工。

④ 凡本工程说明及图纸未详之处，均按国家有关规程、规范及规定和工程建设标准强制性条文执行。

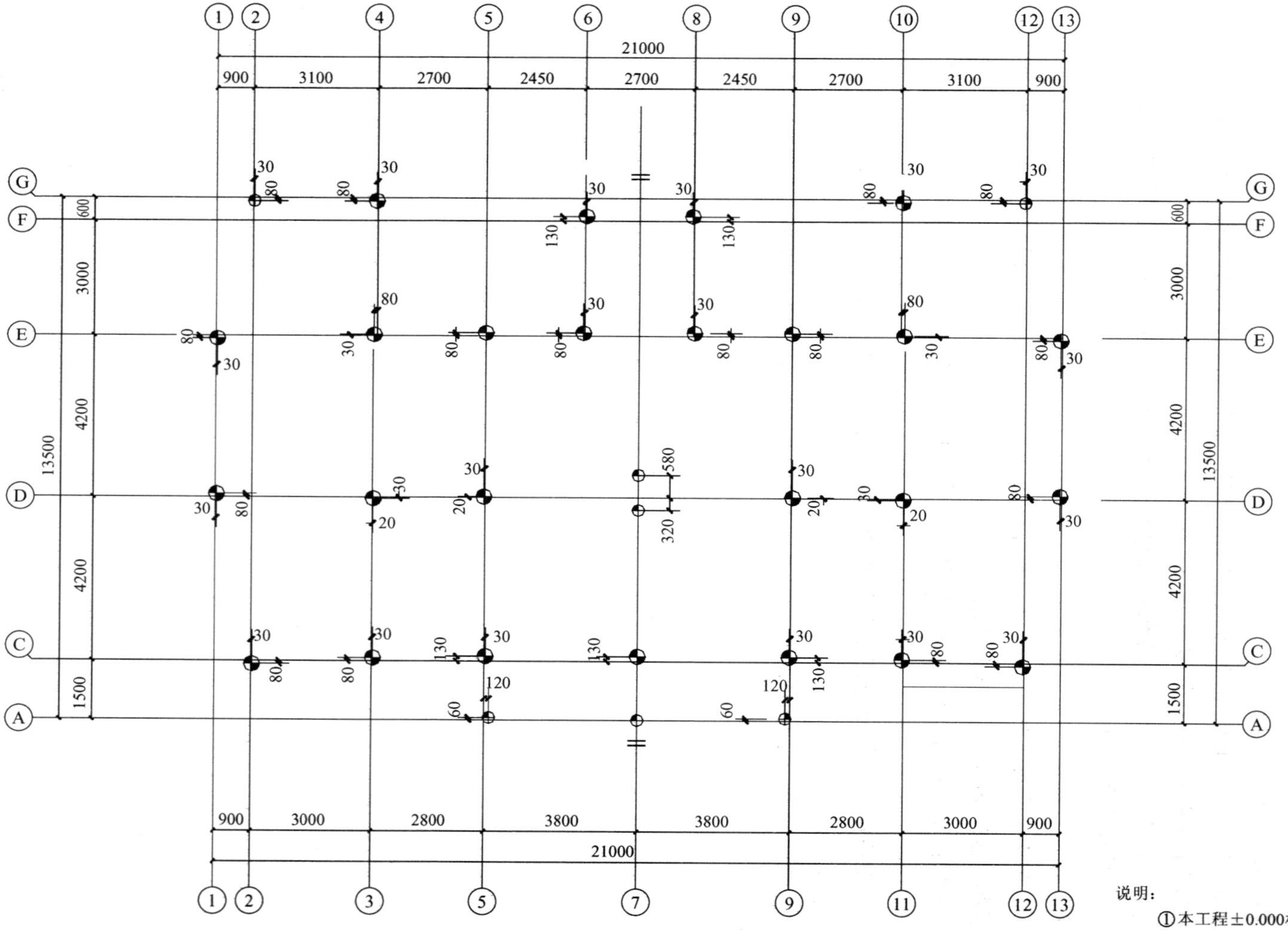

桩位平面布置图

说明：

①本工程±0.000相当于黄海高程(绝对标高)详见建筑总图；

②桩采用预应力管桩，图集号为03SG409；

③管桩有效桩长暂定为12m，未注明的桩顶标高为-1.750m；

④参考《工程岩土勘察报告》(工程代号：06-95)桩承载力预估值；

⑤桩基图纸需有正式地质报告并得到设计院同意后方可生效，施工前应先进行试桩，达到设计要求方可进行大面积桩基施工；

⑥桩动测及静载试验由小区统一确定。

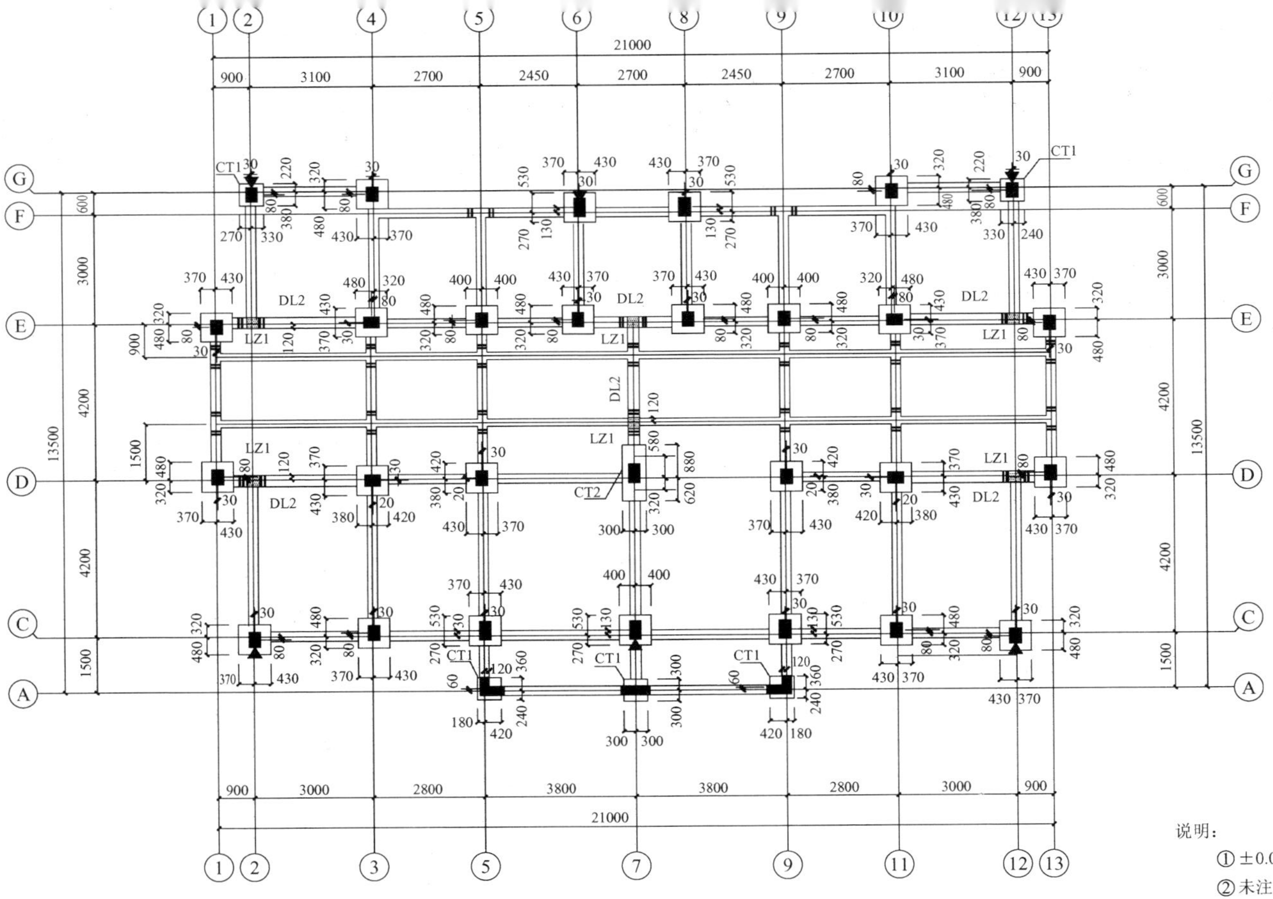

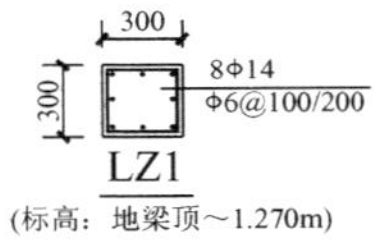

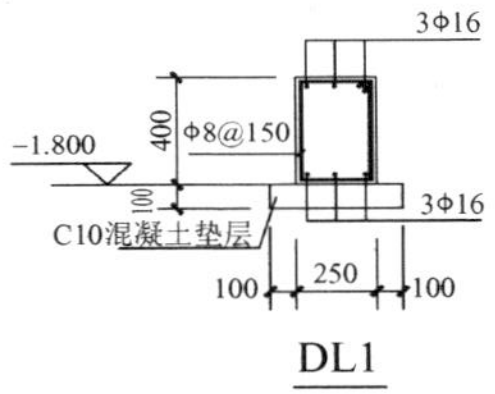

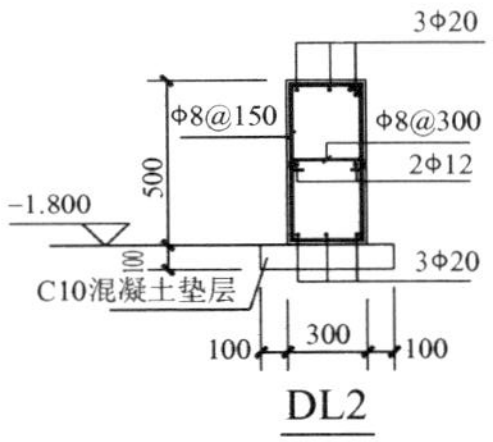

基础平面布置图

说明：

① ±0.000相当于绝对标高详见建筑总图；

② 未注地梁均为DL1，未注承台均为CT1a；

③ 地梁及承台混凝土采用C25；

④ ▼表示沉降观测点，共6点；

⑤ 承台底标高为-1.800m，详图见通用图G-2；

⑥ 地梁钢筋在中间承台处拉通，在边承台处锚入柱中；

⑦ 主次梁交接处梁位置设加密箍筋6个，规格同主梁，间距为50mm。

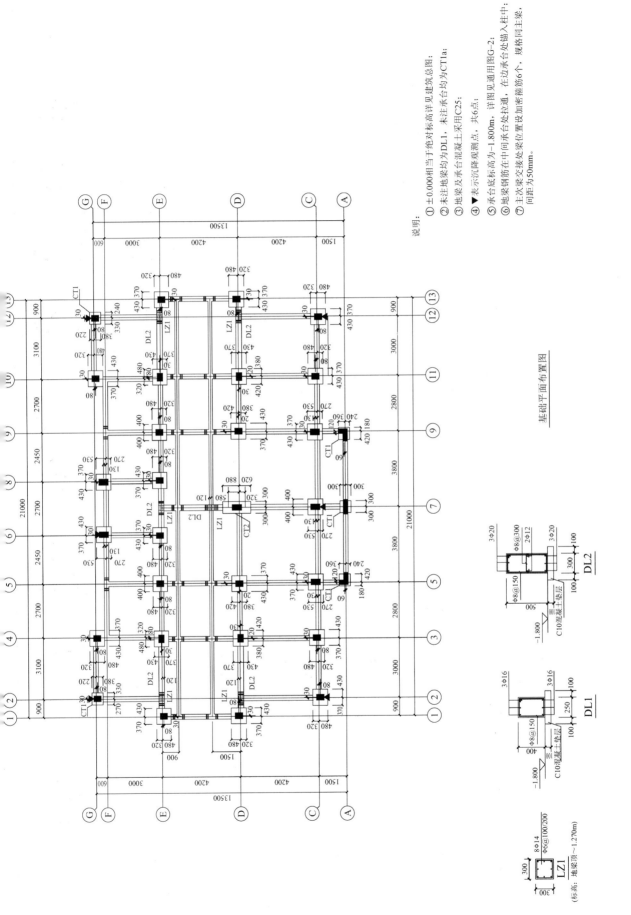

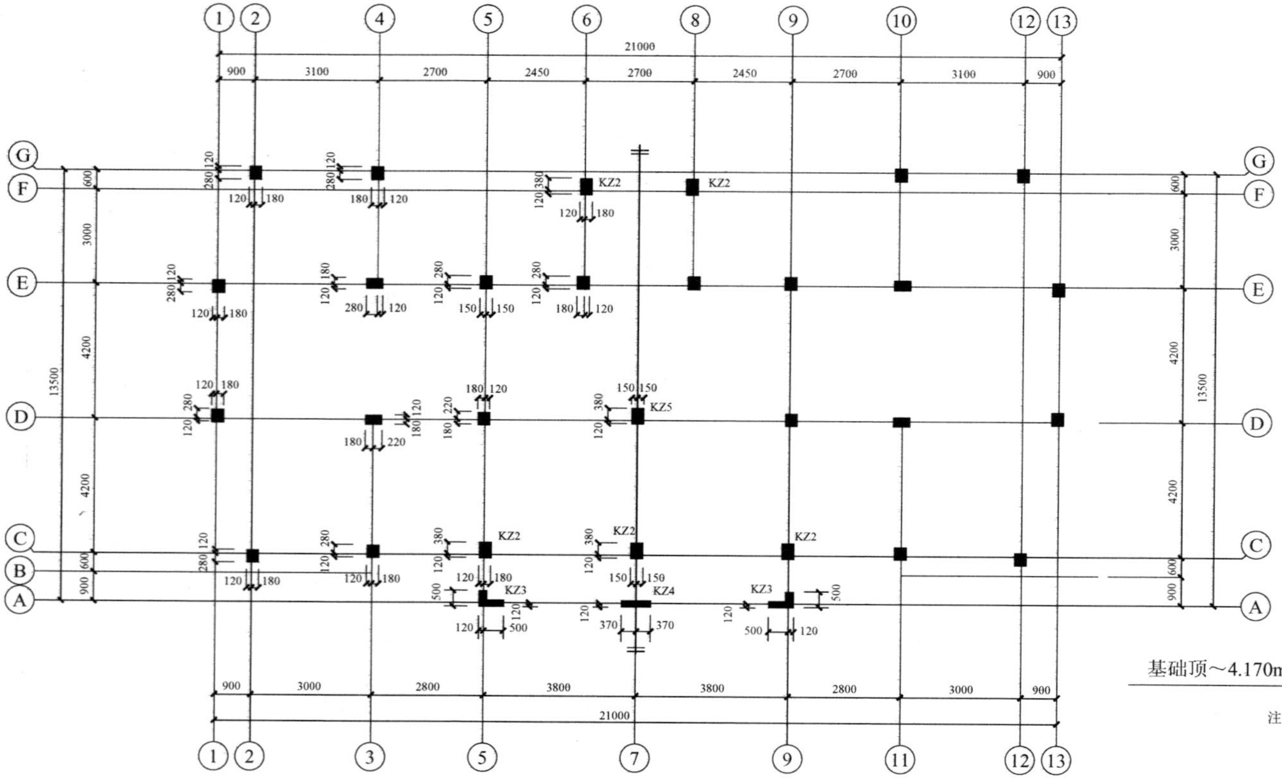

屋面		
7	18.670	2.550
6	15.770	2.900
5	12.870	2.900
4	9.970	2.900
3	7.070	2.900
2	4.170	2.900
1	1.270	2.900
−1	−0.920	2.190
层号	标高H/m	层高/m

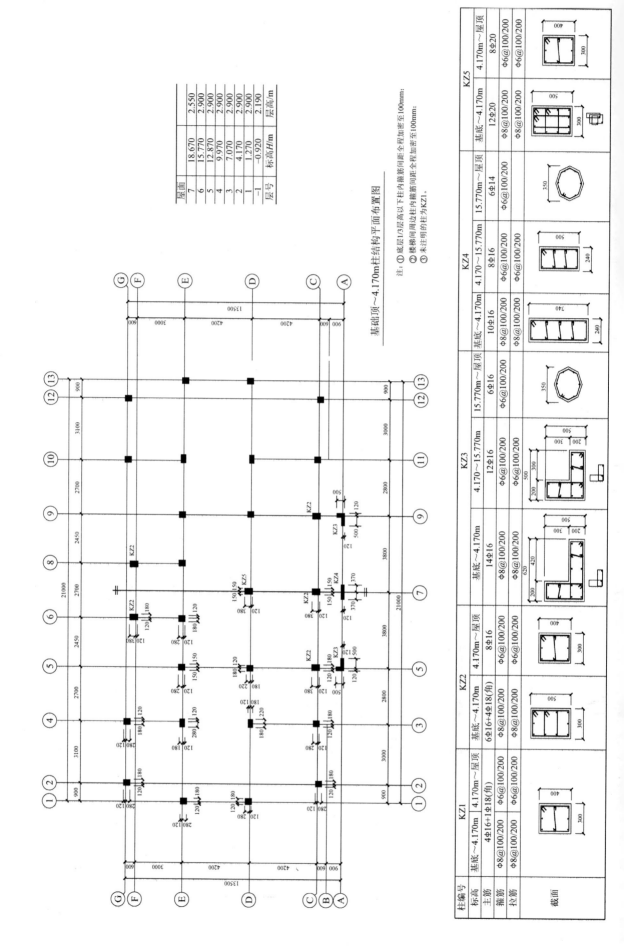

基础顶～4.170m柱结构平面布置图

注：① 底层1/3层高以下柱内箍筋间距全程加密至100mm；

② 楼梯间周边柱内箍筋间距全程加密至100mm；

③ 未注明的柱为KZ1。

柱编号	KZ1		KZ2		KZ3			KZ4			KZ5	
标高	基底～4.170m	4.170m～屋顶	基底～4.170m	4.170m～屋顶	基底～4.170m	4.170～15.770m	15.770m～屋顶	基底～4.170m	4.170～15.770m	15.770m～屋顶	基底～4.170m	4.170m～屋顶
主筋	4Φ16+1Φ18(角)		6Φ16+4Φ18(角)	8Φ16	14Φ16	12Φ16	6Φ16	10Φ16	8Φ16	6Φ14	12Φ20	8Φ20
箍筋	Φ8@100/200	Φ6@100/200	Φ8@100/200	Φ6@100/200	Φ8@100/200	Φ6@100/200	Φ6@100/200	Φ8@100/200	Φ6@100/200	Φ6@100/200	Φ8@100/200	Φ6@100/200
拉筋	Φ8@100/200	Φ6@100/200	Φ8@100/200	Φ6@100/200	Φ8@100/200	Φ6@100/200		Φ8@100/200	Φ6@100/200		Φ8@100/200	Φ6@100/200
截面												

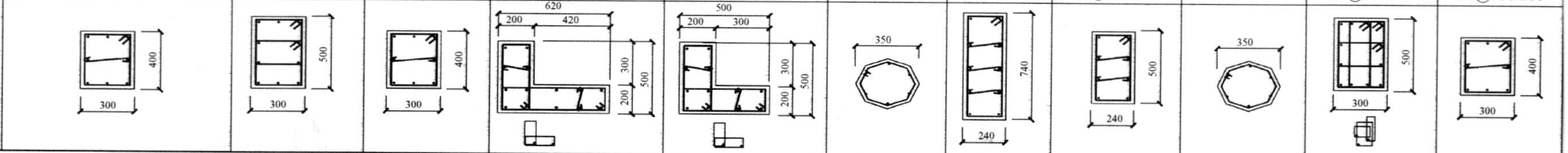

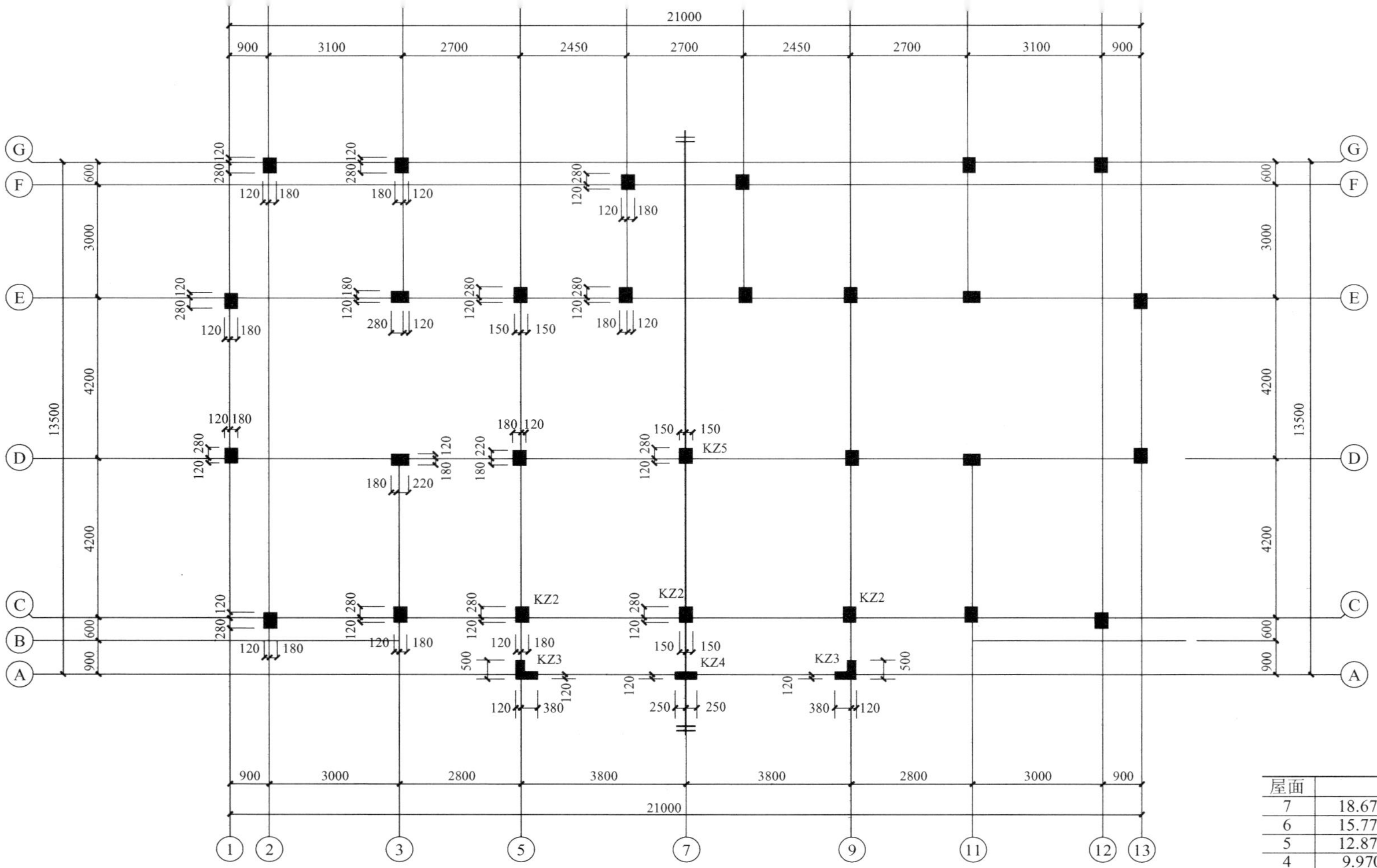

4.170～15.770m柱结构平面布置图

屋面		
7	18.670	2.550
6	15.770	2.900
5	12.870	2.900
4	9.970	2.900
3	7.070	2.900
2	4.170	2.900
1	1.270	2.900
−1	−0.920	
层号	标高H/m	层高/m

注：

① 楼梯间周边柱内箍筋间距全程加密至100mm；

② 未注明的柱为KZ1。

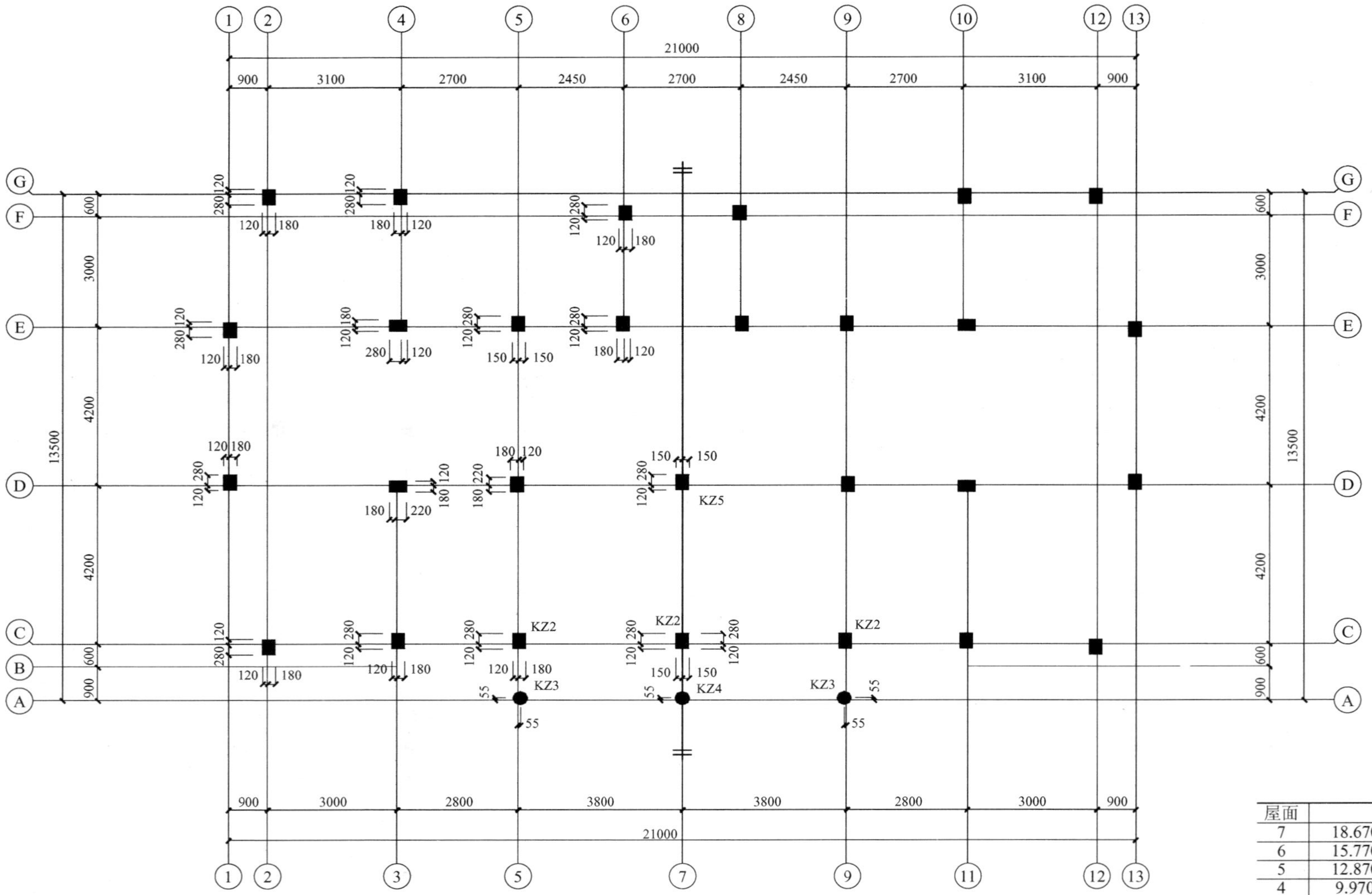

层号	标高H/m	层高/m
屋面		
7	18.670	2.550
6	15.770	2.900
5	12.870	2.900
4	9.970	2.900
3	7.070	2.900
2	4.170	2.900
1	1.270	2.900
−1	−0.920	

15.770m～屋面柱结构平面布置图

注：

① 楼梯间周边柱内箍筋间距全程加密至100mm;

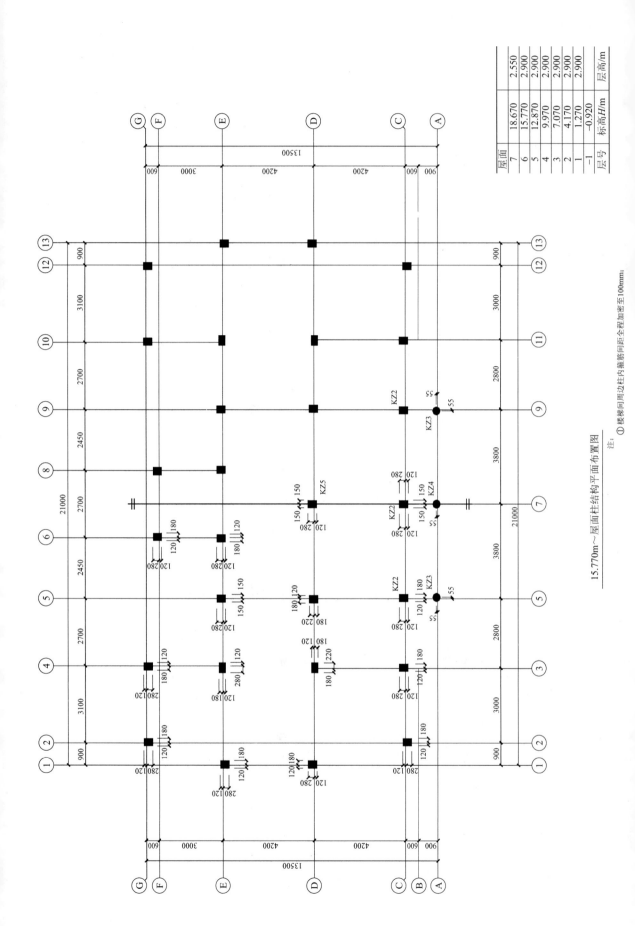

层号	标高H/m	层高/m
屋面		
7	18.670	2.550
6	15.770	2.900
5	12.870	2.900
4	9.970	2.900
3	7.070	2.900
2	4.170	2.900
1	1.270	2.900
−1	−0.920	

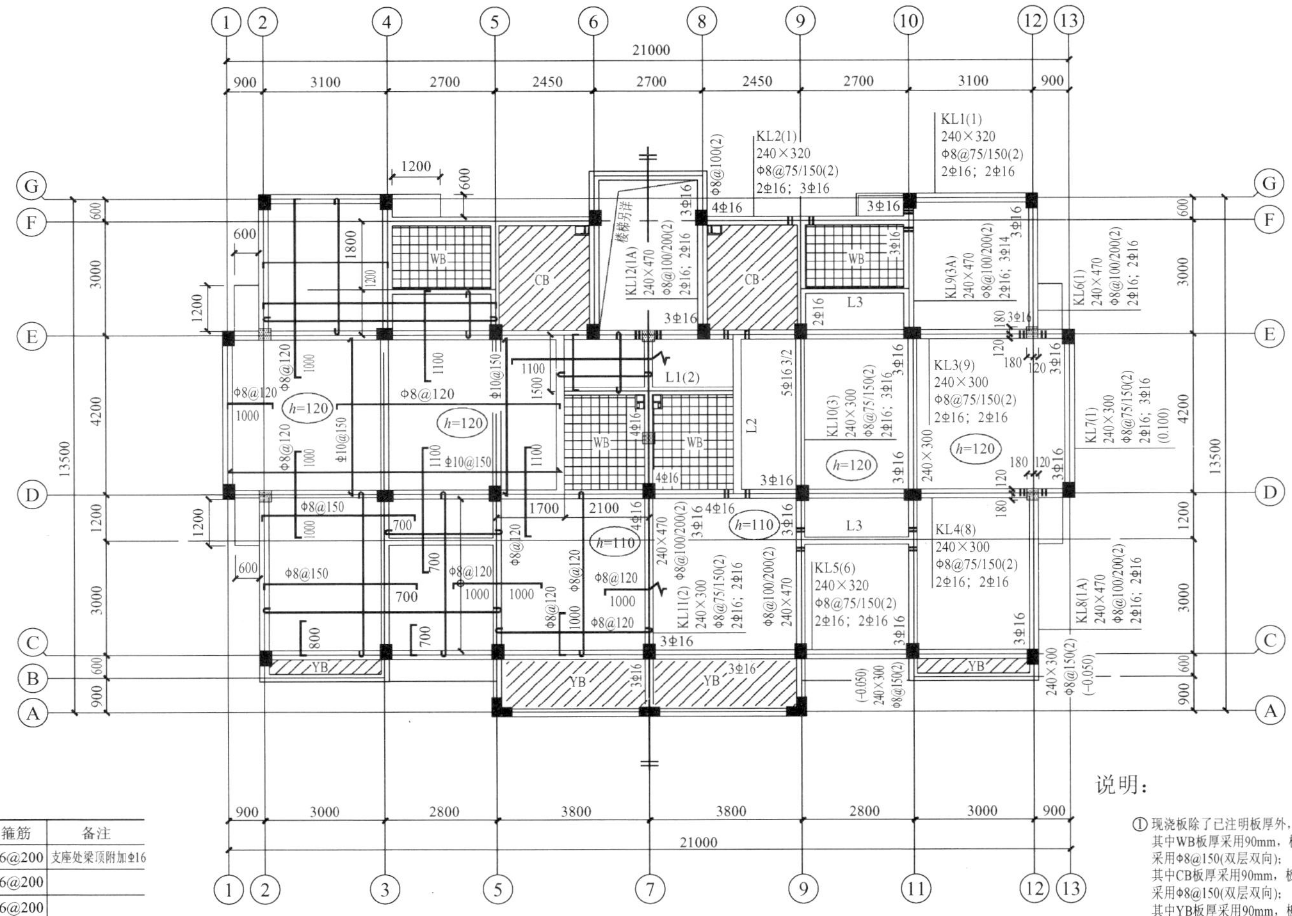

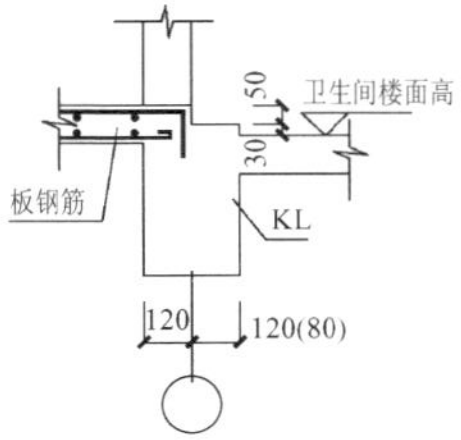

卫生间降梁处理

以上各层同

标号	截面	截面配筋	梁底配筋	箍筋	备注
L1	240×300	2Φ16	2Φ16	Φ6@200	支座处梁顶附加Φ16
L2	240×300	2Φ16	2Φ16	Φ6@200	
L3	240×300	2Φ14	2Φ14	Φ6@200	

一层结构平面图

说明：

① 现浇板除了已注明板厚外，均采用100mm，板面标高H;
其中WB板厚采用90mm，板面标高H_1=H−0.080，板钢筋采用Φ8@150(双层双向);
其中CB板厚采用90mm，板面标高H_1=H−0.050，板钢筋采用Φ8@150(双层双向);
其中YB板厚采用90mm，板面标高H_1=H−0.050，板钢筋采用Φ8@150(双层双向)。

② 图中钢筋未注明者均为Φ8@180，分布筋Φ6@200，板上部钢筋所注尺寸均从梁近边缘算起。

③ 主次梁交接处主梁位置设加密箍筋6个，规格同主梁，间距为50mm(各层同)。

④ 梁未注明偏心均居轴线中布置。

层号	标高H/m	层高/m
屋面		
7	18.670	2.550
6	15.770	2.900
5	12.870	2.900
4	9.970	2.900
3	7.070	2.900
2	4.170	2.900
1	1.270	2.900
−1	−0.920	

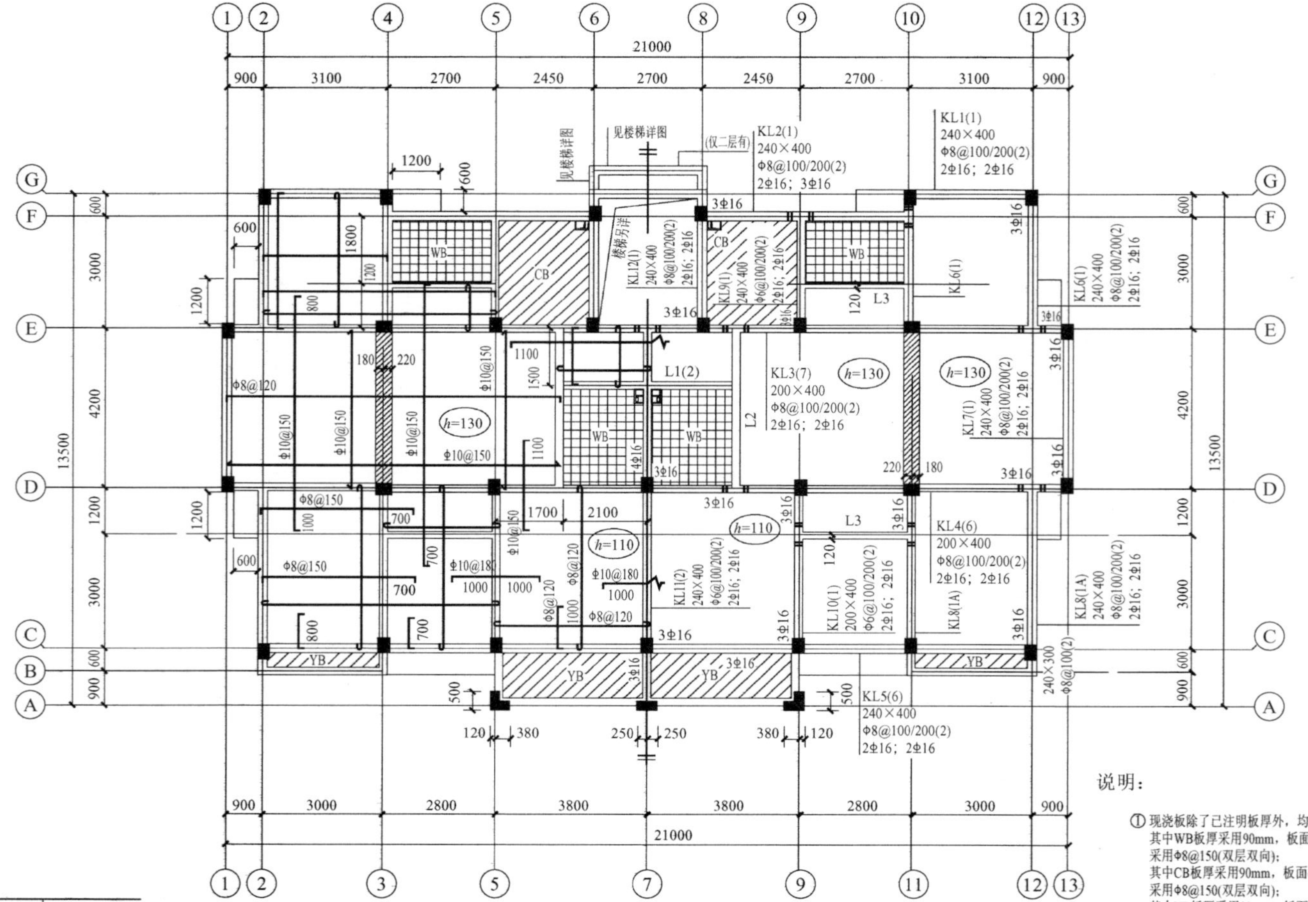

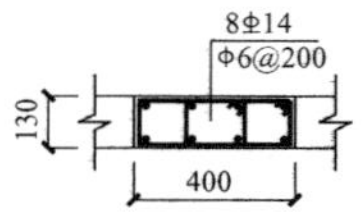

AL

标号	截面	截面配筋	梁底配筋	箍筋	备注
L1	200×400	2Φ16	2Φ16	Φ6@200	支座处梁顶附加1Φ16
L2	240×400	2Φ16	2Φ16	Φ6@200	
L3	150×350	2Φ14	2Φ14	Φ6@200	
L4	180×350	2Φ14	2Φ14	Φ6@200	

二～五层结构平面图

说明：

① 现浇板除了已注明板厚外，均采用100mm，板面标高H；
其中WB板厚采用90mm，板面标高H_1=H-0.080，板钢筋采用Φ8@150(双层双向)；
其中CB板厚采用90mm，板面标高H_1=H-0.050，板钢筋采用Φ8@150(双层双向)；
其中YB板厚采用90mm，板面标高H_1=H-0.050，板钢筋采用Φ8@150(双层双向)。

② 图中钢筋未注明者均为Φ8@180，分布筋Φ6@200，板上部钢筋所注尺寸均从梁近边缘算起。

③ 主次梁交接处主梁位置设加密箍筋6个，规格同主梁，间距为50mm(各层同)。

层号	标高H/m	层高/m
屋面		
7	18.670	2.550
6	15.770	2.900
5	12.870	2.900
4	9.970	2.900
3	7.070	2.900
2	4.170	2.900
1	1.270	2.900
−1	−0.920	

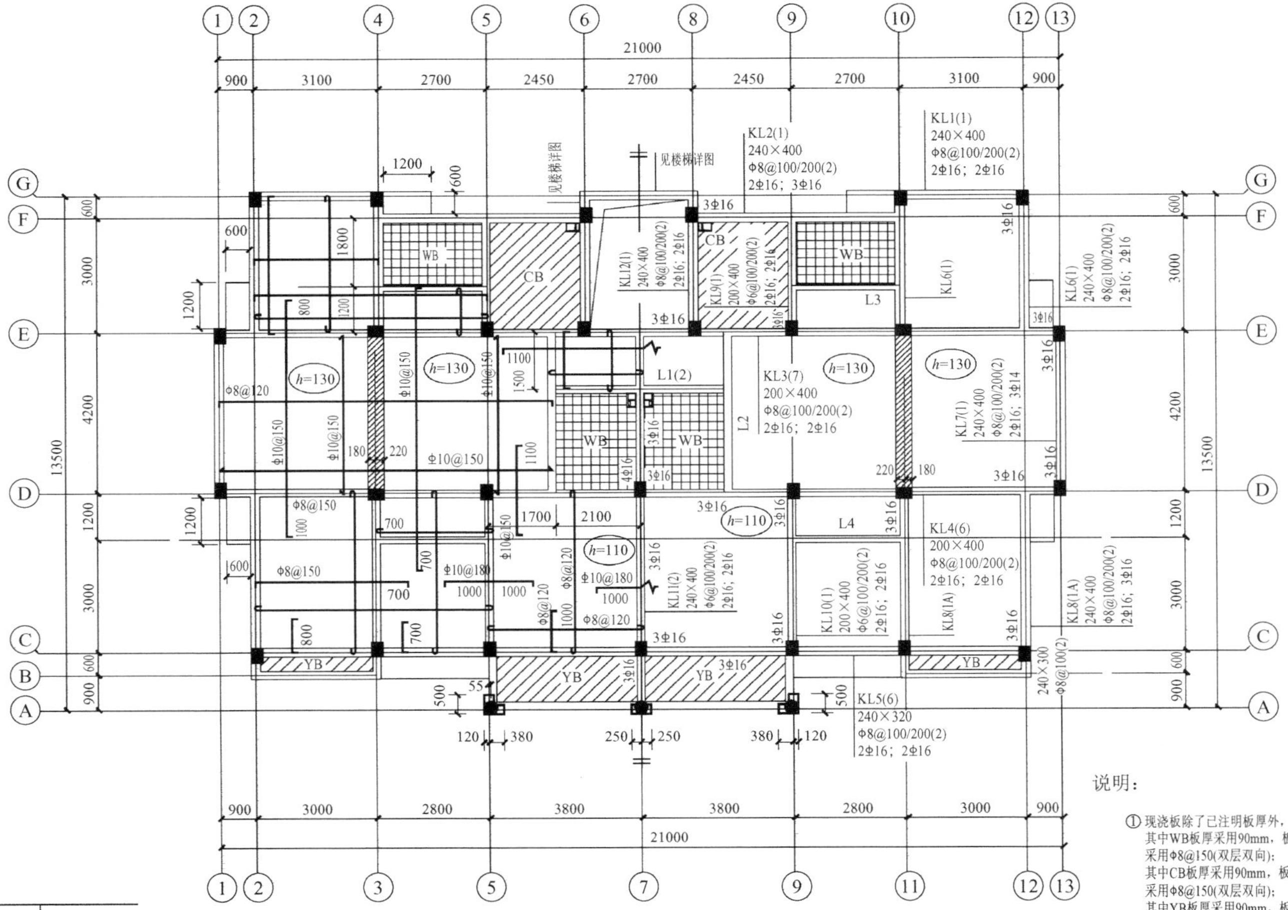

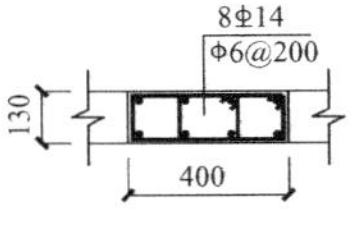

AL

标号	截面	截面配筋	梁底配筋	箍筋	备注
L1	200×400	2Φ16	2Φ16	Φ6@200	支座处梁顶附加1Φ16
L2	240×400	2Φ16	2Φ16	Φ6@200	
L3	150×350	2Φ14	2Φ14	Φ6@200	
L4	180×350	2Φ14	2Φ14	Φ6@200	

六层结构平面图

说明：

① 现浇板除了已注明板厚外，均采用100mm，板面标高H；
其中WB板厚采用90mm，板面标高$H_1=H-0.080$，板钢筋采用Φ8@150(双层双向)；
其中CB板厚采用90mm，板面标高$H_1=H-0.050$，板钢筋采用Φ8@150(双层双向)；
其中YB板厚采用90mm，板面标高$H_1=H-0.050$，板钢筋采用Φ8@150(双层双向)。

② 图中钢筋未注明者均为Φ8@180，分布筋Φ6@200，板上部钢筋所注尺寸均从梁近边缘算起。

③ 主次梁交接处主梁位置设加密箍筋6个，规格同主梁，间距为50mm(各层同)。

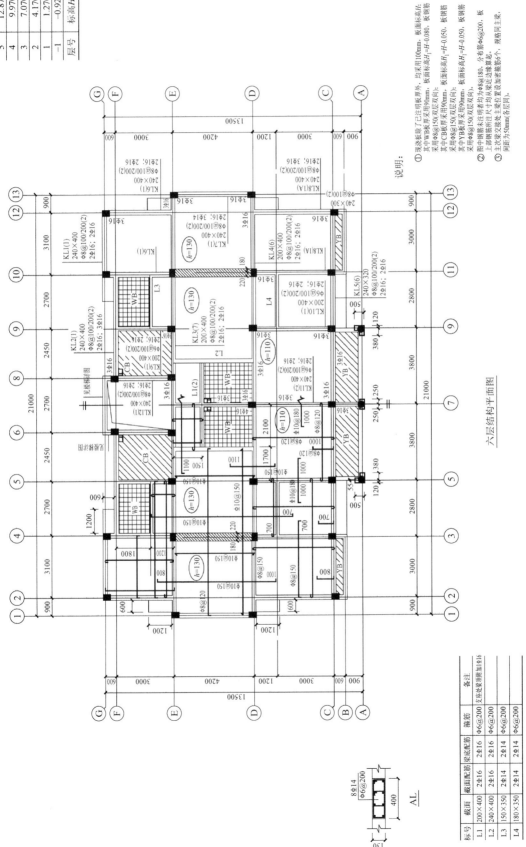

屋面		
7	18.670	2.550
6	15.770	2.900
5	12.870	2.900
4	9.970	2.900
3	7.070	2.900
2	4.170	2.900
1	1.270	2.900
−1	−0.920	
层号	标高*H*/m	层高/m

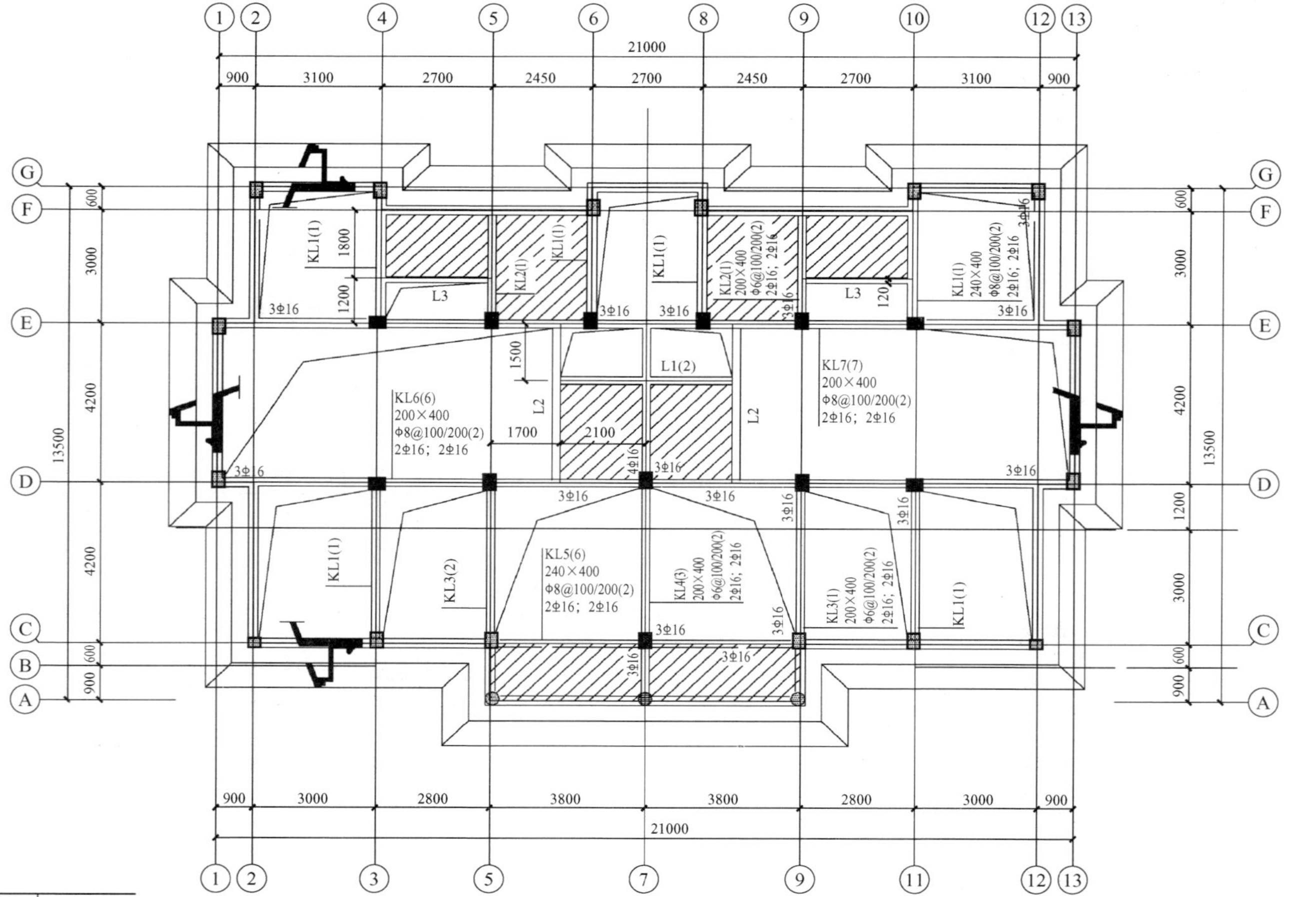

标号	截面	截面配筋	梁底配筋	箍筋	备注
L1	200×400	2Φ16	2Φ16	Φ6@200	支座处梁顶附加1Φ16
L2	240×400	2Φ16	2Φ16	Φ6@200	
L3	150×350	2Φ14	2Φ14	Φ6@200	

18.670m标高层结构平面图

说明：

① 本层现浇板采用90mm，配筋Φ8@180(双层双向)，板面标高*H*；

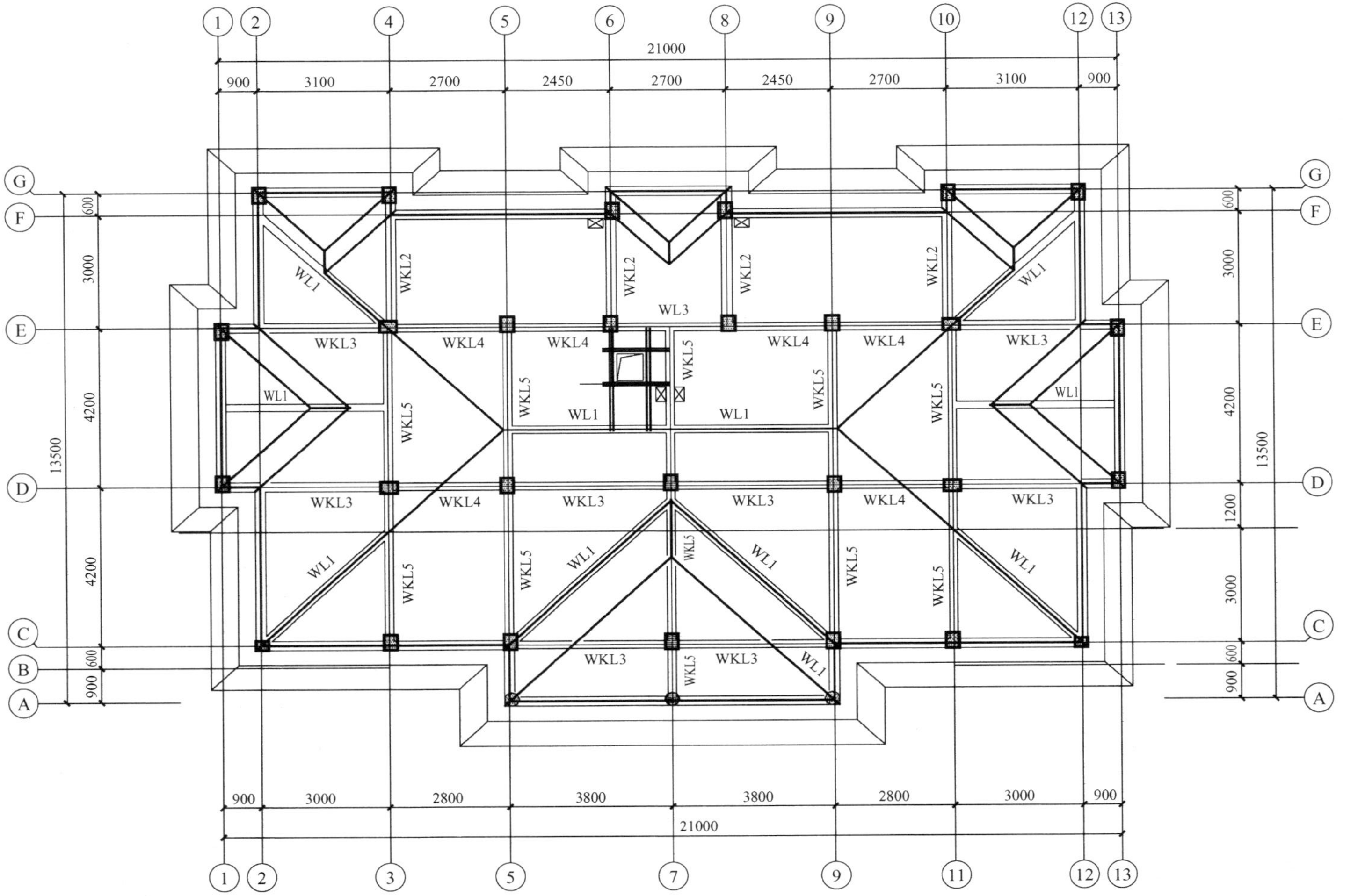

屋面结构平面图

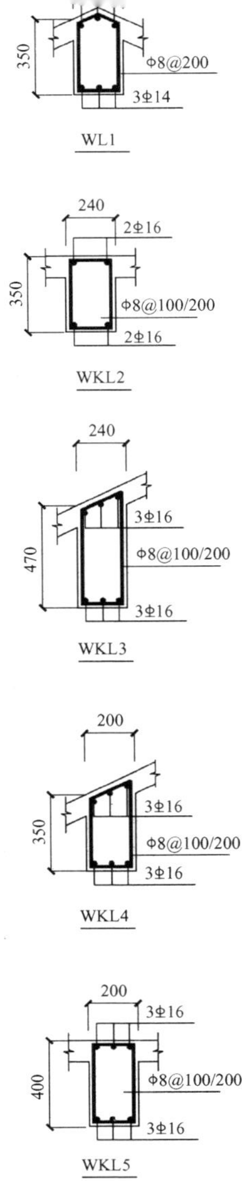

说明：① 现浇板板厚未标明均为110mm；
② 图中底板钢筋未注明的均为Φ8@150；
③ 板上层钢筋Φ10@200拉通，注明者为附加钢筋；
④ 洞口边加筋2Φ12；
⑤ 主梁遇次梁时，在次梁两侧各附加3Φd@50(d为主梁箍筋直径)；
⑥ 落水孔及防雷详见水电图；
⑦ 混凝土强度等级为C25；
⑧ 屋顶标高见建筑总图，上人检修孔平面详见建筑总图，洞口每侧附加2Φ14。

附录 6　职工宿舍（JB 型）工程土建工程量清单

序号	项 目 编 码	项 目 名 称	计量单位	工程量	备注
A. 1		土石方工程			
1	010101001002	平整场地 场地填挖高度在±30cm 内的找平	m^2	184. 690	
2	010101003003	机械切割预制桩的桩头 1. 截桩头，2. 场内外运输	个	32. 000	
3	010101003004	挖基础土方 1. 土方开挖，2. 场内外运输	m^3	231. 940	
4	010103001003	土石方回填	m^3	172. 920	
5	010103001004	余土外运	m^3	59. 020	
A. 2		桩与桩基础工程			
1	010201001002	静压预应力管桩 ϕ400mm　1. 压桩，2. 送桩，3. 钢桩尖，4. 管桩填充材料，5. 桩运输，6. 混凝土制、运、灌、捣	m	384. 000	
A. 3		砌筑工程			
1	010302006003	厨房内大理石灶台 1. 零星砌砖，2. 勾缝	m	16. 800	
2	010302001004	外墙实心 3/4 砖墙	m^3	113. 240	
3	010302001005	内墙实心 3/4 砖墙	m^3	42. 840	
4	010302001006	内墙实心 1/2 砖墙	m^3	73. 540	
A. 4		混凝土及钢筋混凝土工程			
1	010401005002	桩承台基础 C25 混凝土 1. 混凝土浇筑，2. C10 垫层，3. 混凝土制作	m^3	36. 320	
2	010402001003	矩形柱 C30 混凝土　1. 混凝土浇筑，2. 混凝土制作	m^3	62. 660	
3	010403002002	矩形梁 C25 混凝土　1. 混凝土浇筑，2. 混凝土制作	m^3	75. 580	
4	010403004002	圈梁 C25 混凝土　1. 混凝土浇筑，2. 混凝土制作	m^3	9. 110	
5	010403001002	基础梁 C25 混凝土　1. 混凝土浇筑，2. 混凝土制作	m^3	13. 220	
6	010405001002	有梁板 C25 混凝土　1. 混凝土浇筑，2. 混凝土制作	m^3	81. 960	

续表

序号	项目编码	项目名称	计量单位	工程量	备注
7	010406001002	直形楼梯 C25 混凝土　1. 混凝土浇筑，2. 混凝土制作	m^3	11.140	
8	010407001003	上水池防水 C25 混凝土 1. 混凝土浇筑，2. 混凝土制作	m^3	11.400	
9	010407001004	小型构件 C25 混凝土　1. 混凝土浇筑，2. 混凝土制作	m^3	6.280	
10	粤 010407004002	首层 120mm 地坪 C20 混凝土 1. 混凝土浇筑，2. 混凝土制作，3. 其他	m^2	175.830	
11	010416001003	现浇混凝土钢筋制作安装	t	31.944	
12	010416001004	桩头插筋钢筋制作安装	t	0.603	
A.6		金属结构工程			
1	010606012001	钢梯爬式制作安装 1. 制作，2. 刷油漆，3. 安装	t	0.030	
A.7		屋面及防水工程			
1	010702002002	屋面防水 1. 聚合物防水材料，2. 嵌缝、盖缝，3. 找平层	m^2	166.330	
A.8		防腐、隔热、保温			
1	010803001002	保温隔热屋面 1. 干铺，2. 5mm 厚苯乙烯泡沫板	m^2	166.330	
B.1		楼地面工程			
1	020101001002	首层地面（20mm 厚 1∶2 水泥砂浆抹光后压花纹） 1. 面层铺设，2. 加浆抹光	m^2	146.310	
2	020102002003	楼地面 300mm×300mm 防滑砖 1. 面层铺设，2. 抹找平层 15mm 厚 1∶2.5 水泥砂浆找平	m^2	100.600	
3	020102002004	楼地面 500mm×500mm 防滑砖 1. 面层铺设，2. 抹找平层 15mm 厚 1∶2.5 水泥砂浆找平	m^2	658.960	
4	020105003002	耐磨脚线砖 100mm 高 1. 面层铺贴，2. 底层抹灰 15mm 厚 1∶1∶6 水泥石灰砂浆	m^2	93.230	
5	020106002002	楼梯面层 300mm×600mm 抛光耐磨砖 1. 面层铺贴，2. 抹找平层 10mm 厚 1∶2.5 水泥砂浆打底	m^2	56.160	
6	020107001003	30mm×30mm 方钢（防锈漆）造型栏杆 1050mm 高 1. 栏杆、栏板制作安装，2. 油漆	m	98.800	

续表

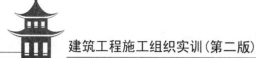

序号	项目编码	项目名称	计量单位	工程量	备注
7	020107001004	楼梯镀锌钢管栏杆 900mm 高 1. 栏杆、栏板制作安装，2. 油漆	m	35.010	
	B.2	墙柱面工程			
1	020201001002	内墙面一般抹灰	m^2	2061.200	
2	020204003003	厨卫墙面 200mm×300mm 米黄色瓷片 1. 块料面层，2. 底层抹灰 15mm 厚 1∶2 防水水泥砂浆打底，3. 防水砂浆	m^2	440.820	
3	020204003004	外墙 45mm×95mm 条形砖 1. 块料面层，2. 底层抹灰 1∶3 水泥砂浆打底 15mm 厚	m^2	1005.630	
4	020205003002	柱面 45mm×95mm 条形砖 1. 块料面层，2. 底层抹灰 1∶3 水泥砂浆打底 15mm 厚	m^2	101.210	
5	020206003002	零星项目 45mm×95mm 条形砖 1. 块料面层，2. 底层抹灰 1∶3 水泥砂浆打底 15mm 厚	m^2	54.400	
	B.3	天棚工程			
1	020301001002	天棚抹灰 1. 1∶1∶4 水泥石灰打底 15mm 厚，纸筋石灰浆批面 3mm 厚天棚抹灰	m^2	1445.990	
	B.4				
1	020401003001	实心防盗门 M1（1000mm×2200mm） 1. 制作，2. 安装，3. 装门锁，4. 油漆	樘	21.000	
2	020401003002	实心装饰门 M2（900mm×2200mm） 1. 制作，2. 安装，3. 装门锁，4. 油漆，5. 其他	樘	20.000	
3	020402001001	铝合金玻璃门 M3（800mm×2200mm） 1. 制作，2. 安装，3. 其他	樘	20.000	
4	020402001002	铝合金玻璃门 M4（700mm×2200mm） 1. 制作，2. 安装，3. 其他	樘	20.000	
5	020402002001	铝合金玻璃推拉门 M5（2700mm×2500mm） 1. 制作，2. 安装	樘	20.000	
6	020406001001	铝合金玻璃推拉窗 C1（2000mm×1500mm） 1. 制作，2. 安装	樘	2.000	

续表

序号	项目编码	项目名称	计量单位	工程量	备注
7	020406001002	铝合金玻璃推拉窗 C2（590mm×900mm） 1. 制作，2. 安装	樘	2.000	
8	020406001003	铝合金玻璃推拉窗 C4（2640mm×2050mm） 1. 制作，2. 安装	樘	20.000	
9	020406001004	铝合金玻璃推拉窗 C5（800mm×1500mm） 1. 制作，2. 安装	樘	50.000	
10	020406001005	铝合金玻璃推拉窗 C6（2000mm×1600mm） 1. 制作，2. 安装	樘	10.000	
11	020402006001	不锈钢防盗门 GM1（1500mm×2200mm） 1. 制作、运输、安装	樘	2.000	
B.5		油漆、涂料、裱糊工程			
1	020505001003	天棚抹灰面白色乳胶漆两遍	m^2	1445.990	
2	020506001004	墙柱面内墙抹灰面白色乳胶漆两遍	m^2	2061.200	
B.6		其他工程			
1	020603009002	卫生间安装无框镜面玻璃 1. 安装，2. 其他	m^2	14.400	

参考文献

《建筑施工手册》(第五版) 编委会，2013. 建筑施工手册：缩印本［M]. 5 版 . 北京：中国建筑工业出版社 .

李思康，李宁，李洪涛，2015. 建筑施工组织实训教程［M]. 北京：化学工业出版社 .

李维敦，2015. 建筑工程施工组织设计实训［M]. 武汉：武汉大学出版社 .

梁敦维，2006. 建筑施工组织设计计算手册［M]. 太原：山西科学技术出版社 .

刘杨，2017. 危险性较大分部分项工程安全专项施工方案编制与审核标准［M]. 北京：中国建筑工业出版社 .

彭圣浩，2016. 建筑工程施工组织设计实例应用手册［M]. 4 版 . 北京：中国建筑工业出版社 .

中国建筑第八工程局有限公司，2017. 施工组织设计编制与管理标准：ZJQ08 - SGJB 001—2017［S]. 北京：中国建筑工业出版社 .

中华人民共和国住房和城乡建设部，2009. 建筑施工组织设计规范：GB/T 50502—2009［S]. 北京：中国建筑工业出版社 .

中华人民共和国住房和城乡建设部，2009. 施工现场临时建筑物技术规范：JGJ/T 188—2009［S]. 北京：中国建筑工业出版社 .

中华人民共和国住房和城乡建设部，2015. 工程网络计划技术规程：JGJ/T 121—2015［S]. 北京：中国建筑工业出版社 .

周海涛，2006. 建筑施工组织设计数据手册［M]. 太原：山西科学技术出版社 .

周晓龙，2014. 建筑施工技术实训［M]. 2 版 . 北京：北京大学出版社 .

卓新，2009. 高危工程专项施工方案的设计方法与计算原理［M]. 杭州：浙江大学出版社 .

北京大学出版社高职高专土建系列教材书目

序号	书　　名	书　　号	编著者	定价	出版时间	配套情况
"互联网+"创新规划教材						
1	建筑构造(第二版)	978-7-301-26480-5	肖　芳	42.00	2016.1	APP/PPT/二维码
2	建筑识图与构造	978-7-301-28876-4	林秋怡等	46.00	2017.11	PPT/二维码
3	建筑构造与识图	978-7-301-27838-3	孙　伟	40.00	2017.1	APP/二维码
4	建筑装饰构造(第二版)	978-7-301-26572-7	赵志文等	39.50	2016.1	PPT/二维码
5	中外建筑史(第三版)	978-7-301-28689-0	袁新华等	42.00	2017.9	PPT/二维码
6	建筑工程概论	978-7-301-25934-4	申淑荣等	40.00	2015.8	PPT/二维码
7	市政工程概论	978-7-301-28260-1	郭　福等	46.00	2017.5	PPT/二维码
8	市政管道工程施工	978-7-301-26629-8	雷彩虹	46.00	2016.5	PPT/二维码
9	市政道路工程施工	978-7-301-26632-8	张雪丽	49.00	2016.5	PPT/二维码
10	市政工程材料检测	978-7-301-29572-2	李继伟等	44.00	2018.9	PPT/二维码
11	建筑三维平法结构图集(第二版)	978-7-301-29049-1	傅华夏	68.00	2018.1	APP
12	建筑三维平法结构识图教程(第二版)	978-7-301-29121-4	傅华夏	68.00	2018.1	APP/PPT
13	AutoCAD 建筑制图教程(第三版)	978-7-301-29036-1	郭　慧	49.00	2018.4	PPT/素材/二维码
14	BIM 应用：Revit 建筑案例教程	978-7-301-29693-6	林标锋等	58.00	2018.8	APP/PPT/二维码
15	建筑制图(第三版)	978-7-301-28411-7	高丽荣	38.00	2017.7	APP/PPT/二维码
16	建筑制图习题集(第三版)	978-7-301-27897-0	高丽荣	35.00	2017.7	APP
17	建筑工程制图与识图(第二版)	978-7-301-24408-1	白丽红	34.00	2016.8	APP/二维码
18	建筑设备基础知识与识图(第二版)	978-7-301-24586-6	靳慧征等	47.00	2016.8	二维码
19	建筑结构基础与识图	978-7-301-27215-2	周　晖	58.00	2016.9	APP/二维码
20	建筑力学(第三版)	978-7-301-28600-5	刘明晖	55.00	2017.8	PPT/二维码
21	建筑力学与结构(第三版)	978-7-301-29209-9	吴承霞等	59.50	2018.5	APP/PPT/二维码
22	建筑力学与结构(少学时版)(第二版)	978-7-301-29022-4	吴承霞等	46.00	2017.12	PPT/答案
23	建筑施工技术(第三版)	978-7-301-28575-6	陈雄辉	54.00	2018.1	PPT/二维码
24	建筑施工技术	978-7-301-28756-9	陆艳侠	58.00	2018.1	PPT/二维码
25	建筑工程施工技术(第三版)	978-7-301-27675-4	钟汉华等	66.00	2016.11	APP/二维码
26	高层建筑施工	978-7-301-28232-8	吴俊臣	65.00	2017.4	PPT/答案
27	建筑工程施工组织设计(第二版)	978-7-301-29103-0	鄢维峰等	37.00	2018.1	PPT/答案/二维码
28	建筑工程施工组织实训(第二版)	978-7-301-30176-0	鄢维峰等	41.00	2019.1	PPT/二维码
29	工程建设监理案例分析教程(第二版)	978-7-301-27864-2	刘志麟等	50.00	2017.1	PPT/二维码
30	建设工程监理概论（第三版）	978-7-301-28832-0	徐锡权等	44.00	2018.2	PPT/答案/二维码
31	建筑工程质量与安全管理(第二版)	978-7-301-27219-0	郑　伟	55.00	2016.8	PPT/二维码
32	建筑工程计量与计价——透过案例学造价(第二版)	978-7-301-23852-3	张　强	59.00	2017.1	PPT/二维码
33	城乡规划原理与设计(原城市规划原理与设计)	978-7-301-27771-3	谭婧婧等	43.00	2017.1	PPT/素材/二维码
34	建筑工程计量与计价	978-7-301-27866-6	吴育萍等	49.00	2017.1	PPT/二维码
35	建筑工程计量与计价(第三版)	978-7-301-25344-1	肖明和等	65.00	2017.1	APP/二维码
36	安装工程计量与计价(第四版)	978-7-301-16737-3	冯　钢	59.00	2018.1	PPT/答案/二维码
37	市政工程计量与计价(第三版)	978-7-301-27983-0	郭良娟等	59.00	2017.2	PPT/二维码
38	建筑施工机械(第二版)	978-7-301-28247-2	吴志强等	35.00	2017.5	PPT/答案
39	建筑工程测量(第二版)	978-7-301-28296-0	石　东等	51.00	2017.5	PPT/二维码
40	建筑工程测量(第三版)	978-7-301-29113-9	张敬伟等	49.00	2018.1	PPT/答案/二维码
41	建筑工程测量实验与实训指导(第三版)	978-7-301-29112-2	张敬伟等	29.00	2018.1	答案/二维码
42	建设工程法规(第三版)	978-7-301-29221-1	皇甫婧琪	44.00	2018.4	PPT/二维码
43	建设工程招投标与合同管理(第四版)	978-7-301-29827-5	宋春岩	42.00	2018.9	PPT/答案/试题/教案
44	工程项目招投标与合同管理(第三版)	978-7-301-28439-1	周艳冬	44.00	2017.7	PPT/二维码
45	工程项目招投标与合同管理(第三版)	978-7-301-29692-9	李洪军等	47.00	2018.8	PPT/二维码
46	建筑工程经济(第三版)	978-7-301-28723-1	张宁宁等	36.00	2017.9	PPT/答案/二维码
47	建筑工程资料管理(第二版)	978-7-301-29210-5	孙　刚等	47.00	2018.3	PPT/二维码
48	建筑材料与检测	978-7-301-28809-2	陈玉萍	44.00	2017.10	PPT/二维码
49	建筑工程材料	978-7-301-28982-2	向积波等	42.00	2018.1	PPT/二维码
50	建筑材料与检测(第二版)	978-7-301-25347-2	梅　杨等	35.00	2015.2	PPT/答案/二维码
51	建筑供配电与照明工程	978-7-301-29227-3	羊　梅	38.00	2018.2	PPT/答案/二维码
52	房地产投资分析	978-7-301-27529-0	刘永胜	47.00	2016.9	PPT/二维码

序号	书　　名	书　　号	编著者	定价	出版时间	配套情况
53	建筑工程质量事故分析(第三版)	978-7-301-29305-8	郑文新等	39.00	2018.8	PPT/二维码
54	建筑施工技术	978-7-301-29854-1	徐　淳	59.50	2018.9	APP/PPT/二维码
55	建筑施工组织设计	978-7-301-30236-1	徐运明等	43.00	2019.1	PPT/答案
56	工程地质与土力学（第三版）	978-7-301-30230-9	杨仲元	50.00	2019.2	PPT/答案/试题
"十二五"职业教育国家规划教材						
1	★建筑工程应用文写作(第二版)	978-7-301-24480-7	赵立等	50.00	2014.8	PPT
2	★土木工程实用力学(第二版)	978-7-301-24681-8	马景善	47.00	2015.7	PPT
3	★建设工程监理(第二版)	978-7-301-24490-6	斯　庆	35.00	2015.1	PPT/答案
4	★建筑节能工程与施工	978-7-301-24274-2	吴明军等	35.00	2015.5	PPT
5	★建筑工程经济(第二版)	978-7-301-24492-0	胡六星等	41.00	2014.9	PPT/答案
6	★建设工程招投标与合同管理(第四版)	978-7-301-29827-5	宋春岩	42.00	2018.9	PPT/答案/试题/教案
7	★工程造价概论	978-7-301-24696-2	周艳冬	31.00	2015.1	PPT/答案
8	★建筑工程计量与计价(第三版)	978-7-301-25344-1	肖明和等	65.00	2017.1	APP/二维码
9	★建筑工程计量与计价实训(第三版)	978-7-301-25345-8	肖明和等	29.00	2015.7	
10	★建筑装饰施工技术(第二版)	978-7-301-24482-1	王　军	37.00	2014.7	PPT
11	★工程地质与土力学(第二版)	978-7-301-24479-1	杨仲元	41.00	2014.7	PPT
基础课程						
1	建设法规及相关知识	978-7-301-22748-0	唐茂华等	34.00	2013.9	PPT
2	建筑工程法规实务(第二版)	978-7-301-26188-0	杨陈慧等	49.50	2017.6	PPT
3	建设工程法规	978-7-301-20912-7	王先恕	32.00	2012.7	PPT
4	AutoCAD 建筑绘图教程(第二版)	978-7-301-24540-8	唐英敏等	44.00	2014.7	PPT
5	建筑 CAD 项目教程(2010 版)	978-7-301-20979-0	郭　慧	38.00	2012.9	素材
6	建筑工程专业英语(第二版)	978-7-301-26597-0	吴承霞	24.00	2016.2	PPT
7	建筑工程专业英语	978-7-301-20003-2	韩薇等	24.00	2012.2	PPT
8	建筑识图与构造(第二版)	978-7-301-23774-8	郑贵超	40.00	2014.2	PPT/答案
9	房屋建筑构造	978-7-301-19883-4	李少红	26.00	2012.1	PPT
10	建筑识图	978-7-301-21893-8	邓志勇等	35.00	2013.1	PPT
11	建筑识图与房屋构造	978-7-301-22860-9	贠禄等	54.00	2013.9	PPT/答案
12	建筑构造与设计	978-7-301-23506-5	陈玉萍	38.00	2014.1	PPT/答案
13	房屋建筑构造	978-7-301-23588-1	李元玲等	45.00	2014.1	PPT
14	房屋建筑构造习题集	978-7-301-26005-0	李元玲	26.00	2015.8	PPT/答案
15	建筑构造与施工图识读	978-7-301-24470-8	南学平	52.00	2014.8	PPT
16	建筑工程识图实训教程	978-7-301-26057-9	孙　伟	32.00	2015.12	PPT
17	建筑制图习题集(第二版)	978-7-301-24571-2	白丽红	25.00	2014.8	
18	◎建筑工程制图(第二版)(附习题册)	978-7-301-21120-5	肖明和	48.00	2012.8	PPT
19	建筑制图与识图(第二版)	978-7-301-24386-2	曹雪梅	38.00	2015.8	PPT
20	建筑制图与识图习题册	978-7-301-18652-7	曹雪梅等	30.00	2011.4	
21	建筑制图与识图(第二版)	978-7-301-25834-7	李元玲	32.00	2016.9	PPT
22	建筑制图与识图习题集	978-7-301-20425-2	李元玲	24.00	2012.3	PPT
23	新编建筑工程制图	978-7-301-21140-3	方筱松	30.00	2012.8	PPT
24	新编建筑工程制图习题集	978-7-301-16834-9	方筱松	22.00	2012.8	
建筑施工类						
1	建筑工程测量	978-7-301-19992-3	潘益民	38.00	2012.2	PPT
2	建筑工程测量	978-7-301-28757-6	赵　昕	50.00	2018.1	PPT/二维码
3	建筑工程测量实训(第二版)	978-7-301-24833-1	杨凤华	34.00	2015.3	答案
4	建筑工程测量	978-7-301-22485-4	景　铎等	34.00	2013.6	PPT
5	建筑施工技术	978-7-301-19997-8	苏小梅	38.00	2012.1	PPT
6	基础工程施工	978-7-301-20917-2	董　伟等	35.00	2012.7	PPT
7	建筑施工技术实训(第二版)	978-7-301-24368-8	周晓龙	30.00	2014.7	
8	PKPM 软件的应用(第二版)	978-7-301-22625-4	王　娜等	34.00	2013.6	
9	◎建筑结构(第二版)(上册)	978-7-301-21106-9	徐锡权	41.00	2013.4	PPT/答案
10	◎建筑结构(第二版)(下册)	978-7-301-22584-4	徐锡权	42.00	2013.6	PPT/答案
11	建筑结构学习指导与技能训练(上册)	978-7-301-25929-0	徐锡权	28.00	2015.8	PPT
12	建筑结构学习指导与技能训练(下册)	978-7-301-25933-7	徐锡权	28.00	2015.8	PPT
13	建筑结构(第二版)	978-7-301-25832-3	唐春平等	48.00	2018.6	PPT
14	建筑结构基础	978-7-301-21125-0	王中发	36.00	2012.8	PPT
15	建筑结构原理及应用	978-7-301-18732-6	史美东	45.00	2012.8	PPT
16	建筑结构与识图	978-7-301-26935-0	相秉志	37.00	2016.2	

序号	书　　名	书　　号	编著者	定价	出版时间	配套情况
17	建筑力学与结构	978-7-301-20988-2	陈水广	32.00	2012.8	PPT
18	建筑力学与结构	978-7-301-23348-1	杨丽君等	44.00	2014.1	PPT
19	建筑结构与施工图	978-7-301-22188-4	朱希文等	35.00	2013.3	PPT
20	建筑材料(第二版)	978-7-301-24633-7	林祖宏	35.00	2014.8	PPT
21	建筑材料检测试验指导	978-7-301-16729-8	王美芬等	18.00	2010.10	
22	建筑材料与检测(第二版)	978-7-301-26550-5	王　辉	40.00	2016.1	PPT
23	建筑材料与检测试验指导(第二版)	978-7-301-28471-1	王　辉	23.00	2017.7	PPT
24	建筑材料选择与应用	978-7-301-21948-5	申淑荣等	39.00	2013.3	PPT
25	建筑材料检测实训	978-7-301-22317-8	申淑荣等	24.00	2013.4	
26	建筑材料	978-7-301-24208-7	任晓菲	40.00	2014.7	PPT/答案
27	建筑材料检测试验指导	978-7-301-24782-2	陈东佐等	20.00	2014.9	PPT
28	建筑工程商务标编制实训	978-7-301-20804-5	钟振宇	35.00	2012.7	PPT
29	◎地基与基础(第二版)	978-7-301-23304-7	肖明和等	42.00	2013.11	PPT/答案
30	地基与基础实训	978-7-301-23174-6	肖明和等	25.00	2013.10	PPT
31	土力学与地基基础	978-7-301-23675-8	叶火炎等	35.00	2014.1	PPT
32	土力学与基础工程	978-7-301-23590-4	宁培淋等	32.00	2014.1	PPT
33	土力学与地基基础	978-7-301-25525-4	陈东佐	45.00	2015.2	PPT/答案
34	建筑工程施工组织实训	978-7-301-18961-0	李源清	40.00	2011.6	PPT
35	建筑施工组织与进度控制	978-7-301-21223-3	张廷瑞	36.00	2012.9	PPT
36	建筑施工组织项目式教程	978-7-301-19901-5	杨红玉	44.00	2012.1	PPT/答案
37	钢筋混凝土工程施工与组织	978-7-301-19587-1	高　雁	32.00	2012.5	PPT
38	建筑施工工艺	978-7-301-24687-0	李源清等	49.50	2015.1	PPT/答案
		工程管理类				
1	建筑工程经济	978-7-301-24346-6	刘晓丽等	38.00	2014.7	PPT/答案
2	施工企业会计(第二版)	978-7-301-24434-0	辛艳红等	36.00	2014.7	PPT/答案
3	建筑工程项目管理(第二版)	978-7-301-26944-2	范红岩等	42.00	2016. 3	PPT
4	建设工程项目管理(第二版)	978-7-301-24683-2	王　辉	36.00	2014.9	PPT/答案
5	建设工程项目管理(第二版)	978-7-301-28235-9	冯松山等	45.00	2017.6	PPT
6	建筑施工组织与管理(第二版)	978-7-301-22149-5	翟丽旻等	43.00	2013.4	PPT/答案
7	建设工程合同管理	978-7-301-22612-4	刘庭江	46.00	2013.6	PPT/答案
8	建筑工程招投标与合同管理	978-7-301-16802-8	程超胜	30.00	2012.9	PPT
9	建设工程招投标与合同管理实务	978-7-301-20404-7	杨云会等	42.00	2012.4	PPT/答案/习题
10	工程招投标与合同管理	978-7-301-17455-5	文新平	37.00	2012.9	PPT
11	建筑工程安全管理(第 2 版)	978-7-301-25480-6	宋　健等	42.00	2015.8	PPT/答案
12	施工项目质量与安全管理	978-7-301-21275-2	钟汉华	45.00	2012.10	PPT/答案
13	工程造价控制(第 2 版)	978-7-301-24594-1	斯　庆	32.00	2014.8	PPT/答案
14	工程造价管理(第二版)	978-7-301-27050-9	徐锡权等	44.00	2016.5	PPT
15	建筑工程造价管理	978-7-301-20360-6	柴　琦等	27.00	2012.3	PPT
16	工程造价管理(第 2 版)	978-7-301-28269-4	曾　浩等	38.00	2017.5	PPT/答案
17	工程造价案例分析	978-7-301-22985-9	甄　凤	30.00	2013.8	PPT
18	建设工程造价控制与管理	978-7-301-24273-5	胡芳珍等	38.00	2014.6	PPT/答案
19	◎建筑工程造价	978-7-301-21892-1	孙咏梅	40.00	2013.2	PPT
20	建筑工程计量与计价	978-7-301-26570-3	杨建林	46.00	2016.1	PPT
21	建筑工程计量与计价综合实训	978-7-301-23568-3	龚小兰	28.00	2014.1	
22	建筑工程估价	978-7-301-22802-9	张　英	43.00	2013.8	PPT
23	安装工程计量与计价综合实训	978-7-301-23294-1	成春燕	49.00	2013.10	素材
24	建筑安装工程计量与计价	978-7-301-26004-3	景巧玲等	56.00	2016.1	PPT
25	建筑安装工程计量与计价实训(第二版)	978-7-301-25683-1	景巧玲等	36.00	2015.7	
26	建筑水电安装工程计量与计价(第二版)	978-7-301-26329-7	陈连姝	51.00	2016.1	PPT
27	建筑与装饰装修工程工程量清单(第二版)	978-7-301-25753-1	翟丽旻等	36.00	2015.5	PPT
28	建设项目评估(第二版)	978-7-301-28708-8	高志云等	38.00	2017.9	PPT
29	钢筋工程清单编制	978-7-301-20114-5	贾莲英	36.00	2012.2	PPT
30	建筑装饰工程预算(第二版)	978-7-301-25801-9	范菊雨	44.00	2015.7	PPT
31	建筑装饰工程计量与计价	978-7-301-20055-1	李茂英	42.00	2012.2	PPT
32	建筑工程安全技术与管理实务	978-7-301-21187-8	沈万岳	48.00	2012.9	PPT
		建筑设计类				
1	建筑装饰 CAD 项目教程	978-7-301-20950-9	郭　慧	35.00	2013.1	PPT/素材
2	建筑设计基础	978-7-301-25961-0	周圆圆	42.00	2015.7	

序号	书　　名	书　　号	编著者	定价	出版时间	配套情况
3	室内设计基础	978-7-301-15613-1	李书青	32.00	2009.8	PPT
4	建筑装饰材料(第二版)	978-7-301-22356-7	焦　涛等	34.00	2013.5	PPT
5	设计构成	978-7-301-15504-2	戴碧锋	30.00	2009.8	PPT
6	设计色彩	978-7-301-21211-0	龙黎黎	46.00	2012.9	PPT
7	设计素描	978-7-301-22391-8	司马金桃	29.00	2013.4	PPT
8	建筑素描表现与创意	978-7-301-15541-7	于修国	25.00	2009.8	
9	3ds Max 效果图制作	978-7-301-22870-8	刘　晗等	45.00	2013.7	PPT
10	Photoshop 效果图后期制作	978-7-301-16073-2	脱忠伟等	52.00	2011.1	素材
11	3ds Max & V-Ray 建筑设计表现案例教程	978-7-301-25093-8	郑恩峰	40.00	2014.12	PPT
12	建筑表现技法	978-7-301-19216-0	张　峰	32.00	2011.8	PPT
13	装饰施工读图与识图	978-7-301-19991-6	杨丽君	33.00	2012.5	PPT
	规划园林类					
1	居住区景观设计	978-7-301-20587-7	张群成	47.00	2012.5	PPT
2	居住区规划设计	978-7-301-21031-4	张　燕	48.00	2012.8	PPT
3	园林植物识别与应用	978-7-301-17485-2	潘　利等	34.00	2012.9	PPT
4	园林工程施工组织管理	978-7-301-22364-2	潘　利等	35.00	2013.4	PPT
5	园林景观计算机辅助设计	978-7-301-24500-2	于化强等	48.00	2014.8	PPT
6	建筑・园林・装饰设计初步	978-7-301-24575-0	王金贵	38.00	2014.10	PPT
	房地产类					
1	房地产开发与经营(第 2 版)	978-7-301-23084-8	张建中等	33.00	2013.9	PPT/答案
2	房地产估价(第 2 版)	978-7-301-22945-3	张　勇等	35.00	2013.9	PPT/答案
3	房地产估价理论与实务	978-7-301-19327-3	褚菁晶	35.00	2011.8	PPT/答案
4	物业管理理论与实务	978-7-301-19354-9	裴艳慧	52.00	2011.9	PPT
5	房地产营销与策划	978-7-301-18731-9	应佐萍	42.00	2012.8	PPT
6	房地产投资分析与实务	978-7-301-24832-4	高志云	35.00	2014.9	PPT
7	物业管理实务	978-7-301-27163-6	胡大见	44.00	2016.6	
	市政与路桥					
1	市政工程施工图案例图集	978-7-301-24824-9	陈亿琳	43.00	2015.3	PDF
2	市政工程计价	978-7-301-22117-4	彭以舟等	39.00	2013.3	PPT
3	市政桥梁工程	978-7-301-16688-8	刘　江等	42.00	2010.8	PPT/素材
4	市政工程材料	978-7-301-22452-6	郑晓国	37.00	2013.5	PPT
5	道桥工程材料	978-7-301-21170-0	刘水林等	43.00	2012.9	PPT
6	路基路面工程	978-7-301-19299-3	偶昌宝等	34.00	2011.8	PPT/素材
7	道路工程技术	978-7-301-19363-1	刘　雨等	33.00	2011.12	PPT
8	城市道路设计与施工	978-7-301-21947-8	吴颖峰	39.00	2013.1	PPT
9	建筑给排水工程技术	978-7-301-25224-6	刘　芳等	46.00	2014.12	PPT
10	建筑给水排水工程	978-7-301-20047-6	叶巧云	38.00	2012.2	PPT
11	数字测图技术	978-7-301-22656-8	赵　红	36.00	2013.6	PPT
12	数字测图技术实训指导	978-7-301-22679-7	赵　红	27.00	2013.6	PPT
13	道路工程测量(含技能训练手册)	978-7-301-21967-6	田树涛等	45.00	2013.2	PPT
14	道路工程识图与 AutoCAD	978-7-301-26210-8	王容玲等	35.00	2016.1	PPT
	交通运输类					
1	桥梁施工与维护	978-7-301-23834-9	梁　斌	50.00	2014.2	PPT
2	铁路轨道施工与维护	978-7-301-23524-9	梁　斌	36.00	2014.1	PPT
3	铁路轨道构造	978-7-301-23153-1	梁　斌	32.00	2013.10	PPT
4	城市公共交通运营管理	978-7-301-24108-0	张洪满	40.00	2014.5	PPT
5	城市轨道交通车站行车工作	978-7-301-24210-0	操　杰	31.00	2014.7	PPT
6	公路运输计划与调度实训教程	978-7-301-24503-3	高福军	31.00	2014.7	PPT/答案
	建筑设备类					
1	建筑设备识图与施工工艺(第 2 版)	978-7-301-25254-3	周业梅	44.00	2015.12	PPT
2	水泵与水泵站技术	978-7-301-22510-3	刘振华	40.00	2013.5	PPT
3	智能建筑环境设备自动化	978-7-301-21090-1	余志强	40.00	2012.8	PPT
4	流体力学及泵与风机	978-7-301-25279-6	王　宁等	35.00	2015.1	PPT/答案

注：为“互联网+”创新规划教材；★为“十二五”职业教育国家规划教材；◎为国家级、省级精品课程配套教材，省重点教材。相关教学资源如电子课件、习题答案、样书等可通过以下方式联系我们。

联系方式：010-62756290，010-62750667，yxlu@pup.cn，pup_6@163.com，欢迎来电咨询。